研究&方法

模糊統計導論 吳柏林 著

第二版 方法與應用
methods and applications

五南圖書出版公司 印行

序 言

　　統計是用來分析、處理自然科學及社會科學資訊的工具。幫助人們在複雜的自然或社會現象中，藉由樣本資料所提供的訊息，經歸納分析、推論檢定、決策、預測等過程，使我們對現實狀況更了解，更能明確地處理現實世界的問題。傳統統計學的目的主要針對各類資訊，擬定一套估計檢定的測度方法，其過程包括：(1)設定合適的理論或模式；(2)蒐集樣本資料，實驗設計、抽樣或模擬；(3)資料分析與研判；(4)估計與檢定：(5)決策或預測。

　　近年來由於智能科技發展一日千里，研究方法亦不斷的更新。傳統統計分析工具已漸感到不敷應用。一個主要的原因是：如何更有效處理分析日益複雜、巨量的網路情報資料。雖然資料採礦的興起，解決了不少資料分析的問題。但是對於如何處理非實數樣本資料，比如區間資料、多值資料型式之模糊樣本，應用架構在實變函數與機率論之傳統統計方法，實在已無法有效的分析與掌控。尤其是我們在決策過程中所遇到的不確定性問題，比我們想像的更為複雜。情報資訊除了隨機性外，還包括不完全的訊息、部分已知的知識，或者對環境模糊的描述等。

　　事實上，我們所獲得的訊息來自測量與感知，而感知訊息中的不確定因素，主要是我們的語言對某些概念表達模糊所引起的。顯然要做出比較好的判斷，我們必須儘量將所能得到的訊息都考慮在內。這包括用自然語言描述的行為、意義等之屬性訊息。因此我們需要用機率將模糊概念數學模式化，其實這也展示了不確定性的另一種型式。模糊理論是一種定量化處理人類語言、思維的新興學門。模糊邏輯並非如字面上意思那樣的馬虎、不精確。而是面對生活上各種的不確定性，以更合理的規則去分析管理控制，以期得到更有效率、更合乎人性與智慧的結果。模糊統計並不模糊，它是處理不確定事件的新技術，帶領我們從古典的統計估計與檢定研究計算，進入一個需要軟計算、穩健性的高科技的e世代。

　　在傳統的統計推論方法中，為解未知母體參數值，我們常藉由一些評估準則，找出適當的統計量來對母體參數進行估計。平均數是了解母體集中趨勢最重要的母體參數之一，我們常以其不偏估計量，亦即以樣本平均數來估計。然而，在日常生活中，母體平均數常為帶有模糊、不確定性的語意變數，或為一可能區

間，傳統的估計量評估準則及估計方法便無法適用於此種情形。

　　本書基於以軟計算方法，配合模糊集合理論，定義出模糊樣本均數、模糊樣本眾數及模糊中位數，並給定很多相關之性質。同時，針對模糊參數之估計量，我們提出適當可行估計法的評判準則。對於古典的統計檢定必須陳列明確的假設。當我們想檢定兩母體平均數是否有差異時，虛無假設是「兩個平均數相等」。然而，有時我們想要知道的只是兩平均值是否模糊相等，此時傳統的檢定方法並不適用於這種包含不確定性的模糊假設檢定。因此本書提出基於模糊樣本之統計檢定方法，針對模糊均數相等、模糊屬於與卡方齊一性檢定作進一步探討。

　　為了將傳統統計方法延伸到模糊集合與系統的實務應用之中，本書將詳細介紹：模糊問卷調查、模糊聚類分析、模糊回歸分析、模糊無母數統計、模糊時間數列分析與預測。我們舉了很多社會科學的應用實例，尤其是臺灣生活化例子如：模糊問卷北市選情預估，樂觀量表，風景區滿意度調查，臺灣茶葉模糊分類、模糊回歸與景氣循環、模糊時間數列與股價指數預測等。期望藉以拋磚引玉，開創21世紀模糊統計與應用的嶄新領域。

吳柏林於臺北

秋季，2015

我不知道我在這世界上的地位：但是在神遊科學的世界裡，
我常把自己比喻成一位充滿好奇心的小孩，
在繽紛的海灘，撿拾一些更美麗的貝殼。
而浩瀚的知識大海則不斷地拍打在我的腳丫上，
激起無數的美麗浪花。

Contents

Contents

Chapter 10　模糊時間數列分析與預測　187

Chapter 11　模糊相關　225

Contents

Chapter

01

緒　言

人類的思維主要是來自於對自然現象和社會現象的認知意識，而人類的知識語言也會因本身的主觀意識、時間、環境和研判事情的角度不同而具備模糊性。模糊理論的產生即是參考人類思維方式對環境所用的模糊測度與分類原理，給予較穩健的描述方式，以處理多元複雜的曖昧和不確定現象。因此，人類思維有兩類，一為形式化思維（formal thinking），另一為模糊思維（fuzzy thinking）；前者是有邏輯性和順序性的思考，而後者則是全體性和綜合性的思考。當面臨決策判斷而進行思考時，基於形式化思維的二元邏輯，常很難表示出人類思考的多元邏輯特性。

當有人說他今天感到很快樂時，究竟他對於快樂的認知為何？什麼樣的測量標準可以稱得上快樂呢？或是這樣的感覺持續多久的時間以上，才能算是快樂呢？然而，這樣的問題，每個人的回答皆因其主觀性而有不同，即使回答者為同一人，也會因為所處的環境、或是外在條件的不同，而可能出現與之前相異的答案。諸如此類很多的論點和問題，都不是能夠用絕對的二元邏輯所可以界定的。原因則皆來自於人類思維的模糊性。但人類卻常常被要求做出絕對的判斷或選擇，以人性的觀點來看，這是十分不合理的。

模糊理論的概念，主要強調個人喜好程度不需非常清晰或數值精確，因此對人類而言，模糊模式比直接指定單一物體一個值，較合適於評估物體間的多元或相關特性。

對不確定性的事物作決策，是相當重要的人類活動。如果這種不確定性僅是由於事物的隨機所引起的，模糊統計分析發展為這類決策活動提供了不錯的理論依據。但是事實上，我們在決策過程中所遇到的不確定性問題，往往不只是由於事物的隨機所引起，這種不確定性還可能是：不完全的訊息、部分已知的知識、對環境模糊的描述等，這類訊息來自於測量與感知中的不確定因素，主要是我們的語言及人類思維對某些概念表達模糊所引起。這些不明確性經常比我們想像的要複雜許多。

顯然地，如果要對人類思維的模糊性做出比較好的判斷，我們必須儘量將所得到的訊息都考慮在內，特別是屬性問題。由於屬性問題本身的不確定性與模糊性，若我們利用此假性的精確值來做因果分析與計量度量，可能造成判定偏差及決策誤導，甚至會擴大預測結果與實際狀態之間的差異。因此對於這些在思考認知不易表達完善的屬性問題上，藉由軟計算方法與模糊統計分析，可更明確表達

出來。

　　雖然古典集合在數理科學上建立一套相當完整的系統邏輯。但是，若將此集合關係應用於描述某些實務現象時，常發現不合理的情形。因為某些現象並不一定存在「非此即彼」的關係。例如，進行某一教學單元後，將班級的學生劃分成「精熟」和「不精熟」兩類，這樣的劃分很明顯的有不合理之處，因為學生的精熟度並非是二元的現象，而是有各種不同精熟程度連續性之特性。自 Zadeh（1965）提出模糊理論以來，此思維可解釋許多實務現象。模糊理論將元素和集合之間的關係，以介於 [0, 1] 之間的隸屬度（membership）描述。

　　由於傳統集合中二元邏輯與人類思維模式出入頗大，若能引用隸屬度函數，應能得到較合理的解釋。例如：人們認為身高 200 公分絕對屬於高，則其隸屬度函數值自然屬於 1，而身高 180 公分或 178 公分的隸屬度函數值則約等於 0.8，此表示身高 180 公分或 178 公分屬於高的程度有 0.8 之多，再根據隸屬度函數的定義，我們可描繪出模糊集合中高的隸屬度函數。又如果某人認為 40 歲絕對屬於中年，則其隸屬度函數值自然屬於 1，而 39 歲或 41 歲的隸屬度函數值則約等於 0.9，此表示 39 歲或 41 歲屬於中年的程度有 0.9 之多。

　　根據隸屬度函數的定義，我們可繪出模糊集合中年的隸屬度函數。與傳統集合的特徵函數比較，隸屬度函數似乎是將特徵函數平滑化了。不僅如此，隸屬度函數讓每個年齡層都擁有一個介於 0 到 1 之間的值，來代表屬於高或中年的程度。相較於傳統集合的特徵函數，在描述模糊的概念時，利用模糊集合的隸屬度函數來解釋是更適當的。

　　模糊理論是以模糊邏輯為基礎，它將傳統數學之二元邏輯做延伸，不再是只有對錯或是非二分法。對於元素與集合的關係，古典集合論中元素是否屬於集合 A，必須十分明確不容模糊。即 $X \in A$ 或 $X \notin A$ 二者必居其一，且只能居其一。這種邏輯正是所謂的二元邏輯。然而人類的思維，因來自於對自然現象和社會現象的主觀意識影響，其知識語言也會因本身的主觀意識、時間、環境和研判事情的角度不同而具模糊性。對和錯之間還有不完全對、一點對或不完全錯等，是非之間還有：有些是，有些非等地帶，正是所謂的灰色地帶與模糊觀念。要了解模糊的意義亦可從模糊的相反詞明確來做反向思考。

　　有些學者認為模糊理論既是研究不確定的現象，應與機率論類似。然而機率論是研究隨機性問題，隨機性雖不確定，但那是因為條件不充分引起

的，事件的發生是隨機的，事件之後卻是確定的，例如：丟一公正骰子，出現 1、2、3、4、5、6 點之機率均爲 1/6，當丟完一次之後，出現多少就是多少。而模糊理論的事件本身卻是程度性的。例如：回答家中經濟屬於不錯、小康或中等，這些均不屬於隨機，而是事件本身的不完整性與不明確性。Zadeh（1999）更建議引用感覺測度（perception measure）和軟計算（soft computing system）共同應用做爲模糊函數估計量，這種應用模糊概念將屬性關係數學模式化的方法，我們統稱爲軟計算方法。希望此研究方向提供未來計量研究方法的一個有用工具。

模糊概念並不只侷限在研究人類的思維與情感而已。在以往嚴謹精確的原則要求下，許多技術層面所衍生出的灰色地帶，都必須耗費相當大的心力爲複雜的系統寫下嚴密的定義與敘述，灰色地帶中的每一個枝微末節，都必須完全地考慮到，盡全力使得其中的模糊變得明確，但若稍有一遺漏，則全盤皆墨，一切又得從頭做起。而模糊理論卻提供一種新的思維模式，只需要明瞭各種屬性的狀況，利用軟計算方法建立大略性的處理模式，即可處理系統中灰色地帶的問題。所以我們應該要了解到：灰色或是模糊不清的事件是層出不窮的，也是無法完全避免的，也因此，才讓我們體認到研究模糊理論的重要性。

隸屬度函數是模糊理論的基礎，它是從傳統集合中的特徵函數（characteristic function）所衍生出來的，用以表達元素對模糊集合的隸屬度（membership grade），其範圍介於 0 到 1 之間。對於元素和集合的關係，古典集合將元素和集合之間的關係以特徵函數來說明，亦即 $I(x) = 1$，若 $x \in A$；$I(x) = 0$，若 $X \notin A$。但是 Zadeh（1965）在模糊集合論中則提到，若一個元素屬於某一個集合的程度越大，則其隸屬度值越接近於 1，反之則越接近 0。

隸屬度函數是模糊理論最基本的概念，它不僅可以描述模糊集合的性質，更可以對模糊集合進行量化，並且利用精確的數學方法，來分析和處理模糊性資訊。然而，要建立一個足以表達模糊概念的隸屬度函數，並不是一件容易的事。其原因在於隸屬度函數脫離不了個人的主觀意識，故沒有通用的定理或公式，通常是根據經驗或統計來加以確定，很難像客觀事物一樣有很強的說服力。因此，隸屬度函數的建立經常是具有爭議性的，也沒有一種隸屬度函數是可以被廣泛接受而使用。

近年來，由於科技知識水準的提高與智慧科技多元發展，造就了現今財

金、經濟、教育與心理研究環境的多變與複雜化。以往的社會科學研究多利用傳統的統計分析方法，如今卻因爲時代的不斷進步，而漸漸不符合現今多變環境的複雜性，以至於常感到研究方法之缺乏與不適用。如何以較爲進步而精確的方法來分析目前瞬息萬變的大環境是非常必要的。故本書提出應用模糊理論的概念，將人類的喜好程度及各種屬性關係，轉換成各種便於計算的效用函數，進而適當的建立假設的數學模式。這些參考人類思維方式而建構出來的各種模糊統計分析，將可廣泛的應用於處理分析各種多元複雜的不確定現象。

Chapter

02

隸屬度函數與
軟計算方法

隸屬度函數通常可分爲離散型（discrete）與連續型（continuous）兩類。離散型隸屬度函數是直接給定有限模糊集合內每個元素的隸屬度，並以向量的形式表現出來，而連續型隸屬度函數則有幾種常用的函數形式〔S- 函數、Z- 函數、π- 函數、三角形函數、梯形函數、高斯（指數）函數〕來描述模糊集合。函數定義的表現，可以是無限模糊集合的元素及其隸屬度之間的關係，也可以是有限模糊集合的元素及其隸屬度之間的關係。

2.1　隸屬度函數與模糊數

過去我們利用傳統集合定義具有模糊性質的語言變數時，常會造成許多不合理的現象。例如，最近相當熱門的景氣一詞，當我們考慮景氣指標 0 到 100 的範圍時，若定義 30 到 50 爲景氣好，則根據傳統集合的定義，可繪出景氣的特徵函數，如圖 2.1 所示。

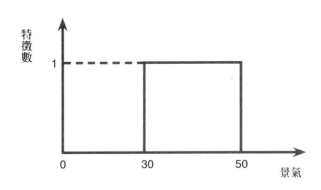

圖 2.1　傳統集合：景氣的特徵函數

在圖 2.1 中顯示當某月景氣指標介於 30 到 50 之間，則屬於景氣好，其特徵值爲 1；反之，便不屬於景氣好，特徵值爲 0。但若我們假設有 A、B、C 三個月，景氣指標各爲 29、31、49，其中 B、C 兩月指標值相差 18，且都屬於景氣好；但 A、B 兩月指標值雖只差 2，但 A 月卻不屬於景氣好，這是相當不合理的。故並不是全部都合理，須看特性決定。

對於這種傳統集合的二分法與人類思維模式格格不入的問題，利用隸屬度函數則能獲得較爲合理的答案。如果某人認爲 40 絕對屬於景氣好，則其隸屬度函

數值自然屬於 1，而 39 或 41 的隸屬度函數值則約等於 0.9，此表示 39 或 41 屬於景氣好的程度有 0.9 之多。根據隸屬度函數的定義，我們可繪出模糊集合景氣指標的隸屬度函數。與傳統集合的特徵函數比較，隸屬度函數似乎是將特徵函數平滑化了。不僅如此，隸屬度函數讓每個景氣指標都擁有一個介於 0 到 1 之間的值，來代表屬於景氣好的程度。相較於傳統集合的特徵函數，在描述模糊的概念時，利用模糊集合的隸屬度函數來解釋，是更為恰當的。

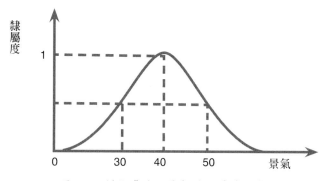

圖 2.2　模糊集合：景氣的隸屬度函數

　　隸屬度函數是模糊理論最基本的概念，它不僅可以描述模糊集合的性質，更可以對模糊集合進行量化，並且利用精確的數學方法，來分析和處理人類模糊性的資訊。然而，要建立一個足以表達模糊概念的隸屬度函數，並不是一件容易的事。其原因在於隸屬度函數仍舊脫離不了個人的主觀意識，故沒有通用的定理或公式。一般而言，解決的辦法是根據經驗法則，或是利用以往的統計資料來輔助加以確定，很難像客觀事物一樣有很強的說服力。因此，隸屬度函數的建立經常最具有爭議性的，也沒有一種隸屬度函數是可以被廣泛接受而使用。

　　隸屬度函數可分為離散型（discrete type）與連續型（continuous type）兩種。離散型的隸屬度函數是直接給予有限模糊集合內每個元素的隸屬度，並以向量的形式表現出來；而連續型隸屬度函數則有幾種常用的函數形式〔S- 函數、Z- 函數、π- 函數、三角形函數、梯形函數、高斯（鐘形）函數〕來描述模糊集合。函數定義的表現，可以是無限模糊集合的元素及其隸屬度之間的關係，也可以是有限模糊集合的元素及其隸屬度之間的關係。

　　傳統的統計方法透過一般的抽樣調查，往往只能得到單一的數值資料、或是

固定尺度的選擇，但如此並不足以能夠完整地反映人類個體的想法。若能讓受訪者根據自己的意識，利用隸屬度函數或區間值表達心中對於問項眞正屬意的程度，則可更完整地傳達人類眞實的思維。在考慮具有模糊特性的問項時，資料本身便具有不確定性與模糊性，所以我們先定義模糊數如下。

定義 2.1　模糊數

　　設 U 爲一論域，令 $\{A_1, A_2, ..., A_n\}$ 爲論域 U 的因子集。u 爲一對應到 $[0,1]$ 間的實數函數，即 $u：U \rightarrow [0,1]$。假若布於論域 U 之一述句 X 其相對於因子集的隸屬度函數以 $\{\mu_1(X), \mu_2(X),..., \mu_n(X)\}$ 表示，則在離散（discrete）的情形下，述句 X 的模糊數可表示成：

$$\mu_U(X) = \frac{\mu_1(X)}{A_1} + \frac{\mu_2(X)}{A_2} + ... + \frac{\mu_n(X)}{A_n}$$

其中 + 是或的意思，$\dfrac{u_i(X)}{A_i}$ 表示述句 X 隸屬於因子集 A_i 的程度。當 U 爲連續時，述句 X 的模糊數可表示成：$\mu(X) = \displaystyle\int_{x \in X} \frac{u_i(X)}{A_i}$。

例 2.1　一天運動時間的模糊數表示

　　假設 X 爲國中學生一天運動幾個小時，以模糊數表示爲 $\mu_\Omega(X)$，論域 Ω 可視爲整數論域，即是運動時數。設 $\Omega = \{0, 1, 2, 3, 4, 5\}$，$X$：一天運動時間模糊數的隸屬度函數爲 $\{\mu_0(X) = 0.25, \mu_1(X) = 0.4, \mu_2(X) = 0.2, \mu_3(X) = 0.1, \mu_4(X) = 0.05, \mu_5(X) = 0\}$。

　　則 X：一天運動幾個小時的模糊數可表示爲：

$$\mu_\Omega(X) = \frac{0.25}{0} + \frac{0.4}{1} + \frac{0.2}{2} + \frac{0.1}{3} + \frac{0.05}{4} + \frac{0}{5}$$

例 2.2　居民對河川惡臭感覺的模糊數表示

假設 X = 高雄愛河沿岸居民對河川惡臭的感覺。以模糊數表示為 $\mu_U(X)$。假設論域 U = {1 = 很嚴重 , 2 = 嚴重 , 3 = 普通 , 4 = 輕度 , 5 = 無影響 }。若 X = 高雄愛河沿岸居民對河川惡臭的感覺隸屬度函數為 {$\mu_0(X) = 0.25$, $\mu_1(X) = 0.4$, $\mu_2(X) = 0.2$, $\mu_3(X) = 0.1$, $\mu_4(X) = 0.05$, $\mu_5(X) = 0$} ；亦可以模糊數表示為：

$$\mu_U(X) = \frac{0.25}{0} + \frac{0.4}{1} + \frac{0.2}{2} + \frac{0.1}{3} + \frac{0.05}{4} + \frac{0}{5}$$

例 2.3　投資報酬率的模糊數表示

假設 X 公司投資報酬率以模糊數表示為 $\mu_U(X)$，論域 U 可視為實數論域，即是投資報酬率。設 U = {2%, 5%, 10%, 20%}，且令 X 公司投資報酬率模糊數的隸屬度函數為：

$$\{\mu_2(X) = 0.2, \mu_5(X) = 0.4, \mu_{10}(X) = 0.3, \mu_{20}(X) = 0.1,\}$$

則 X 公司投資報酬率的模糊數可表示為：

$$\mu_U(X) = \frac{0.2}{2\%} + \frac{0.4}{5\%} + \frac{0.3}{10\%} + \frac{0.1}{20\%}$$

在計算模糊樣本其相對於語言變數的隸屬度函數時，經常利用到三角形隸屬度函數及其他函數來進行計算工作，其定義及計算方式如下：

定義 2.2　三角形隸屬度函數之計算

令 {X_i, i = 1, ..., n} 為一組模糊樣本，U 為其論域。給定 U 的一個次序分割集合，{P_j, j = 1, ..., r}，且其相對於語言變數為 {L_j, j = 1, ..., r}。設 m_j 為其分割集合 P_j 的中間值，若 X_i 介於 m_j 與 m_{j+1} 之間，則其屬於語言變數 L_j 的隸屬度為 $\frac{m_{j+1} - X_i}{m_{j+1} - m_j}$，屬於語言變數 L_{j+1} 的隸屬度為 $\frac{X_i - m_j}{m_{j+1} - m_j}$。

┌─ 例 2.4　計算股市成交股數對應於量之語言變數的隸屬度 ─────────

　　令 $\{X_i\}$ = {16, 34, 58, 70, 88}（單位：千萬）為股市中五檔股票於某月之成交股數，若選擇一次序分割集合 U = {[0, 20), [20, 40), [40, 60), [60, 80), [80, 100)}，其相對應的語言變數為：微量 = L_1 ∝ [0, 20)，小量 = L_2 ∝ [20, 40)，普通 = L_3 ∝ [40, 60)，大量 = L_4 ∝ [60, 80)，巨量 = L_5 ∝ [80, 100)，其中「∝」表「相對於」。再取各分割集合之中間值為 $\{m_1 = 10, m_2 = 30, m_3 = 50, m_4 = 70, m_5 = 90, \}$，其相對應的語言變數為 $\{L_1, L_2, L_3, L_4, L_5\}$。因為 X_1 = 16 介於 10 與 30 之間，因此可以計算 X_1 對應於 L_1 及 L_2 之隸屬度如下：

$$\frac{30-16}{30-10} = 0.7 \in L_1 \quad , \quad \frac{16-10}{30-10} = 0.3 \in L_2$$

同理，我們可得到 $\{X_i\}$ 中每一個元素對應於語言變數之隸屬度，如表2.1。

表 2.1　$\{X_i\}$ 對應於語言變數 $\{L_j\}$ 之隸屬度

	L_1	L_2	L_3	L_4	L_5
X_1 = 16	0.7	0.3	0	0	0
X_2 = 34	0	0.8	0.2	0	0
X_3 = 58	0	0	0.6	0.4	0
X_4 = 70	0	0	0	1	0
X_5 = 88	0	0	0	0.1	0.9

2.2　模糊集合的軟運算

　　軟計算（soft computing）與傳統實數計算方法（硬計算）不同的是，軟計算乃基於模糊數或模糊樣本，包括區間數、多值數、語言變數等數學運算。舉例來說，某大學生每週運動 2-4 回，每回 1-2 小時，那一週運動幾小時？又如某人出外旅遊 7-8 天，需攜帶若干胃腸藥，而胃腸藥標示成人每日 3-4 回，每回 5-7 顆，請問他需攜帶多少顆？傳統數學無法對此作一明確的計算，但是一般人均會作一概略的計算。這實在應屬於軟計算過程。

定義 2.3

設 A, B 為論域 U 中的兩個模糊集合，其隸屬度表徵為 μ_A, μ_B：

(1) 補集：$\mu_{A^c}(x) = 1 - \mu_A(x)$

(2) 交集：$\mu_{A \cap B}(x) = \min \mu_B(x) = \mu_A \cup \mu_B$

(3) 聯集：$\mu_{A \cup B}(x) = \max \mu_B(x) = \mu_A(x) \cap \mu_B(x)$

(4) 距離：$d_1 = $ 歐幾里得（Euclidian），$d_2 = $ 漢明（Hamming）

$$d_1(A, B) = \frac{1}{\sqrt{n}} \sqrt{\sum_{i=1}^{n} (\mu_A(x_i) - \mu_B(x_i))^2} \quad (n = \text{論域因子集個數})$$

$$d_2(A, B) = \frac{1}{n} \sum_{i=1}^{n} 1_{\{x_i : |\mu_A(x_i) - \mu_B(x_i)| > 0\}}(x_i) \quad (n = \text{論域因子集個數})$$

例 2.5

設 A, B 兩國人民對宗教的隸屬度為：

$$A = \frac{0.3}{佛教} + \frac{0.2}{基督教} + \frac{0.1}{回教} + \frac{0.3}{其他教} + \frac{0.1}{未信教}$$

$$B = \frac{0.2}{佛教} + \frac{0.3}{基督教} + \frac{0.2}{回教} + \frac{0.1}{其他教} + \frac{0.2}{未信教}$$

則根據定義 2.3 可得以下之關係

$$A^c = \frac{0.7}{佛教} + \frac{0.8}{基督教} + \frac{0.9}{回教} + \frac{0.7}{其他教} + \frac{0.9}{未信教}$$

$$A \cap B = \frac{0.2}{佛教} + \frac{0.2}{基督教} + \frac{0.1}{回教} + \frac{0.1}{其他教} + \frac{0.1}{未信教}$$

$$A \cup B = \frac{0.3}{佛教} + \frac{0.3}{基督教} + \frac{0.2}{回教} + \frac{0.3}{其他教} + \frac{0.2}{未信教}$$

$$d_1(A, B) = \frac{1}{\sqrt{5}} \sqrt{(0.1^2 + 0.1^2 + 0.1^2 + 0.2^2 + 0.1^2)} = 0.2$$

$$d_2(A, B) = \frac{1}{5} \sum_{i=1}^{5} 1_{\{x_i : |\mu_A(x_i) - \mu_B(x_i)| > 0\}}(x_i) = 1$$

值得注意的是：d_2 通常用於屬質之二元邏輯測度。例如假設投資者對 $X, Y,$ Z 房子的評估為（只有滿意、不滿意兩種）：

	地點	交通	屋況	環境	價格
X	滿意	不滿意	滿意	滿意	滿意
Y	滿意	滿意	不滿意	不滿意	滿意
Z	不滿意	不滿意	滿意	滿意	滿意

則 $d_2(X, Y) = 0.6$, $d_2(X, Z) = 0.2$, $d_2(Y, Z) = 0.8$。

定義 2.4　區間數之運算

(1) 區間相加：$[a, b] + [c, d] = [a + c, b + d]$

(2) 區間相減：$[a, b] - [c, d] = [a - d, b - c]$

(3) 區間相乘：$[a, b] \times [c, d] = [\min(ac, ad, bc, bd), \max(ac, ad, bc, bd)]$

(4) 區間相除：$[a, b]/[c, d] = [\min(a/c, a/d, b/c, b/d), \max(a/c, a/d, b/c, b/d)]$, $c, d \neq 0$

例 2.6

$[2, 4] + [1, 5] = [3, 9]$

$[2, 4] - [1, 5] = [-3, 3]$

$[2, 3] \times [-2, 1] = [\min(-4, 2, -6, 3), \max(-4, 2, -6, 3)] = [-6, 3]$

$[-2, 4]/[0.2, 1] = [\min(-10, -2, 20, 4), \max(-10, -2, 20, 4)] = [-10, 20]$

　　分解理論與擴張理論是模糊集合中之重要觀念，前者將模糊集合的問題化為傳統集合論的問題來解決。而後者把傳統集合論的問題擴展至模糊集合的問題來解決。兩者要用到的工具為截集（α-cut）與層集（α-level）的觀念。模糊集合 A 的截集（α-cut）是指包含論域中隸屬度大於或等於 α 的所有成員，以數學式表示如下：

$$A_\alpha = \{x \in U : \mu_U(x) \geq \alpha\} \qquad (2.1)$$

模糊集合 A 的層集（α-level）是指包含論域中隸屬度等於 α 的所有成員，以數學表示如下：

$$A_\alpha = \{x \in U : \mu_U(x) = \alpha\} \tag{2.2}$$

例 2.7　投資報酬率的截集與層集

假設 X 公司投資報酬率 $\mu_U(X) = \dfrac{0.2}{2\%} + \dfrac{0.4}{5\%} + \dfrac{0.3}{10\%} + \dfrac{0.1}{20\%}$

則投資報酬率的截集：

$$A_{0.1} = \frac{0.2}{2\%} + \frac{0.4}{5\%} + \frac{0.3}{10\%} + \frac{0.1}{20\%} \ , \ A_{0.2} = \frac{0.2}{2\%} + \frac{0.4}{5\%} + \frac{0.3}{10\%}$$

投資報酬率的層集：

$$A(0.1) = 20\%, \ A(0.2) = 2\%, \ A(0.3) = 10\%, \ A(0.4) = 5\%$$

2.3　語意軟計算與相似度

　　語言的意旨在於和世界溝通。藉研究語意，我們將更了解這個世界共識。然而即使人們用相同的字眼、文法或語法。欲成功的交流卻仍嫌不夠，我們希望對相同的東西亦要有同樣程度意旨。也就是說，我們必須有一個有關語意的協議。因此如何分析人類的意旨與推論，如何測量它真正感覺的程度，越來越重要。

　　我們藉語意計量方法來幫助我們理解語言，進而來檢視我們的理論。若能建立一語言計算模型，便擁有和世界溝通的有利工具。在本節裡，我們將介紹結合語意學概念與擴展知識，提出建立自然語言計算系統方法。在討論語言處理時，應切記語言之正面屬性。因為就是這些正面屬性，使語言成為足以包容各種麻煩的現象。

　　人們常經由腦中的印象去尋找或辨認相似的事物，此種辨識能力對於較簡單明白的事物，可以有一定水準的正確率，但對於較複雜的事物就需藉助其他工具來完成。本節的目的主要即在介紹相似性（similarity）的衡量方法及分析上應注意的概念。

在語意認知的過程中，最重要且最常被應用的概念就是擇近原則。所謂擇近原則就是說，對於兩件事物如果彼此之間的距離很大，表示此二件事物相似的程度很低，可能為不同類別的事物；但是若彼此的距離很小，則表示此二件事物相似的程度很高，可能視為同類別的事物。故在評量兩集合間的相似度，將論域模糊化的過程中，可將距離較近的兩元素給予較高的隸屬度。比較兩個模糊集的近似距離，可用絕對值差和比距離、歐幾里德（Euclid）距離、漢明（Hamming）距離、明考斯基（Minkowski）距離等距離公式來衡量。一般採用漢明距離和歐幾里德距離較多。而根據解決問題的需要，我們亦可構造出一些其他距離公式。

在相似性問題的探討中，語言變數的概念亦十分重要。例如考慮年紀這個變量，它不但可以有其數值，如間隔 [0, 100] 中的任意數，也可以取年輕、很年輕、相當年輕、極年輕、不年輕、不很年輕、不很老也不很年輕等作值。其中若取後者作值者，便稱為語言變數。在一般社會科學研究中，語言變數通常採用 5 等級，例如調查對三黨的滿意程度，便可分為十分滿意、滿意、無所謂滿不滿意、不滿意、非常不滿意等五等級；父子的相像程度亦可以分成極相似、相似、普通、不相似、極不相似等五級來評量。

一語詞之語意關係與其他觀念上有很多相似特徵。代表性（Typicality）之認定則須靠統計的方法以達到較高共識。類集（Category）的最高代表性項目應是具有每一因素的高代表性項目。一般已知之語詞相關乃基於以下 3 種形式：(1) 以代表性顯示語意相關程度，(2) 與相對關係做比較，(3) 語意聯想（semantic association）。

(1) 代表性

類集內之項目代表性有觀念上之差異。例如鱒魚是很典型觀念之魚。飛魚則較不具有代表性。甲魚、青蛙則更不具有代表性。這些魚類的代表性程度皆需要靠問卷調查進行（軟）統計分析完成。類集內之元素項目均以隸屬度函數表示，再計算其綜合加權評分。一般我們定義語意代表性如下：

$$T(o) = \frac{項目\ o\ 的隸屬度函數值}{類\ 集\ 中\ 項\ 目\ 對\ 語\ 意\ 之\ 最\ 大\ 隸\ 屬\ 度} \tag{2.3}$$

(2) 一般相似度（General Similarity）

因為人類具有關係的相似性判定本能，故應用於語意關係之比較由來已久。對於單一構面，可用類比進行。但是較複雜的多構面則須考慮以數位隸屬度計算。若 o_i, o_j 為兩物件，$(H_i, M_i), (H_j, M_j)$ 為主詞（head）與其相對修辭語（linguistic henge）之特徵集合。則 o_i, o_j 為兩物件其相似度計量為

$$S(o_i, o_j) = \frac{|H_i \bigcap H_j| + |M_i \bigcap M_j|}{|H_i \bigcup H_j| + |M_i \bigcup M_j|} \qquad (2.4)$$

表 2.2 為語詞代表性的計量實例。

表 2.2　語詞代表性的計量

電線	相似度	喜悅	相似度	肯定	相似度
電線	1	喜悅 1	肯定	1	電線
電纜	0.9	歡怡 0.95	絕對	0.95	電纜
光纖	0.7	愉快 0.9	會	0.8	光纖
半導體	0.7	開心 0.9	很可能	0.8	半導體
水管	0.5	高興 0.9	大慨	0.7	水管
麻繩	0.45	甜蜜 0.8	可能	0.7	麻繩
針線	0.45	幸福 0.8	也許	0.7	針線
鐵絲網	0.3	樂透 0.7	應該	0.7	鐵絲網
吸管	0.3	感謝 0.6	或許	0.7	吸管
拉鍊	0.25	哀傷 0.1	或許	0.35	拉鍊
木板	0.05	憤怒 0	否定	0	木板

(3) 偏相似度（Partial Similarity）

若我們僅考慮某單一構面之語意相似度，則稱此為偏相似度或不分相似度。令 E, F 為此兩物件，則偏相似度計算方法為

$$PS(E, F) = \frac{\sqrt{T(E|c) \cdot T(F|c)}}{\max\{T(E|c), T(F|c), 1 - T(E|c), 1 - T(F|c)\}} \qquad (2.5)$$

其中 c 爲固定構面。

例 2.8

假設魚的概念代表性程度爲：T（鱒魚 | 形狀）$= 0.9$，T（飛魚 | 形狀）$= 0.7$，T（海豚 | 形狀）$= 0.6$，T（青蛙 | 形狀）$= 0.1$。由式（2.3）與統計樣本可計算此形狀（魚）偏相似度，見表 2.3。

表 2.3　魚形狀之偏相似性

項目	鱒魚	飛魚	海豚	青蛙
鱒魚	1	0.8	0.7	0.3
飛魚		1	0.6	0.2
海豚			1	0.1
青蛙				1

此例只提出簡要概念與計算，實際過程與更精細結果應由與語言學者及與統計工程專家等合作完成。

在模糊識別過程中，模糊熵是類似於熱力學中能量的含蘊標準單位，但它和傳統之熵的意義不同。在定義模糊熵時並非使用機率（probability）論的觀念，而是使用可能性（possibility）理論的觀念。模糊熵表示模糊集合的平均內部訊息量，此訊息量可作爲對模糊集合所描述的對象，進行分類時的判定標準。

定義 2.5　模糊熵

設 A 爲論域 U 中的一個模糊集合，其隸屬度表徵爲 $\{\mu_1, \mu_2, \cdots, \mu_k\}$，則 A 的模糊熵定義爲：

$$H(A) = -\frac{1}{k}\sum_{i=1}^{k}[\mu_i \ln(\mu_i) + (1-\mu_i)\ln(1-\mu_i)] \qquad （2.6）$$

模糊敘述統計量

對人類社會而言，有時應用模糊數學方法與模式來表示，可能比直接給定單一的特定值來得適切些，並可能較合於用來評估變數與變數之間的相關性。此外，由於其他因素往往也會影響人們對某一事物的評定，因此使用模糊邏輯時，必須對所謂的「其他因素」加以說明，以便將人們的喜好程度轉換成便於計算的隸屬度函數。

要對模糊的現象予以適當的集合描述，必須應用新的邏輯假設，即論域上的對象由屬於某一集合到不屬於某一集合是漸進而非突變的。因此，隸屬度函數的應用在模糊統計分析與檢定上，扮演相當重要的角色。

統計分析在各個領域中皆被廣泛利用。一些基本的敘述統計參數，如期望值、中位數及眾數等，並不因其方法簡單而失其重要性。在分析資料時，這些參數能夠簡單且快速地描述資料的基本結構，其中又以期望值最常被利用。在知識經濟之社會，多元思維逐漸取代傳統二元邏輯的思考與分析方法。過去使用單一數值的樣本來計算期望值的方法，已漸不符合現今複雜多變的智慧科技時代之需求。尤其是在具有多變性、不確定性、訊息不完整性的財金與經濟環境下，過分強調對於數值之運算與數學假設的前提，反而更容易造成與現實環境及條件的背離、甚至是脫節。故在進行財金與經濟方面問題的研究時，利用軟計算方法與模糊統計的分析，將會是一種較為進步的測度方法。

在討論模糊分析調查之前，我們先給予模糊隨機變數的定義及基本觀念。欲應用傳統的數學邏輯觀念，明確定義一模糊隨機變數並不容易。此處僅提供一比較合理與符合經驗法則的參考。

一般人在日常生活中常對可能發生的事進行推論。例如：一個決策的過程中，某些重要因素的考量，都可能是下決策的關鍵。所以當我們考慮的因素愈多愈詳密，愈能確信最後所做的決策。模糊統計資料就是考量了人們擁有多重喜好，而以模糊區間和加權模糊區間來進行討論。但因個人認知的喜好程度不同，而具有不定等長的期望區間。下面我們提出一些關於模糊統計量：模糊樣本均數、模糊樣本眾數與模糊樣本中位數的定義。

3.1 模糊樣本平均數（fuzzy sample mean）

定義 3.1 離散型模糊樣本均數

設 U 為一論域，令 $L = \{L_1, L_2, \ldots L_k\}$ 為布於論域 U 上的 k 個語言變數，$\{x_i = \dfrac{m_{i1}}{L_1} + \dfrac{m_{i2}}{L_2} + \ldots + \dfrac{m_{ik}}{L_k}, i = 1, 2, \ldots, n\}$ 為一組模糊樣本（$\sum\limits_{j=1}^{k} m_{ij} = 1$）。則模糊樣本均數為：

$$F\bar{x} = \frac{\frac{1}{n}\sum\limits_{i=1}^{n} m_{i1}}{L_1} + \frac{\frac{1}{n}\sum\limits_{i=1}^{n} m_{i2}}{L_2} + \ldots + \frac{\frac{1}{n}\sum\limits_{i=1}^{n} m_{ik}}{L_k} \quad , \tag{3.1}$$

其中 m_{ij} 為第 i 個樣本相對於語言上變數 L_j 之隸屬度。

┌ **例 3.1** 離散型模糊均數應用於商品滿意度調查 ─────

一新上市之商品，商品廠商欲探討消費者的滿意程度，於是在街頭邀集五位消費者 A、B、C、D、E 作調查，每位消費者對商品滿意度的隸屬度如表 3.1：

表 3.1 五位受訪者對商品滿意度之隸屬度選擇

滿意程度	L_1很不滿意	L_2不滿意	L_3普通	L_4滿意	L_5很滿意
A	0	0.5	0.5	0	0
B	0	0	0.8	0.2	0
C	0	0.3	0.7	0	0
D	0	0	0	0.9	0.1
E	0	0	0.2	0.8	0

則模糊樣本均數為：

$$F\bar{x} = \frac{\frac{1}{5}(0+0+0+0+0)}{\underbrace{}_{\text{很不滿意}}} + \frac{\frac{1}{5}(0.5+0+0.3+0+0)}{\underbrace{}_{\text{不滿意}}} + \frac{\frac{1}{5}(0.5+0.8+0.7+0+0.2)}{\underbrace{}_{\text{普通}}}$$

$$+ \frac{\frac{1}{5}(0+0.2+0+0.9+0.8)}{\text{滿意}} + \frac{\frac{1}{5}(0+0+0+0.1+0)}{\text{很滿意}}$$

$$= \frac{0}{\text{很不滿意}} + \frac{0.16}{\text{不滿意}} + \frac{0.44}{\text{普通}} + \frac{0.38}{\text{滿意}} + \frac{0.02}{\text{很滿意}}$$

此模糊樣本均數所代表的意義為：「很滿意」的隸屬度為 0.02，「滿意」的隸屬度為 0.38，「普通」的隸屬度為 0.44，「不滿意」的隸屬度為 0.16，「很不滿意」的隸屬度為 0。此模糊均數是一個模糊數，表現出此商品的平均滿意度最可能為「普通」、其次為「滿意」。

定義 3.2　等距尺度離散型模糊樣本組均數

設 U 為一論域，令 $\{L_1, L_2, \dots L_k\}$ 為布於論域 U 上的 k 個等距尺度變數，$\{x_1, x_2, \dots x_n\}$ 為一組模糊樣本，且每個樣本 x_i 對應變數 L_j 之隸屬度為 m_{ij}，其中 $\sum_{j=1}^{k} m_{ij} = 1$。令 M_j 為 L_j 的組中點，若 $F\overline{x} = \frac{1}{n}\sum_{i=1}^{n}\sum_{j=1}^{k} m_{ij} M_j \in L_j$，我們定義模糊樣本 $\{x_1, x_2, \dots x_n\}$ 之模糊樣本組均數為：$F\overline{x} = L_k$。

┌ 例 3.2　人力雇用數量之模糊樣本均數 ─

某機構於近期將成立新辦事處，對於規模之大小欲擬定人力僱用計畫，於是召集 A、B、C、D、E 五位相關主管進行意見調查。五位專家根據給定的人數選項所作出之選擇及個別的隸屬度如表 3.2：

表 3.2　5 位主管對應於各選項之隸屬度選擇

人數	1~3	4~6	7~9	10~12	13~15	16~18	19~21	22~24
A	0.4	0.6	0	0	0	0	0	0
B	0	0	0.3	0.7	0	0	0	0
C	0	0	0	0	0.7	0.3	0	0
D	0	0	0	0	0	0	0.2	0.8
E	0	0.4	0.6	0	0	0	0	0

由於這五位主管有各自的觀念及考量，造成對僱用人數的差異。若要從此樣本中得到僱用人數，又要忠實反映樣本的資訊，那麼使用模糊樣本均數是不錯的方法。計算如下：

令 M_j 為人數區間的組中點：$\{2, 5, 8, 11, 14, 17, 20, 23\}$

$$F = (0.4 \cdot 2 + 0.6 \cdot 5 + 0.3 \cdot 8 + 0.7 \cdot 11 + 0.7 \cdot 14 + 0.3 \cdot 17 + 0.2 \cdot 20 + 0.8 \cdot 23$$
$$+ 0.4 \cdot 5 + 0.6 \cdot 8)/5$$
$$= 58/5$$
$$= 11.6 \in [10,12]$$

故模糊樣本均數 $F\bar{x} = [10, 12]$

由以上可得：人力僱用人數的模糊樣本組均數為 [10, 12] 這個區間。也就是說，此機構於近期將成立新辦事處的僱用人數，參考 5 位主管的意見之後，可以做出平均應該僱用 10 至 12 人的決策。

定義 3.3　連續型模糊樣本均數（樣本為連續型且為均勻分配）

設 U 為一個論域，$L = \{L_1, L_2, ... L_k\}$ 為布於論域 U 上的 k 個語言變數，$\{x_i = [a_i, b_i, c_i, d_i]$，$i = 1, 2, ... n\}$ 為論域 U 裡的一組模糊樣本。則模糊樣本均數為：

$$E(X) = [\frac{1}{n}\sum_{i=1}^{n}a_i, \frac{1}{n}\sum_{i=1}^{n}b_i, \frac{1}{n}\sum_{i=1}^{n}c_i, \frac{1}{n}\sum_{i=1}^{n}d_i] \tag{3.2}$$

例 3.3

在我們對於今年畢業生求職潮中，調查出下列五位研究所畢業生對薪資期望的一組模糊樣本為 [2 萬元，3 萬元]，[3 萬元，4 萬元]，[4 萬元，6 萬元]，[5 萬元，8 萬元]，[4 萬元，7 萬元]，則根據定義 3.3，其模糊樣本均數為：

$$F\bar{x} = [\frac{2+3+4+5+4}{5}, \frac{3+4+6+8+7}{5}] = [3.6, 5.6] \text{ 萬元}$$

這個資訊能提供給急需求才的公司主管們參考，以了解目前一般研究所畢業生他們所希望的薪資。

3.2　模糊樣本眾數（fuzzy sample mode）

定義 3.4　離散型模糊樣本眾數

設 U 為一論域，令 $L = \{L_1, L_2, \dots L_k\}$ 為布於論域 U 上的 k 個語言變數，$\{x_i = \dfrac{m_{i1}}{L_1} + \dfrac{m_{i2}}{L_2} + \dots + \dfrac{m_{ik}}{L_k}, i = 1, 2, \dots, n\}$ 為一組模糊樣本（$\sum\limits_{j=1}^{k} m_{ij} = 1$）。令 $T_j = \sum\limits_{i=1}^{n} m_{ij}$。則我們稱擁有最大的 T_j 值之 L_j 為模糊樣本眾數（fuzzy mode 簡記 Fmode），即：

$$Fmode = \{L_j : 相對之 j 項，使得 T_j = \max_{j=1,2,\dots k} T_j\} \qquad (3.3)$$

假若存在兩組以上之 L_j 其最大 T_j 值相同，則我們稱此組資料具有多個模糊樣本眾數或是具有多重共識。

推廣 1　設 U 為一論域，令 $L = \{L_1, L_2, \dots L_k\}$ 為布於論域 U 上的 k 個語言變數，$\{S_i; i = 1, \dots, n\}$ 為一組模糊樣本，且對每個樣本 S_i 對應語言變數 L_j 給予一標準化之隸屬度 m_{ij}（$\sum m_{ij} = 1$）。在 α 顯著水準下，令 $I_{ij} = 1$，若 $m_{ij} \geq \alpha$；$I_{ij} = 0$，若 $m_{ij} < \alpha$，令 $T_j = \sum\limits_{i=1}^{n} I_{ij}$。則我們稱擁有最大的 T_j 值之 L_j 為在 α 顯著水準下模糊樣本眾數（fuzzy mode 簡記 Fmode），即 $FM = \{L_j : 相對之 j 項，使得 T_j = \max\limits_{j=1,2,\dots k} T_j\}$。假若存在兩組以上之 L_j 其最大 T_j 值相同，則我們稱此組資料具有多個模糊樣本眾數或是具有多重共識。

例 3.4　利用離散型模糊眾數決定旅遊地點

假設有 10 個人計畫利用週休二日時到戶外郊遊，旅遊選擇地點有野柳、淡水、烏來與九份四處。則表 3.3 為兩種問卷結果之比較。

表 3.3　旅遊選擇地點兩種問卷結果之比較

模糊眾數選擇旅遊地點					傳統眾數選擇旅遊地點				
投票	野柳	淡水	烏來	九份	投票	野柳	淡水	烏來	九份
1	0.4	0.6	0	0	1		○		
2	0.5	0	0.4	0.1	2	○			
3	0.1	0	0.4	0.5	3				○
4	0.4	0	0.6	0	4			○	
5	0	0.8	0.2	0	5		○		
6	0.4	0	0.6	0	6			○	
7	0	0.6	0.4	0	7		○		
8	0.5	0	0.4	0.1	8	○			
9	0.4	0.6	0	0	9		○		
10	0	0	0.7	0.3	10			○	
總計	2.7	2.6	3.7	1.0	總計	2	4	3	1

　　比較模糊眾數與傳統眾數所決定的旅遊地點可以發現，若用傳統計票，統計得票結果為淡水 4 票、烏來 3 票、野柳 2 票、九份 1 票，則旅遊地點眾數應為淡水，因為淡水得 4 票最高。

　　若由模糊隸屬度投票計算，則以烏來隸屬度和為 3.7 最高，即選擇模糊眾數烏來為旅遊地點。但是選擇淡水的 4 票，是否就足以代表這 10 個人的最佳共識呢？嚴格來說，淡水應該只是在二元邏輯的規則下，利用傳統眾數所求得的偏共識（partial common agreement）。而模糊眾數較傳統眾數更能表現出民意之所在，且能找出一個令大家都可接受並且較不極端的結果。

例 3.5　題庫試題難度預估

　　在編製題庫試題過程中，商請學科及教育測驗專家根據其專業，進行選題並預估其對學生而言之難易隸屬度 $P(0 \leq P \leq 1)$。今選取 12 位專家以 $S_1, S_2, \ldots$ S_{12} 表示，請他們憑藉著專業與經驗，預估某一試題難易隸屬度，利用 $\{L_1, L_2,$ $L_3, L_4, L_5\}$ 分別表示 {極難、難、中等、容易、極容易}。此 12 位專家對該題

難易度預測之隸屬度如表 3.4 所示。

表 3.4　試題難易度預測之隸屬度

語言變數難度 專家	L₁＝極難	L₂＝難	L₃＝中等	L₄＝容易	L₅＝極容易
1	0.5	0.4	0.1		
2			0.4	0.6	
3		0.6	0.4		
4		0.4	0.6		
5	0.4	0.6			
6				0.1	0.9
7			0.4	0.6	
8			0.4	0.6	
9		0.4	0.6		
10			0.1	0.1	0.8
11	0.6	0.4			
12			0.4	0.6	
Total	1.5	2.8	3.4	2.6	1.7

若以傳統 5 等第量表調查，則發現預測如下表 3.5：

表 3.5　試題難易度之預測

語言變數難度 專家	L₁＝極難	L₂＝難	L₃＝中等	L₄＝容易	L₅＝極容易
1	○				
2				○	
3		○			
4			○		
5		○			
6					○
7				○	

（接下頁）

（承上頁）

語言變數難度 專家	L₁=極難	L₂=難	L₃=中等	L₄=容易	L₅=極容易
8				○	
9			○		
10					○
11	○				
12				○	
Total	2	2	2	4	2

　　利用傳統眾數方法得知，對該題難度預測的結果為「容易」的教育測驗專家最多（2、7、8、12 四票）。但在 12 位專家中，僅採用其中 4 位專家所預測的結果，似乎不太合理。若我們利用模糊隸屬度計算，則該題難度的預測結果，為「中等」隸屬度總和 3.4 遠大於「容易」隸屬度總和 2.6。相較之下，利用模糊樣本眾數會比傳統眾數要來得客觀些，也更能取得大家對該題難度預測之共識。

定義 3.5　連續型模糊樣本眾數（樣本為連續型且為均勻分配）

　　設 U 為一論域，令 $\{x_i = [a_i, b_i, c_i, d_i]，i = 1, 2, \dots n\}$ 為一組模糊樣本。令 cx_i 為 x_i 之重心，A_i 為 x_i 之範圍。將 cx_i 的全距分成 k 個語言變數區。則模糊樣本眾數為包含最大隸屬度 k_0 區語言變數交集，記為：

Fmode k_0 = largest sum of communicative memberships for $(k_1, k_2, \dots k_n)$　　（3.4）

　　若 k_0 不存在，則我們稱此資料沒有模糊樣本眾數或是無共識；若存在兩組以上覆蓋頻率相同，則我們稱此組資料具有多個模糊樣本眾數或是具有多種共識。

┌─ 例 3.6　社會新鮮人就業薪資之模糊樣本眾數 ─────────────

　　設區間 $\{[a_i, b_i] \mid a_i, b_i \in R, i = 1, 2, ..., 10\}$ 表示 10 位新鮮人可接受的薪資範圍，單位為萬元。$I_1 = [2.5, 3.4]$，$I_2 = [2.5, 3]$，$I_3 = [3.5, 4]$，$I_4 = [2, 3]$，$I_5 = [3, 4]$，$I_6 = [5, 6]$，$I_7 = [4, 4.5]$，$I_8 = [3, 3.5]$，$I_9 = [4.5, 6]$，$I_{10} = [2.5, 3]$。

　　我們將中心點之全距分為 5 個區間 [2,2.6], [2.6,3.2], [3.2,3.8], [3.8,4.8], [4.8,6]；利用模糊樣本眾數定義，由下表 3.6 可找出最大累積隸屬度 3.1 落於 [2.6,3.2]。所以依照定義 3.5，2.6 至 3.2 萬元為社會新鮮人就業薪資的模糊樣本眾數。

表 3.6　社會新鮮人就業薪資

設定區域樣本區域	[2,2.6]	[2.6,3.2]	[3.2, 3.8]	[3.8,4.8]	[4.8,6]
[2.5, 3.4]	0.1	0.7	0.2		
[2.5, 3]	0.2	0.8			
[3.5, 4]			0.6	0.4	
[2,3]	0.6	0.4			
[3,4]		0.1	0.7	0.2	
[5,6]					1
[4,4.5]]				1	
[3,3.5]		0.2	0.8		
[4.5, 6]				0.2	0.8
[2.5, 3]	0.1	0.9			
累積隸屬度	1	3.1	2.3	0.9	1.8

───────────────────────────────────

┌─ 例 3.7　等候公車時間之模糊樣本眾數 ─────────────

　　假設我們隨機抽取 8 人，調查他們對於等候公車時間長短可接受的程度。

　　以區間 $\{[a_i, b_i] \mid a_i, b_i \in R, i = 1, 2, ..., 8\}$ 表示此 8 人可接受的等公車時間，$I_1 = [0, 2]$，$I_2 = [9, 11]$，$I_3 = [8, 12]$，$I_4 = [6, 10]$，$I_5 = [10, 15]$，$I_6 = [5, 10]$，$I_7 = [3, 6]$，$I_8 = [10, 20]$。

　　由資料將此 [1,20] 分成（0, 3, 6, 9, 12, 20）五個區間。由下表 3.7 我們宣稱此 8 人對於等公車時間模糊眾數為 (9, 12)。

表 3.7　可接受的等公車時間

設定區域樣本區域	[0,3]	[3,6]	[6,9]	[9,12]	[12,20]
[0,2]	1				
[9,11]				1	
[8,12]			0.3	0.7	
[6,10]			0.6	0.4	
[10,15]				0.4	0.6
[5,10]		0.1	0.8	0.1	
[3,6]		1			
[10,20]				0.2	0.8
累積隸屬度	1	1.1	1.7	2.8	1.4

3.3　模糊樣本中位數（fuzzy sample median）

　　模糊樣本中位數和傳統中位數相同，不會受到樣本極端值影響（如 X_2），故為一具穩健性（robustness）的估計量，而有關模糊樣本極端值的定義則不在本文的討論範圍內。

定義 3.6　離散型模糊中位數（Fuzzy sample median for discrete type）

　　設 U 為一論域，令 $L = \{L_1, L_2, \dots L_k\}$ 為布於論域 U 上的 k 個有序變數，$\{x_i = \dfrac{m_{i1}}{L_1} + \dfrac{m_{i2}}{L_2} + \dots + \dfrac{m_{ik}}{L_k}, i = 1,2,\dots,n\}$，$\sum\limits_{j=1}^{k} m_{ij} = 1$ 為自論域中抽出的一組模糊樣本，x_{if} 為對應於模糊樣本 x_i 之反模糊化值。

　　令 $x_{(i)}$ 為 x_i 反模糊化值後之排序的樣本值，則定義離散型模糊樣本中位數為：

$$Fmedian\,(x) = \begin{cases} 相對應於\,x_{(n/2)f}\,之樣本\,x & 若\,n\,為奇數 \\ 相對應於\,x_{(n/2)f},\,x_{(\frac{n}{2}+1)f}\,之樣本均數\,x & 若\,n\,為偶數 \end{cases} \quad (3.5)$$

┌─ 例 3.8　離散型模糊樣本中位數應用於產品定價調查 ──────

　　7-11 超商欲訂定一新上市茶飲之價格。假設擬定的價格有 20、25、30、35、40 元五種方案。公司欲探討何種價格較能夠被消費者所接受，隨機抽取 6 位消費者作市場調查，每位消費者對各價格的隸屬度如表 3.8。

表 3.8　6 位受訪者對應於 5 種價格之隸屬度選擇

價格＼受訪者	20	25	30	35	40	x_{if}
1	0	0	0.5	0.5	0	32.5
2	1	0	0	0	0	20
3	0	0.6	0.4	0	0	27
4	0	0.7	0.3	0	0	26.5
5	0	0	0.4	0.3	0.3	34.5
6	0	0	0.8	0.2	0	31

　　由於樣本數 $n = 6$ 為偶數，且 $x_{(3)f} = 27$, $x_{(4)f} = 31$, 俺模糊化之中位數為 $\dfrac{27+31}{2} = 29$。若以對應 $x_{(3)f}, x_{(4)f}$ 之樣本值為：

$$x_{(3)f} \rightarrow x_3 = \frac{0}{20} + \frac{0.6}{25} + \frac{0.4}{30} + \frac{0}{35} + \frac{0}{40} \ ,$$

$$x_{(4)f} \rightarrow x_6 = \frac{0}{20} + \frac{0}{25} + \frac{0.8}{30} + \frac{0.2}{35} + \frac{0}{40} \ ,$$

來計算，則模糊樣本中位數為：

$$Fmedian = \frac{0}{20} + \frac{\frac{0.6+0}{2}}{25} + \frac{\frac{0.4+0.8}{2}}{30} + \frac{\frac{0+0.2}{2}}{35} + \frac{0}{40}$$

$$= \frac{0}{20} + \frac{0.3}{25} + \frac{0.6}{30} + \frac{0.1}{35} + \frac{0}{40}$$

此模糊樣本中位數反模糊化亦為 29 (= 0.3*25 + 0.6*30 + 0.1*35)。

若以傳統的問卷調查方式，也就是規定每位受訪者只能勾選一意願最高

的選項，則對於受訪者而言，所勾選之選項應為心目中隸屬度最高者，而其結果如下表 3.9：

表 3.9　5 位受訪者對於五種價格之隸屬度選擇

價格\顧客	20	25	30	35	40
A		○			
B	○				
C			○		
D		○			
E					○
Total	1	2	1	0	1

　　從上表 3.9 的資料中，我們可以得到五位受訪者的選擇價格依大小排序後，依序為 20、25、25、30、40，而依傳統中位數的取法，取出結果為 25 元。

　　但我們可以知道，若以傳統問卷的方式進行調查，並無法真正反映受訪者完整的想法，因為對於商品價格的問題而言，傳統的中位數可能只能以消費者最願意接受的價格作為考量，但實際情形卻非如此！若當該商品對消費者而言，十分具有吸引力，即使價格比當初心目中的理想價格要高，消費者仍會有購買的意願，這樣的情形也普遍存在現實的生活中，因此我們若以模糊樣本中位數來思考，更能合理分析這類問題。

　　從排序後的隸屬度中，以模糊樣本中位數的取出結果為 30 元，高於以傳統中位數取出之 25 元，從這樣的結果我們可結論：以 30 元的價格來說，一般民眾的接受度應不低；而且單價多 5 元的利潤，應是對廠商比較有利的。

定義 3.7　連續型模糊樣本中位數（Fuzzy sample median for continuous type）

　　設 U 為一論域，令 $\{x_i = [a_i, b_i, c_i, d_i]，i = 1, 2, ... n\}$ 為一組模糊樣本。令 cx_i 為 x_i 之重心，A_i 為 x_i 之範圍（面積）。則模糊樣本中位數 Fuzzy median，為以 median$\{cx_i\}$ 為中心，以中位數 A_i 的為範圍區域。

$$Fmedian = (cx; A), cx = median \{cx_i\}, A = median \{A_i\}。 \qquad (3.6)$$

例 3.9　連續型模糊樣本中位數應用於房屋購買意願調查

對商業用戶購屋者來說，一樓店面的面寬對於其營業績效有很大的影響。若由資料顯示，臺北市信義區一樓路旁的房子面寬範圍 (a, b)，假設面寬自 2 公尺至 20 公尺，即論域為 $U = [2, 20]$。若某房屋仲介公司想了解此區商業店面面寬需求情形，決定以開放式問卷的型式來了解此區商業店面面寬實際需求情形，若隨機選取該區五位商家作調查，而每位商家對店面面寬的需求區間如表 3.10：

表 3.10　5 位受訪者對店面面寬需求之隸屬度選擇

商家	a_i	b_i	$c_i = (a_i + b_i)/2$	A_i
1	2	5	3.5	3
2	6	10	8	4
3	7	12	9.5	5
4	3	4	3.5	1
5	17	20	18.5	3

由定義 3.7 可得模糊樣本中位數為 (8; 1.5)。由模糊樣本中位數可知此區商家對店面的面寬需求約略為 6.5 公尺至 9.5 公尺之間，故房屋仲介業者可多留意蒐集此面寬區間的出租或出售案件，提供顧客充足選擇。

例 3.10　投資計畫金額之模糊樣本中位數

某公司於近日擬定進行投資計畫，於是聘請五位投資顧問專家進行投資策略分析，五位專家分別對於投資金額提出建議如下（金額單位：千萬元）：

表 3.11　5 位專家分別對於投資金額提出建議

	A	B	C	D	E
建議投資金額	1~2	4~7	3~8	5~9	16~20
c_i	1.5	5.5	5.5	7	18
A_i	2	3	5	4	4

由於 5 個人所提出之建議金額共識度不高，尤其以 E 所提出之投資建議，遠大於他人所建議之金額，但若是直接以平均金額作爲投資決策，無疑地會將整體金額提高許多，但又不能忽略 E 所提之建議，因此我們考慮以模糊樣本中位數的觀點來看待分析此問題。

由定義 3.7 可得區間爲 [3.5, 7.5] (= (5.5; 2)) 千萬，此區間即爲所求之模糊樣本中位數。

定義 3.8　離散型模糊數的模糊標準差

設 x 爲一模糊數，語言變數 $\{L_i; i = 1, ..., k\}$ 爲論域 U 中有序的數列，$\mu_{L_i}(x) = m_i$ 爲模糊樣本 x 相對於 L_i 的隸屬度且 $\sum_{i=1}^{n} \mu_{L_i}(x) = 1$。

考慮模糊數 x 經典的反模糊化值 $x_f = \sum_{i=1}^{k} m_i L_i$，則模糊數之模糊標準差定義爲：

$$F\sigma = \sqrt{\sum_{i=1}^{k} m_i \left(M_i - x_f \right)^2}$$

┌─ 例 3.11　求離散型模糊數之模糊標準差 ─

設 X 爲某學生一星期來學校購買早餐的天數，其論域 $U = \{0, 1, 2, 3, 4, 5\}$，學生的隸屬度函數爲 $\{\mu_0(X) = 0, \mu_1(X) = 0.3, \mu_2(X) = 0.5, \mu_3(X) = 0.1, \mu_4(X) = 0.1, i_5(X) = 0\}$。則學生一星期來學校購買早餐天數的反模糊化值爲 2（天）；

則學生一星期來學校購買早餐天數的模糊標準差爲：

$$F\sigma = \sqrt{0.3(1-2)^2 + 0.5(2-2)^2 + 0.1(3-2)^2 + 0.1(4-2)^2} = 0.89$$

3.4　模糊統計量的次序與距離

定義 3.9　兩離散型模糊樣本相對差異

設 U 爲一論域，令 $L = \{L_1, L_2, \ldots L_k\}$ 爲布於論域 U 上的 k 個語言變數，而 $\{x_i = \dfrac{m_{i1}}{L_1} + \dfrac{m_{i2}}{L_2} + \ldots + \dfrac{m_{ik}}{L_k}, i = 1, 2,\ \sum\limits_{j=1}^{k} m_{ij} = 1\ \}$ 爲自論域中抽出的兩個模糊樣本。則

兩離散型模糊樣本 x_1 與 x_2 之相對差異定義爲：

$$\delta(x_1, x_2) = \frac{\left|m_{11} - m_{21}\right|}{L_1} + \frac{\left|m_{12} - m_{22}\right|}{L_2} + \ldots + \frac{\left|m_{1k} - m_{2k}\right|}{L_k} \tag{3.7}$$

┌─ 例 3.12 ─

若一組受訪者的模糊意見表示如下表 3.12：

表 3.12　受訪者的模糊意見

您對執政黨2015年施政滿意度	1=很不滿意	2=不滿意	3=普通	4=滿意	5=很滿意
x_1	0	0	0	0	1
x_2	1	0	0	0	0
x_3	0	0	1	0	0
x_4	0	0.5	0	0.5	0
x_5	0	0	0.5	0	0.5
x_6	0	0	0.8	0	0.2

根據離散型模糊樣本相對差異定義，我們可算出各樣本間的相對差異。相對差異的模糊數值大小，可看出兩樣本在不同語意變數喜好的差異性，例如：

$$\delta(x_1, x_2) = \frac{\left|0 - 1\right|}{L_1} + \frac{\left|0 - 0\right|}{L_2} + \frac{\left|0 - 0\right|}{L_3} + \frac{\left|0 - 0\right|}{L_4} + \frac{\left|1 - 0\right|}{L_5} = \frac{1}{L_1} + \frac{0}{L_2} + \frac{0}{L_3} + \frac{0}{L_4} + \frac{1}{L_5}$$

$$\delta(x_5, x_6) = \frac{\left|0 - 0\right|}{L_1} + \frac{\left|0 - 0\right|}{L_2} + \frac{\left|0 - 0\right|}{L_3} + \frac{\left|0.8 - 0.5\right|}{L_4} + \frac{\left|0.2 - 0.5\right|}{L_5}$$

$$= \frac{0}{L_1} + \frac{0}{L_2} + \frac{0.3}{L_3} + \frac{0}{L_4} + \frac{0.2}{L_5}$$

$\delta(x_1, x_2)$ 的模糊數值顯示 x_1 和 x_2 在很不滿意與很滿意這二個選項的差異性很大，而其他選項的差異性則無。$d(x_5, x_6)$ 的模糊數值則顯示 x_5 和 x_6 在普通與很滿意這二個選項的差異性，而其他選項的差異性則無。

在定義離散型模糊樣本絕對距離之前，我們必須先定義離散型模糊樣本反模糊化值。

定義 3.10 離散型模糊數的反模糊化值

設 x 為一模糊數，語言變數 $\{L_i; i = 1, ..., k\}$ 為論域 U 中有序的數列，$\mu_{L_i}(x) = m_i$ 為模糊樣本 x 相對 L_i 的隸屬度，$\sum\limits_{i=1}^{k} m_i = 1$，則稱：

$$x_f = \sum_{i=1}^{k} m_i L_i + \frac{1}{k-1} \sum_{i=1}^{k} m_i \left| L_i - \sum_{i=1}^{k} m_i L_i \right|$$

為模糊數 x 的反模糊化值。

例 3.13 求離散型模糊數之反模糊化值

設 x 為某學生一星期來學校購買早餐的天數，其論域 $U = \{0, 1, 2, 3, 4, 5\}$，學生的隸屬度函數為 $\{\mu_0(x) = 0, \mu_1(x) = 0.3, \mu_2(x) = 0.5, \mu_3(x) = 0.1, \mu_4(x) = 0.1, \mu_5(x) = 0\}$，則學生一星期來學校購買早餐天數的反模糊化值計算如下：

$$\sum_{i=1}^{k} m_i L_i = 0 \cdot 0 + 0.3 \cdot 1 + 0.5 \cdot 2 + 0.1 \cdot 3 + 0.1 \cdot 4 + 0 \cdot 5 = 2$$

$$x_f = \sum_{i=1}^{k} m_i L_i + \frac{1}{k-1} \sum_{i=1}^{k} m_i \left| L_i - 2 \right|$$

$$= 2 + \frac{1}{5}(0 \cdot |0-2| + 0.3 \cdot |1-2| + 0.5 \cdot |2-2| + 0.1 \cdot |3-2| + 0.1 \cdot |4-2|$$

$$+ 0 \cdot |5-2|$$

$$= 2 + \frac{1}{5} \cdot 0.6 = 2.12$$

而在語意變數為順序尺度情形下，由定義 3.10，我們可進一步算出各樣本間的（絕對）距離值。絕對距離的數值大小則可看出各樣本整體喜好程度的差異性。根據離散型模糊樣本絕對距離定義。例如下表 3.13。

表 3.13　受訪者的模糊意見距離

$d(x_i, x_j)$	$x_1 = 5$	$x_2 = 1$	$x_3 = 3$	$x_4 = 3.25$	$x_5 = 4.25$	$x_6 = 3.51$
x_1	0	4	2	1.75	0.75	1.49
x_2		0	2	0.5	0.25	2.51
x_3			0	0	1.25	0.51
x_4				0	1.00	0.1
x_5					0	0.74
x_6						0

由上表我們可發現：即 x_3 受訪者的意見和 x_4 受訪者的意見最接近。x_3 和 x_6 的意見次之，x_4 受訪者的意見和 x_6 受訪者的意見次之；x_1 受訪者和 x_2 受訪者的意見最不接近。

至於連續型模糊數之反模糊化轉換，則考量代表一連續性的模糊集合，即代表不確定事件之一梯形模糊集合。當提出此一梯形樣本時，我們感興趣的是它在實數線上代表的值，即「反模糊化值」。然在實際應用上，採取一更為普遍化之非線性單位間轉換，而非原始的線性單位間的變換，更加方便合理。例如，地震的能量既可以一般能量單位表示，也可以用指數的芮氏（Richter）單位表示。同樣地，訊號或聲響強度的測度，可以用瓦特（watt）為單位，也可以用對數的單位，即分貝（decibel）來表示。

定義 3.11　梯形模糊數在實數線上之反模糊化轉換

令 $x = [a, b, c, d]$ 是在論域 U 上的一組梯形模糊數，而這組梯形模糊數的重

心座標為 $(cx, cy) = (\dfrac{\displaystyle\int x\mu_A(x)dx}{\displaystyle\int \mu_A(x)dx}, \dfrac{\displaystyle\int \frac{1}{2}(\mu_A(x))^2 dx}{\displaystyle\int \mu_A(x)dx})$。則模糊數 $A = [a, b, c, d]$ 在實數

線上的反模糊化值（realization）RA 定義為：

$$RA = cx + \frac{\|x\|}{2\ln(e + |cx|)}$$ ；其中 $\|x\|$ 表示 x 的面積。

其中，cx 表示為此區間中心，當 x 為梯形時，我們取 $cx = \dfrac{a+b+c+d}{4}$ ；

當 x 為三角形時，取 $cx = \dfrac{a+b+c}{3}$ ；當 x 為實數區間時，$cx = \dfrac{b+c}{2}$ 。

定義 3.12

兩連續型模糊樣本 x_1 與 x_2 之距離為：

$$d(x_1, x_2) = |cx_1 - cx_2| + |\frac{\|x_1\|}{2\ln(e + |cx_1|)} - \frac{\|x_2\|}{2\ln(e + |cx_2|)}|$$

例 3.14

調查 5 位大學畢業生的預期薪資如下表 3.14：

表 3.14　大學畢業生的期望薪資

畢業生	期望薪資（萬元）	cx	$\dfrac{\|x\|}{2\ln(e+cx)}$	RA（小數點第2位後四捨五入）
A	[2,3]	2.5	0.3026	2.80
B	[2,4]	3	0.5735	3.57
C	[3,4]	3.5	0.2736	3.77
D	[3,5]	4	0.5250	4.53
E	[3,7]	5	0.9787	5.98

根據離散型模糊樣本反模糊化值定義 3.10，可得 5 位畢業生預期薪資的意見距離。如下表 3.15。

表 3.15　5 位大學畢業生期望薪資的距離

d	A	B	C	D	E
A	0	0.77	0.97	1.72	3.17
B		0	0.8	0.95	2.41
C			0	0.75	2.21
D				0	1.45
E					0

由上表我們可發現：C、D 受訪者意見最接近，A、B 受訪者意見次之；而 A、E 受訪者的意見最遠。

對於一組資料 $x_1, x_2, \cdots, x_n$，我們想看其分散程度，通常求樣本變異數 $\dfrac{1}{n-1} \sum\limits_{i=1}^{n} (x_i - \bar{x})^2$。但對於模糊樣本，其形式為多值或是區間，我們該如何分析資料的離散性（diffusibility）？當我們將梯形資料合理且有意義地轉化至實數線時，我們須確定兩件事，即：轉換資料必須是：(1) 有限維度的；(2) 此等參數的相依性必須是平滑的（即可微分的）。以數學用語言之，就是此轉換群是一李氏群（Lie group）。

此轉換一旦決定後，我們就有一新的值 $y = f(x)$，取代原始梯形資料。在理想狀況下，此一新的量 y 是常態分配的。（實務上，常態分配對 y 可以是一個好的初步估計。）當決定如何轉換時，我們必須理解，由於可能再次變換單位，代表量 x 之數值轉換並非唯一。

┌─ 例 3.15 ─

考慮 A_i，$i = 1, 2, \cdots, 6$，等 6 組模糊數，其中，$A_1 = [2, 2, 3, 3]$（實數區間），$A_2 = [1, 1, 4, 4]$（實數區間），$A_3 = [1, 2.5, 2.5, 4]$（三角形），$A_4 = [1, 2.5, 2.5, 8]$（三角形），$A_5 = [1, 2, 3, 4]$（梯形），$A_6 = [1, 2, 3, 8]$（梯形），則其反模糊化轉換為：

表 3.16　梯形模糊樣本之反模糊化值

Fuzzy data	cx	$\dfrac{\|A\|}{2\ln(e+|cx|)}$	RA
$A_1 = [2, 2, 3, 3]$	2.5	0.31	2.80
$A_2 = [1, 1, 4, 4]$	2.5	0.91	3.41
$A_3 = [1, 2.5, 2.5, 4]$	2.5	0.45	2.95
$A_4 = [1, 2.5, 2.5, 8]$	3.5	0.96	4.46
$A_5 = [1, 2, 3, 4]$	2.5	0.61	3.16
$A_6 = [1, 2, 3, 8]$	3.5	1.09	4.59

表 3.17　兩梯形模糊樣本之距離

$d(A_i, A_j)$	$A_1 = [2, 2, 3, 3]$	$A_2 = [1, 1, 4, 4]$	$A_3 = [1, 2.5, 2.5, 4]$	$A_4 = [1, 2.5, 2.5, 8]$	$A_5 = [1, 2, 3, 4]$	$A_6 = [1, 2, 3, 8]$
$A_1 = [2, 2, 3, 3]$	0	0.61	0.15	1.66	0.31	1.79
$A_2 = [1, 1, 4, 4]$		0	0.46	1.05	0.30	1.18
$A_3 = [1, 2.5, 2.5, 4]$			0	1.51	0.16	1.64
$A_4 = [1, 2.5, 2.5, 8]$				0	1.35	0.13
$A_5 = [1, 2, 3, 4]$					0	2.43
$A_6 = [1, 2, 3, 8]$						0

為了對理想與實際距離有一更清楚之測量，我們可以誤差多少來評量效率性來看。我們應用指數求算。

定義 3.13　理想與實際距離的效率性指標（IOE）

　　令 $O = [a_o, b_o, c_o, d_o]$ 是在論域 U 上的一組梯形模糊樣本，$E = [a_e, b_e, c_e, d_e]$ 為理想值（或期望值），則梯形模糊數 O 和 E 之間效率性指標為：

$$IOE = e^{-(\left|\frac{c_o - c_e}{\ln(1+k_e)}\right| + \left|\frac{\ln(1+\|O\|)}{\|O\|} - \frac{\ln(1+\|E\|)}{\|E\|}\right|)}$$

　　效率性指標 IOE 值介於 $(0, 1)$ 之間，IOE 值愈高表示經營管理較佳。若 $IOE = 1$，我們說經營管理絕對效率；若 $IOE = 0$，我們說經營管理毫無效率。

3.5　模糊統計量的一些性質

　　統計參數可用來表達母群體的特性，但某些性質卻很難藉由傳統的統計參數（如：均數、中位數、眾數等）表達出來。尤其在社會科學研究上，需要確實地表達大眾的看法時，傳統的統計參數更顯得不適用了。故本文考慮人類思維的不確定性，根據模糊理論，提出模糊樣本眾數的定義與分析方法，期望對於人類的思維，能夠更完善的表達。針對模糊樣本眾數，我們推導歸納一些有用的性質如下，並比較根據傳統眾數與中位數之差異，觀察其中異同之處。

　　若以機率統計觀點來進行計量研究分析，在數學模式上雖是以繁化簡，但卻未考慮人類複雜與主觀的思維。基於人類的模糊複雜思維，利用模糊統計量來分析資料，是有其深究與探討的必要性。眾數、均數與中位數是統計學常見的三種集中趨勢量（central tendency），它們求法不只簡單又能清楚表達資料的特色與所傳達的訊息。因此，若能加入模糊觀念利用模糊樣本眾數，模糊樣本均數與模糊樣本中位數來從事社會科學之計量研究分析，應是個實用且重要的方法。

性質 3.1　設 U 為一論域，$\{x_i = [a_i, b_i], i = 1, ..., n\}$ 為論域 U 裡的一組模糊樣本，L_i 為對應於每一個連續樣本 P_i 之區間直徑。對於連續型模糊樣本中位數而言，若超過 $[n/2]$ 個 L_i 等於 0 時，則模糊樣本中位數即為傳統中位數。

證明：根據定義 3.2，對於連續樣本，以傳統中位數之取法，所取出的結果應為所有區間組中點的中位數，即是 m_i 的中位數；而以連續型模糊樣本中位

數的方法取之時，是以 m_i 的中位數爲中心，所有區間長度 L_i 的中位數爲直徑所形成之區間。但若超過 $[n/2]$ 個 L_i 等於 0 時，顯然 L_i 的中位數亦爲 0，則所求出之連續型模糊樣本中位數爲單一數值，而此即爲傳統中位數。

性質 3.2 對於連續型的樣本而言，若其樣本區間之中心點來自單峰且對稱的分配（如常態分配），則當樣本數夠大時，其模糊樣本中位數之中心點將與其模糊樣本眾數之中心點重合。

證明： 由於樣本區間之中心點來自單峰且對稱分配，當樣本數夠大時，所求之模糊樣本中位數的中心點應會發生在分配之中點。同樣由於樣本區間之中心點來自單峰且對稱分配，所以中心點亦會被最多的樣本（區間）覆蓋，而形成模糊樣本眾數之中心點，因此模糊樣本中位數之中心點將與其模糊樣本眾數之中心點重合。

性質 3.3 不論離散型或連續型，模糊樣本中位數均爲存在且唯一，然而模糊樣本眾數則未必。

證明： 顯然，無論樣本之分配爲何、無論爲連續型或是離散型，模糊樣本中位數是存在且唯一的。但對於模糊樣本眾數而言，如果樣本爲連續型且呈均勻分配，而若每一個樣本均無相交，則沒有模糊樣本眾數的存在。

性質 3.4 對於離散型之模糊樣本中位數而言，可藉由改變顯著水準 α，來控制模糊樣本中位數裡所包含的樣本數。

證明： 以例 3.4 說明，假設原本 10 個具有隸屬度之模糊樣本，但若考慮刪去較小的隸屬度，則可以利用選擇顯著水準 α 的大小做爲篩選的標準。若取顯著水準 $\alpha = 0.4$，則考慮的樣本訊息就剩 7 個；若取顯著水準 $\alpha = 0.5$，則考慮的樣本訊息僅剩 5 個。由此可知，可藉由選擇顯著水準 α 的大小，來控制離散型模糊樣本中位數裡所包含的樣本數。然而，太大的 α 值卻容易造成離散型模糊中位數所包含的樣本數過少，而降低其代表性；但若 α 值取太小，又會造成離散型模糊中位數裡所包含的樣本，有隸屬度過低的問題。所以 α 值的選取，需針對不同的問題而有所不同，可憑過去的經驗或是所需的樣本數，來反推應選取之 α 值。

性質 3.5　令 $L = \{L_1, L_2, ..., L_k\}$ 爲布於論域 U 上之語言變數。若論域 U 上每個樣本所給的最大隸屬度 m_{ij} 大於顯著水準 α，且都落在 L_j 上，則模糊樣本眾數即爲一般眾數。

證明：依定義 3.4 可得。

性質 3.6　令 $L = \{L_1, L_2, ..., L_k\}$ 爲布於論域 U 上之語言變數，

$\{x_i = \dfrac{m_{i1}}{L_1} + \dfrac{m_{i2}}{L_2} + ... + \dfrac{m_{ik}}{L_k}, i = 1,2,...,n\}$ 爲論域 U 上一組樣本。若存在一群樣本，對應於不同的語言變數 $L = \{L_1, L_2, ..., L_k\}$ 有相同且最大之隸屬度。則在此種情況下傳統眾數無法判定。但由於 $Fm = L_j$, $\max \sum\limits_{i=1}^{n} I_{ij}$, $j = 1, \cdots k$，若我們取適當的顯著水準 α，當樣本 S_j 對應語言變數 L_j 隸屬度 $m_{ij} \geq \alpha$ 時，則可計算模糊樣本眾數。

證明：依定義 3.4 可得。

性質 3.7　令 $L = \{L_1, L_2, ..., L_k\}$ 爲布於論域 U 上之語言變數，$\{x_i = [a_i, b_i], i = 1, ..., n\}$ 爲論域 U 裡的一組模糊樣本，m_{ij} 爲樣本 x_i 對應語言變數 L_j 之隸屬度。假若每個樣本 S_j 都有一個 $m_{ij} \geq 0.5$，則對任何顯著水準 α，模糊樣本眾數即爲一般眾數。

證明：依定義 3.4 可得。

性質 3.8　對於連續型的樣本而言，若其樣本區間之中心點來自單峰且對稱的分配（如常態分配），則當樣本數夠大時，其模糊樣本均數之中心點將與其模糊樣本中位數之中心點重合。

證明：由於其樣本區間之中心點來自單峰且對稱的分配（如常態分配），則當樣本數夠大時，其模糊樣本均數之中心點會是整個分配的中點；同樣地，模糊樣本中位數的中心也會發生在分配的中點。因此模糊樣本均數之中心點將與其模糊樣本中位數之中心點重合。

性質 3.9 對於連續型的樣本而言，若其樣本區間之長度來自單峰且對稱的分配（如常態分配），則當樣本數夠大時，其模糊樣本均數之區間長度將與其模糊樣本中位數之區間長度相同。

證明：由於其樣本區間之長度來自單峰且對稱的分配（如常態分配），則當樣本數夠大時，其模糊樣本均數之區間長度會是整個分配的中點；同樣地，模糊樣本中位數的區間長度也會發生在分配的中點。因此模糊樣本均數之區間長度將與其模糊樣本中位數之區間長度相同。

性質 3.10 對於連續型的樣本而言，若其樣本區間之中心點及區間長度皆來自單峰且對稱的分配（如常態分配），則當樣本數夠大時，其模糊樣本均數等於模糊樣本中位數。

證明：由性質 3.1 及性質 3.2 可得：無論區間中心點或區間長度，模糊樣本均數與模糊樣本中位數皆相同，所以模糊樣本均數等於模糊樣本中位數。

性質 3.11 對於連續型的樣本而言，若其樣本區間之中心點來自右（左）峰的分配，其模糊樣本均數之中心點將大（小）於與其模糊樣本中位數之中心點。

證明：若其樣本區間之中心點來自右（左）峰的分配，其模糊樣本均數之中心點會在整個分配的中點偏右（左）；但是模糊樣本中位數的中心點會在整個分配的中點。所以模糊樣本均數之中心點將大（小）於與其模糊樣本中位數之中心點。

性質 3.12 對於連續型的樣本而言，若其樣本區間之長度來自右（左）峰的分配，其模糊樣本均數之區間長度將大（小）於與其模糊樣本中位數之區間長度。

證明：若其樣本區間之長度來自右（左）峰的分配，其模糊樣本均數之區間長度會在整個分配的中點偏右（左）；但是模糊樣本中位數的區間長度會在整個分配的中點。所以模糊樣本均數之區間長度將大（小）於與其模糊樣本中位數之區間長度。

性質 3.13 不論離散型或連續型，模糊樣本均數均為存在且唯一。模糊樣本眾數則未必。我們可藉由調整顯著水準 α，來控制模糊樣本眾數裡所包含的樣本數。

證明：顯然，無論樣本之分配為何，是為連續型或是離散型，模糊樣本均數是存在且唯一的。但對於模糊樣本眾數而言，如果樣本為連續型且呈均勻分配，而若每一個樣本均無相交，則沒有模糊樣本眾數的存在。

性質 3.14 令 $L = \{L_1, L_2, ..., L_k\}$ 為布於離散論域 U 上之語言（順序）變數，$\{s_1, s_2, ..., s_m\}$ 為論域 U 上一組樣本，m_{ij} 為樣本 S_i 對應語言變數 L_j 之隸屬度。假設每個樣本 S_i 的隸屬度 $m_{ij} = 1$，則模糊樣本均數即為傳統均數。

證明：令 m_{ij} 為標準化後樣本 S_i 對應 L_j 之隸屬度。當樣本 S_i 對語言變數 L_j 之隸屬度 $m_{ij} = 1$ 時，其餘 m_{ik}，$k \neq j$ 必定等於 0。根據傳統均數定義，樣本 S_i 即是選擇語言變數 L_j。而對離散型模糊樣本均數，樣本 S_i 同樣也是對應於語言變數 L_j，故得證。

性質 3.15 利用調整顯著水準 α，可以控制模糊樣本均數裡所包含的樣本數。

證明：假設有 k 個樣本，對應語言變數 L_j 之隸屬度分別為 m_{1j}, m_{2j}, ..., m_{nj}，且 $m_{1j}, > ... > m_j > ... > m_{jk}$，當 m_{ij} 大於顯著水準 α 時，語言變數 L_j 包含了 k 個樣本的訊息，如果顯著水準 α 大於 m_{ij} 且小於 $m_{(i-1)j}$，則語言變數 L_j 只包含了 $(i-1)$ 個樣本的訊息。所以，我們可利用調整顯著水準 α，可以控制模糊樣本均數裡所包含的樣本數。

說明：所選取的 α 過大，則模糊樣本均數所包含的樣本數過少，而降低它的代表性；同樣的 α 值取的太小，會造成模糊樣本均數裡所包含的樣本數過多，隸屬度相對的也會過低。因此，α 值的選取，需針對不同的問題而改變，亦可根據均數所需包含的樣本數來反求 α 值。

性質 3.16 對於連續型且呈均勻分配之模糊樣本均數來說，如果以樣本區間的中心點當作樣本的確定值，且中心點來自單峰且對稱分配（如常態分配），則當樣本數夠大時，模糊樣本均數會包含傳統均數。

證明：因爲樣本中心點來自單峰且對稱分配，由傳統均數的定義，當樣本數
足夠大時，均數會發生在分配的中點。所以中心點亦會被最多的樣本（區
間）覆蓋，模糊樣本均數爲：

$$F\bar{x} = [\frac{1}{n}\sum_{i=1}^{n}a_i, \frac{1}{n}\sum_{i=1}^{n}b_i]$$

會包含分配中點，即傳統均數。

性質 3.17 令 $L = \{L_1, L_2, ..., L_k\}$ 爲布於論域 U 上之語言變數，$\{s_1, s_2, ..., s_m\}$ 爲論域 U 上一組樣本。若存在一群樣本，對應於不同的語言變數 $L = \{L_1, L_2, ..., L_k\}$，有些語言變數之隸屬度不爲 1 時，則在這種情況下，傳統均數無法判定。但由於模糊離散型均數，或模糊連續型均數是可以更有效的表現出來。如果，我們取適當的顯著水準 α，當樣本 S_i 對應語言變數 L_j 之隸屬度 $m_{ij} > \alpha$ 時，則可計算模糊樣本均數。

說明： 當樣本對於兩個以上的選項具有相同或不同程度的喜好時，傳統二元邏輯並不能將此訊息表達出來，因此無法找到均數。然而，我們可以利用隸屬度的概念，則將它表達出喜好的程度，求出模糊樣本均數。

性質 3.18 $L = \{L_1, L_2, ..., L_k\}$ 爲布於論域 U 上之語言變數，$\{s_1, s_2, ..., s_m\}$，$\{t_1, t_2, ..., t_n\}$ 爲論域 U 上二組離散模糊樣本，對應於相同的語言變數 $L = \{L_1, L_2, ..., L_k\}$，$m_{ij}$ 爲模糊樣本 S_i 對應語言變數 L_j 之隸屬度，r_{ij} 爲模糊樣本 T_i 對應語言變數 L_j 之隸屬度，則混合後的模糊樣本均數爲二組模糊樣本均數的平均，與傳統的均數意義有所不同。

證明： $\{s_1, s_2, ..., s_m\}$ 的模糊樣本均數爲：

$$F\bar{s} = \frac{\frac{1}{n}\sum_{i=1}^{n}m_{i1}}{L_1} + \frac{\frac{1}{n}\sum_{i=1}^{n}m_{i2}}{L_2} + ... + \frac{\frac{1}{n}\sum_{i=1}^{n}m_{ik}}{L_k}$$

$\{t_1, t_2, ..., t_n\}$ 的模糊樣本均數爲：

$$F\bar{t} = \frac{\frac{1}{n}\sum_{i=1}^{n} r_{i1}}{L_1} + \frac{\frac{1}{n}\sum_{i=1}^{n} r_{i2}}{L_2} + ... + \frac{\frac{1}{n}\sum_{i=1}^{n} r_{ik}}{L_k}$$

又二組相對於語言變數是獨立的，如果我們假設 $W_i = \frac{1}{2}(S_i + T_i)$，則 $\frac{m_{ij} + r_{ij}}{2}$ 為樣本 W_{ij} 對應語言變數 L_j 之隸屬度。可得：

$$F\overline{w} = \frac{\frac{1}{2n}(\sum_{i=1}^{n} m_{i1} + \sum_{i=1}^{n} r_{i1})}{L_1} + \frac{\frac{1}{2n}(\sum_{i=1}^{n} m_{i2} + \sum_{i=1}^{n} r_{i2})}{L_2} + ... + \frac{\frac{1}{n}\sum_{i=1}^{n} m_{ik} + \sum_{i=1}^{n} r_{ik}}{L_k}$$

此與傳統的均數為 $E(Z) = E(X) + E(Y)$ 意義是有所不同。

　　將模糊統計分析運用在調查領域來測度理念，並不受限於特定理論。當客觀性伴隨著主觀性時，系統變得模糊。判斷一系統是否為模糊；也就是說，判斷系統是由一確定值或一模糊區間所構成，有其必要性。

　　通常利用確定數值所做的傳統抽樣調查分析之缺點包括：

(1) 人類思考與行為本來充滿著模糊過程，傳統問卷的數字常被過度解釋。

(2) 為迎合數字的精確需求，實驗資料常有被過度使用之嫌。

(3) 為了簡化或降低數學模式的複雜性，將實際狀況之相關與動態特質忽略。

　　而以模糊區間估計人類喜好，是一種描繪人們對字句的思維或感覺的方法。因此凡是牽涉到人的思慮的問題，用模糊敘述統計量觀念來處理較合適。

Chapter

04

模糊問卷調查

　　抽樣調查乃依據特定研究目的，從人類現實社會中蒐集資料以驗證事實的一套合乎科學的研究方法。它探討人類行為模式與思想理念，提供決策參考或作為學術理論基礎。但是在科學研究中所提的假設、定義範圍及其發展成可測量的經驗指標時，由於問卷設計上的遣辭用句、語意順序以及問題型式關係，結果就產生相當差異。

　　傳統問卷設計與分析常用勾選的方式，讓受訪者在數個選項中選出唯一答案。問題是受訪者的回答不只一個時，單一選答的結果，可能會造成資料難以精準地反映事實真相。本章即是利用模糊邏輯概念來改良傳統問卷，允許受訪者在數個選項中填寫隸屬度，改進上述傳統問卷缺失。

http://tw.news.yahoo.com/
聰明人才做白日夢！研究：智商越高越容易胡思亂想
ETtoday.net ETtoday–2012 年 3 月 20 日 下午 3:28 國際中心／綜合報導

　　看見國高中生上課撐著頭做白日夢，老師先別急著開罵，因為他們很可能是下一個愛因斯坦！美國進化人類學研究指出，經常胡思亂想的人，工作記憶比較強，而這項能力與智商的關係密不可分。

　　美國威斯康辛大學（University of Wisconsin）與馬克斯‧普朗克進化人類學研究所（Max Planck Institute）針對認知與大腦科學進行聯合研究，發現人類工作記憶的極限，與執行任務時「神遊」的能力呈現正相關。

　　實驗中，受試者被交付一個簡單的工作，「當螢幕出現文字時按按鈕」。每

隔一段時間，研究團隊也會詢問受試者是否有在想別的事，並不時問他們一些數學問題。結果發現，覺得自己常胡思亂想的受試者在工作記憶上表現較佳，能夠同時兼顧按按鈕及回答問題。

研究人員史摩伍（Jonathan Smallwood）解釋說，「在進行簡單任務時，還能夠花時間想其他事情的人，顯然在腦力分配上比其他人來得優秀。」

工作記憶即是短期記憶，在過去研究中被認為與閱讀理解能力、智商有很高的關係；也就是說，如果一個人越常做白日夢，工作記憶就越強，人也比較聰明。此外，研究人員也提出，在分神時所想到的事物，很可能代表是潛意識裡優先程度較高的。

> 人類的思維主要是來自於對自然現象和社會現象的認知意識，而人類的知識語言也會因本身的主觀意識、時間、環境和研判事情的角度不同而具備模糊性。本章把模糊思維帶進問卷分析中，來探討模糊統計在問卷設計上的使用。

4.1　社會思維的多元性與模糊性

社會科學中的調查研究過程，探討社會、文化、政治經濟、醫藥、工程、教育和心理等問題，常以受訪者填答問卷（questionnaire），經由面對面、電話訪談、田野觀測，而由訪員填寫紀錄問卷，做為重要之研究資料依據。

傳統的調查過程中，科學家使用某些固定回答模式，測量喜好感覺或滿意度，並以整數所衍生的名義尺度記錄此評量和行為結果間的統計相關性。然而，社會科學中所涉及的概念或情報常常是模糊的，而非確定的、清楚的。比方在一個典型的調查中，受訪者被問及去年一年中的總收入是多少；又比方說受訪者被問及「理想子女數」、「支持政黨程度」以及「老人的年齡標準和身分」…等問題時，這些問題並沒有清楚的界定，受訪者在面對這些問題時，可能會產生許多不同的答案。

人類的思維主要是來自於對自然現象和社會現象的認知意識，而人類的知識語言也會因本身的主觀意識、時間、環境和研判事情的角度不同而具備模糊

性。模糊理論的產生即是參考人類思維方式對環境所用的模糊測度與分類原理，給予較穩健的描述方式，以處理多元複雜的曖昧和不確定現象。因此，人類思維有兩類，一為形式化思維（formal thinking），另一為模糊思維（fuzzy thinking）；前者是有邏輯性和順序性的思考，而後者則是全體性和綜合性的思考。當面臨決策判斷而進行思考時，基於形式化思維的二元邏輯，經常很難表示出人類思考的多元邏輯特性。

當有人說他今天感到很快樂時，究竟他對於快樂的認知為何呢？什麼樣的測量標準可以稱得上快樂呢？或是這樣的感覺持續多久的時間以上才能算是快樂呢？然而，這樣的問題，每個人的回答皆因其主觀性而有不同，即使回答者為同一人，也會因為所處的環境、或是外在條件的不同，而可能出現與之前相異的答案。諸如此類很多的論點和問題，都不是能夠用絕對的二元邏輯可以界定的。原因則皆來自於人類思維的模糊性。但人類卻常常被要求做出絕對的判斷或選擇，以人性的觀點來看，這是十分不合理的。

模糊理論的概念，主要強調個人喜好程度不需非常清晰或數值精確，因此對人類而言，模糊模式比直接指定單一物體或一個值，較合適於評估物體間的多元或相關特性。

對不確定性的事物作決策，是相當重要的人類活動。如果這種不確定性僅僅是由於事物的隨機所引起的，模糊統計分析發展為這類決策活動提供了不錯的理論依據。是事實上，我們在決策過程中所遇到的不確定性問題，往往不只是由於事物的隨機所引起，這種不確定性還可能是：不完全的訊息、部分已知的知識、對環境模糊的描述等，這類訊息來自於測量與感知中的不確定因素，主要是我們的語言及人類思維對某些概念表達模糊所引起。這些不明確性經常比我們想像的要複雜許多。

顯然地，如果要對人類思維的模糊性做出比較好的判斷，我們必須儘量將所得到的訊息都考慮在內，特別是屬性問題。由於屬性問題本身的不確定性與模糊性，若我們利用此假性的精確值來做因果分析與計量度量，可能造成判定偏差及決策誤導，甚至會擴大預測結果與實際狀態之間的差異。因此對於這些在思考認知不易表達完善的屬性問題上，藉由軟計算方法與模糊統計分析可更明確表達出來。

由於傳統集合中二元邏輯與人類思維模式出入頗大，若能引用隸屬度函

數，應能得到較合理的解釋。例如：人們認為身高 200 公分絕對屬於高，則其隸屬度函數值自然屬於 1，而身高 180 公分或 178 公分的隸屬度函數值則約等於 0.8，此表示身高 180 公分或 178 公分屬於高的程度有 0.8 之多，再根據隸屬度函數的定義，我們可描繪出模糊集合中高的隸屬度函數。又如果某人認為 40 歲絕對屬於中年，則其隸屬度函數值自然屬於 1，而 39 歲或 41 歲的隸屬度函數值則約等於 0.9，此表示 39 歲或 41 歲屬於中年的程度有 0.9 之多。

根據隸屬度函數的定義，我們可繪出模糊集合中年的隸屬度函數。與傳統集合的特徵函數比較，隸屬度函數似乎是將特徵函數平滑化了。不僅如此，隸屬度函數讓每個年齡層都擁有一個介於 0 到 1 之間的值，來代表屬於高或中年的程度。相較於傳統集合的特徵函數，在描述模糊的概念時，利用模糊集合的隸屬度函數來解釋，是更適當的。

模糊理論是以模糊邏輯為基礎，它將傳統數學之二元邏輯做延伸，不再是只有對錯或是非二分法。對於元素與集合的關係，古典集合論中元素是否屬於集合 A，必須十分明確不容模糊。即 $x \in A$ 或 $x \notin A$ 二者必居其一，且只能居其一，這種邏輯正是所謂的二元邏輯。然而人類的思維，因來自於對自然現象和社會現象的主觀意識影響，其知識語言也會因本身的主觀意識、時間、環境和研判事情的角度不同而具模糊性。對和錯之間還有不完全對、一點對或不完全錯等，是非之間還有有些是、有些非等地帶，正所謂的灰色地帶與模糊觀念。要了解模糊的意義，亦可從模糊的相反詞明確來做反向思考。

模糊概念並不只侷限在研究人類的思維與情感而已。在以往嚴謹精確的原則要求下，許多技術層面所衍生出的灰色地帶，都必須耗費相當大的心力為複雜的系統寫下嚴密的定義與敘述，灰色地帶中的每一個細微末節，都必須完全地考慮到，盡全力使得其中的模糊變得明確，但若稍有一遺漏，則全盤皆墨，一切又得從頭做起。而模糊理論卻提供一種新的思維模式，只需明瞭各種屬性的狀況，利用軟計算方法建立大略性的處理模式，即可處理系統中灰色地帶的問題。所以我們應該要了解到：灰色或是模糊不清的事件是層出不窮的，也是無法完全避免的，也因此才讓我們體認到研究模糊理論的重要性。

隸屬度函數是模糊理論的基礎，它是從傳統集合中的特徵函數（characteristic function）所衍生出來的，用以表達元素對模糊集合的隸屬度（membership grade），其範圍介於 0 到 1 之間。對於元素和集合的關係，古典

集合將元素和集合之間的關係以特徵函數來說明，亦即 $I(x) = 1$，若 $x \in A$；$I(x) = 0$，若 $x \notin A$。 但是 Zadeh（1965）在模糊集合論中則提到，若一個元素屬於某一個集合的程度越大，則其隸屬度值越接近於 1，反之則越接近 0。

隸屬度函數是模糊理論最基本的概念，它不僅可以描述模糊集合的性質，更可以對模糊集合進行量化，並且利用精確的數學方法，來分析和處理模糊性資訊。然而，要建立一個足以表達模糊概念的隸屬度函數，並不是一件容易的事。其原因在於隸屬度函數脫離不了個人的主觀意識，故沒有通用的定理或公式，通常是根據經驗或統計來加以確定，很難像客觀事物一樣有很強的說服力。因此，隸屬度函數的建立經常是具有爭議性的，也沒有一種隸屬度函數是可以被廣泛接受而使用。但是，當從事社會經驗性研究時，以上的許多問題，常常以某些固定的認定做為回答問題的依據。例如：老人的年齡和身分認定就是一個相當有趣且值得探索的問題。65 歲以上是否就可以算是接受老人年金的年齡，或是更年輕一點，或是更年長一些，或是在 60 歲到 70 歲之間。但若依老人身體及家庭收入狀況而定，就是一個相當有趣的政策問題。可是，當調查專家設計問卷時，很容易把此一本質模糊的問題設計成「你贊不贊成政府開辦老年年金保險制度？」（臺灣地區社會意向調查，1994 年 2 月定期調查執行報告），或「你是否贊成 / 不贊成 65 歲以上老人接受老人年金」或「不知道」做為可能的答項。所以，當問題本身的經驗指標可能是模糊，或不一定的狀況時，如果用結構性的問卷設計，並且沿用清楚的數學模式做為分析依據的話，就可能導致很大誤差，影響研究結果。

長久以來，在設計問卷時，調查專家們常感到有一些棘手問題，包括：

(1) 有些字辭上的解釋對於調查員與受訪者而言可能會有不同的含意。比如說，在未來幾年內這句話，有些人便會認為是指 3 年內，有些人則認為是指 3 到 7 年間，甚至有人會覺得是 7 年以上。由於每個人都有一套自己的感覺，以至於所得到的答案當然會有所偏差。

(2) 有些問項的相關性較強，受訪者所回答可能前後不一致，答案可能會出乎問卷設計者意料之外。

(3) 問項答案選擇的多寡，會影響受訪者答題時的思考決策。例如比較是與否的作答選擇與有 5 項選擇的作答方式，則結果可能就有差異。

(4) 問項的相對性，也就是說一個問題可能會受到另一個問題的影響。一個

很好的例子是，美國在 1950 年代的恐共時期，當受訪者被問到說：「是否該允許共黨國家的記者入境美國採訪？」時，有 36% 的受訪者答：「是」。但是如果在這問題之前先問：「是否認為蘇聯應讓美國記者入境採訪？」時，則回答之前問題之受訪者答：「是」的比率從 36% 遽升至 73%！

問題的癥結在於，社會調查的設計問卷過程中充滿很多模糊概念、模糊架構與模糊歸納邏輯。因為人類的語言、思維與決策，常有模糊及不完整的特質，尤其是人類思維模式，更常出現偏好或不確定的情形。如果把這些模糊現象用二分法區分的話，可能會獲得偏差的結果。為了克服以上困擾，我們勢必要找出一些較可行的研究方法。而利用模糊統計技術便是一個很好的解決工具。

在這章中，我們介紹模糊統計調查與分析方法，從社會科學的角度來分析人類思考與行為模式。並將此一模糊統計與分析方法實際地應用在社會調查中，用以證明此一模式在測量人類模糊思維的可能性及可行性。模糊邏輯的應用，主張個人喜好程度不需非常清晰或是有條理。所以，模糊邏輯與布林模式理念是不同的。例如布林模式中，A 和 B 比較只有三種結果：$A > B$，$A < B$，$A = B$。但人類思維是複雜的，兼具有不明確性的喜好。因此如何對真實狀況做整體描繪的構想，早已是模糊邏輯學者的重要目標。

換句話說，對人類而言，模糊模式比直接指定單一物體一個值，較合適於評估物體間的相關特性。由於其他特性有助於意見的評定，因此使用模糊邏輯時，必須對其他特性也加以說明，以便將人們的喜好程度轉換成便於計算的效用函數（utility function）。對那些人類在思考認知不易表達完善的問題，藉隸屬度函數與模糊統計分析似乎可提供更明確表達。本章亦架構幾個重要的模糊統計量的定義，如：模糊期望值、模糊眾數、模糊秩階……等。最後給幾個實證調查實例，希望藉模糊問卷調查及模糊統計分析，對人類在思想認知不易表達之問題，能有更合理的測度與解釋。

另外，我們也比較應用模糊統計所填答之問卷與應用傳統方式所填答之問卷當中的差異。並藉模糊統計所填答的方式與測量技術，改進現有之調查方式，探知人類內心更真實的感受與變化。

4.2　模糊問卷設計與特徵擷取

人類的感覺是模糊的。當有人說今天天氣有點冷時，究竟他對於「冷」的定義爲何？多少度的溫度範圍可以稱爲「冷」呢？對於這樣的問題，每個人的回答皆因其主觀性而有不同，即使回答者爲同一人，也會因爲季節、所處的環境不同，而有與之前相異的界定範圍。當有人問你今天心情好不好時，人的心情是否可以用好 (1) 或不好 (0) 來完全分隔清楚呢？有時我們雖肯定地回答是或不是，但其實絕大多數人的內心是介於中間，兩者都不是的狀態。人類在做判斷時，心情常搖擺不定，而且要明確決定是或不是，要費相當多的精力，因爲在最自然的狀態下，答案幾乎都是模糊的。

人類的邏輯是軟運算（soft computing）的，因爲即使在條件或資料不明確下，依然能夠憑直覺來推論研討。例如有人建議下雨時，車子容易打滑，所以要減低速度，然而，若只是下一點小雨，不減速也無妨，但若下的是傾盆大雨，不減速就不行了。諸如此類的判斷，對人們來說是極自然的，但要讓電腦來推論，就很麻煩了，因爲把資料輸入電腦時，如果沒有嚴格地定義，去掉所有的模糊，則電腦是不會有作用的。所以要讓電腦作業，先決條件是必須勉強地把所有定義都弄清楚。人類最拿手的是圖形認識或剖析抽象化事物，而電腦在這方面就不靈光了。所以到目前爲止，人類總是遷就自己去配合電腦，如果電腦不引進模糊概念，則研究方法將永遠受到束縛無法解脫。

從過去講求嚴謹精密原則的觀點來看，模糊理論也許會讓人覺得是在開科學倒車，也有人批評說這是一門冒牌的學問。甚至有很多人主張，既然人類所有的情感皆是模糊的，就根本不該拿來當作數量研究對象。事實上模糊理論並不只是與人類本身有關而已，以往那些嚴密的技術之所以會陷入僵局，是因爲若要爲該複雜的系統下嚴密的定義與敘述，需要耗費龐大的時間與精力來使其程式化，且辛苦寫出的程式，也常因爲太過複雜而無法求出答案。而這時只需要了解其大體上的動作，執行大略性的處理手法，即可處理該系統的問題。除此之外，面對仍存有許多未知部分的系統時該如何解決呢？如果依照傳統理論，將「未知部分」視爲毫無關聯而不予考慮，或是假設一個適當的值，將其程式化。這樣一來，那些程式化的資料，無論怎麼解析嘗試，還是無法掌握到其眞正的型態，甚至得出與本質完全無關的結論。所以未知的部分還是應該當作未知的部分處

理。雖然目前尚未找到妥善的方法來解決，但我們已可體會到模糊的必要性了。

Liu & Song（2001）發展一種語意近似（semantic proximity）的度量方法，基於語意近似的概念，提出模糊結合度（fuzzy association degree）的計算公式，可比較兩個模糊語意集合間的距離。在其公式之計算與證明中，可知其意義是合理且有效的。文中並以植物學的資料分析為例說明，分析稀有植物在生態學上的分類之近似程度。Carlsson & Fuller (2000a), Carlsson & Fuller (2000b), Chiang, Chow, & Wang (2000), Herrera, Herrera-Viedma, & Martínez (2000), Dubois & Prade (1991) 對於模糊語意演算方面論述頗多，也值得實務應用方面多加推廣。

在分析資料時，一些基本的統計參數，如期望值（expected value）、中位數（median）及眾數（mode）等，因計算簡單而且又能清楚快速地描述資料本身的基本結構與特性，因此在很多學術領域中廣泛地被應用。然而傳統統計中的眾數與期望值，沒有考慮到人類思維的模糊性與主觀意識的複雜性，於是，常會造成資料無法精準地反映事實真相，因此，本研究將利用模糊統計中之模糊眾數（fuzzy mode）與模糊期望值（fuzzy expected value）做為分析資料的工具，以期對人類思維與主觀意識做更合理且精確的描述。林原宏、鄭舜仁、吳柏林（2003）將模糊眾數應用在教育與心理測驗之實務上，利用模糊眾數來評選教科書、多元評量以及九年一貫課程的國小中年級數學科時數之安排，結果亦發現，利用模糊眾數來反映大眾的想法應是較好的選擇。

在問卷調查中，若欲由喜好程度的資訊得知個人的理念，可以分別以傳統的調查表得到受訪者行為意圖的點估計，另由模糊問題方式得到模糊統計估計，以便兩者加以比較。例如，探討的問題為：

> 在現代社會中（如臺灣）你預期男性和女性應受幾年教育？（請給一個確定的年數）

要求受訪者回答一個確定的數字，此為傳統抽樣調查的問題形式。而調查表中另一問題詢問：

在現代社會中（如臺灣）你預期男性和女性應受幾年教育？（請給一個範圍）

這樣的問題要求受訪者給定一個區間來回答模糊形式的問題。

以上所介紹的是獲得模糊屬量資料以及傳統資料的問卷形式。至於屬性資料的蒐集，傳統問法是要求受訪者回答一個確定的等距尺度，屬單一邏輯。例如：調查「屏東墾丁海洋公園觀光區的遊客滿意程度」，傳統問卷形式可以為：

	1= 很不滿意	2= 不滿意	3= 普通	4= 滿意	5= 很滿意
您對墾丁海洋公園觀光滿意度					

而將模糊邏輯、語意與模糊統計所設計的問卷，運用可複選的形式符合實際狀況，可能可以得到較精確的結果。其問答方式為：

要求受訪者在＿＿＿＿＿＿＿ 線段上畫下感受範圍（區間），比方：不滿意可記為＿/////＿；還好有時很滿意＿////＿///＿。用如此的回答形式來獲得模糊感受程度。若對分配程度或隸屬度較具概念者，我們亦可引導他們以對事件感覺之隸屬度值，分別填入。例如：

等　　級	1	2	3	4	5	滿意度
您對墾丁海洋公園觀光滿意度				0.2	0.8	蠻滿意
您對墾丁海洋公園觀光滿意度	0.5				0.5	有些很不滿意有些滿意
您對墾丁海洋公園觀光滿意度		0.3	0.7			還好有點不滿意

通常，若有較多的樣本資料居於中間位置，在統計學上我們稱為集中趨勢（central tendency）。一般以眾數或平均數用來代表此集中趨勢的量數，統計上常用代表群體的三種平均數：算數平均數、中位數、眾數，來比較傳統和模糊調查資料度量結果的異同。

在傳統的統計分析中，平均數都是用點來表示，所以又稱為點量數。但在模糊統計中，由於分析的是模糊區間資料，因此亦以區間形式來表示資料的集中趨勢，而其運算理念的構思，仍源於傳統統計的相關定義。另一方面，同一問題對於同一受訪者而言，其依傳統問卷形式所回答的確定數值答案，必包含於模糊問

題形式回答的模糊區間中，因此這兩種型式的資料，本身即具有某一程度的相關性。

模糊邏輯考量了人類思維的複雜性及行為的不確定性，允許模糊性現象的存在，較符合實際狀況，此一特點彌補了布林邏輯的不足。將模糊邏輯的觀念運用於問卷調查之分析上，提供了一個新的蒐集及分析資料的理念，和不同於往常的統計結果展示方法。

此外問卷調查時，對有多重感受的受訪者而言，傳統問法的單一邏輯，可能使其無所適從，且當詢問的問題涉及個人隱私時，受訪者很可能拒答。因此實證研究中，允許人們擁有多重感受的模糊理論觀念，不但可減少廢卷率，還可幫助我們偵測出那些具有雙重性或危險傾向的學生，這是傳統的問卷型式所無法達成的目標。

┌─ 例 4.1　離散型模糊均數應用於商品滿意度調查 ─

一新上市之商品，商品廠商欲探討消費者的滿意程度，於是在街頭邀集五位消費者 A、B、C、D、E 作調查，每位消費者對商品滿意度的隸屬度如表 4.1：

表 4.1　5 位受訪者對商品滿意度之隸屬度選擇

滿意程度	L_1很不滿意	L_2不滿意	L_3普通	L_4滿意	L_5很滿意
A	0	0.5	0.5	0	0
B	0	0	0.8	0.2	0
C	0	0.3	0.7	0	0
D	0	0	0	0.9	0.1
E	0	0	0.2	0.8	0

則模糊樣本均數為：

$$F\bar{x} = \frac{\frac{1}{5}(0+0+0+0+0)}{\text{很不滿意}} + \frac{\frac{1}{5}(0.5+0+0.3+0+0)}{\text{不滿意}} + \frac{\frac{1}{5}(0.5+0.8+0.7+0+0.2)}{\text{普通}}$$

$$+ \frac{\frac{1}{5}(0+0.2+0+0.9+0.8)}{\text{滿意}} + \frac{\frac{1}{5}(0+0+0+0.1+0)}{\text{很滿意}}$$

$$= \frac{0}{\text{很不滿意}} + \frac{0.16}{\text{不滿意}} + \frac{0.44}{\text{普通}} + \frac{0.38}{\text{滿意}} + \frac{0.02}{\text{很滿意}}$$

此模糊樣本均數所代表的意義為：「很滿意」的隸屬度為 0.02，「滿意」的隸屬度為 0.38，「普通」的隸屬度為 0.44，「不滿意」的隸屬度為 0.16，「很不滿意」的隸屬度為 0。此模糊均數是一個模糊數，表現出此商品的平均滿意度最可能為「普通」、其次為「滿意」。

例 4.2　人力僱用數量之模糊樣本均數

某機構於近期將成立新辦事處，對於規模之大小欲擬定人力僱用計畫，於是召集 A、B、C、D、E 5 位相關主管進行意見調查。五位專家根據給定的人數選項所作出之選擇及個別的隸屬度如表 4.2：

表 4.2　5 位主管對應於各選項之隸屬度選擇

人數	1~3	4~6	7~9	10~12	13~15	16~18	19~21	22~24
A	0.4	0.6	0	0	0	0	0	0
B	0	0	0.3	0.7	0	0	0	0
C	0	0	0	0	0.7	0.3	0	0
D	0	0	0	0	0	0	0.2	0.8
E	0	0.4	0.6	0	0	0	0	0

由於這 5 位主管有各自的觀念及考量，造成對僱用人數的差異。若要從此樣本中得到僱用人數，又要忠實反映樣本的資訊，那麼使用模糊樣本均數是不錯的方法。計算如下：

令 M_j 為人數區間的組中點：$\{2, 5, 8, 11, 14, 17, 20, 23\}$

$F = (0.4 \cdot 2 + 0.6 \cdot 5 + 0.3 \cdot 8 + 0.7 \cdot 11 + 0.7 \cdot 14 + 0.3 \cdot 17 + 0.2 \cdot 20 + 0.8 \cdot 23$
$\quad + 0.4 \cdot 5 + 0.6 \cdot 8)/5$

$= 58/5$

$= 11.6 \in [10, 12]$

故模糊樣本均數 $F\bar{x} = [10, 12]$

由以上可得：人力僱用人數的模糊樣本均數為 [10, 12] 這個區間。也就是說，此機構於近期將成立新辦事處的僱用人數，參考 5 位主管的意見之後，可以做出平均應該僱用 10 至 12 人的決策。

例 4.3

在我們對於今年畢業生求職潮中，調查出下列 5 位研究所畢業生對薪資期望的一組模糊樣本為 [2 萬元，3 萬元]，[3 萬元，4 萬元]，[4 萬元，6 萬元]，[5 萬元，8 萬元]，[4 萬元，7 萬元]，其模糊樣本均數：

$$F\bar{x} =[\frac{2+3+4+5+4}{5},\frac{3+4+6+8+7}{5}] = [3.6, 5.6] 萬元$$

這個資訊能提供給急需求才的公司主管們參考，以了解目前一般研究所畢業生他們所希望的薪資。

4.3 模糊量表

模糊統計常應用在各式量表中，然而心理層面的測量相當複雜，且牽涉的因素亦很多。發展一套量表並不容易。傳統的調查過程中，計量心理學家常使用某些固定的回答模式，測量心理喜好程度，並以整數所衍生的名義尺度記錄此評量和行為結果間的統計相關性。然而，計量心理學中所涉及的領域概念常常是模糊的，而非確定、清楚的。比方說，在一個典型的調查中，受訪者被問及目前生活痛苦嗎、理想子女數、支持政黨程度，以及老人的年齡標準和退撫等問題時，這些問題並沒有清楚的界定，受訪者在面對這些問題時，可能會產生許多不同的答案。在本節中，將簡要說明應用在量表中常用的模糊理論，對於模糊理論及其相關計算有興趣的讀者，請參閱吳柏林（2005）專書。

定義 4.1　單項模糊量表

令 k 為感受程度之等級量；m_{ij} 為個人在量表中，第 i 題感受程度在第 j 等級的隸屬度，則單項模糊指數 I_{SF} 定為：

$$I_{SF} = \frac{1}{k-1}[(\sum_{j=1}^{k} jm_{ij} + \frac{\sum_{j=1}^{k}|j - \sum_{j=1}^{k} jm_{ij}|m_{ij}}{k-1}) - 1] \qquad (4.1)$$

其中 $\sum_{j=1}^{k} jm_{ij}$ 為典型平均值，k-1 為感受程度等級之全距。

式（4.1）中，分母的第一項即為傳統的度量方法，第二項則可視為模糊樣本的加權計分。其中加權計分的理由為：若受試者之感受越離散，代表此選項熵（entropy）越高，活動力較強，應予計量加分。以下我們以幾個特殊情況，說明定義 4.1 中對模糊感受的加權情形。以較常用之 5 等第量表為例（$m = 5$）：

1. 當受試者選擇 5 時，表該受試者對此道題感受很強，其個人量表感受百分比為（0,0,0,0,1），故我們將此受試者之感受程度定為清晰集合「5」，$I_{SF} = 1$。

2. 當受試者選擇 3 時，表該受試者對此道題感受普通，其個人量表感受百分比為（0,0,1,0,0），故我們將此受試者之感受程度定為清晰集合「3」，$I_{SF} = 0.6$。

3. 當受試者的選擇為兩極化時，例如：個人量表感受百分比為 (0.5, 0, 0, 0, 0.5)，表示該受試者之感受程度有時很強烈，有時沒有感受，故此受試者之感受程度定為模糊集合「$0.5I_1 + 0.5I_5$」，其感受程度為 3.5(= 3 + 0.5)，其中 0.5 = $\frac{|1-3| \cdot 0.5}{4} + \frac{|5-3| \cdot 0.5}{4}$，$I_{SF} = 0.7$。

4. 當受試者感受程度均等分布時，例如：量表感受百分比為（0.2, 0.2, 0.2, 0.2, 0.2），此受試者之感受程度定為模糊集合 $0.2I_1 + 0.2I_2 + 0.2I_3 + 0.2I_4 + 0.2I_5$，其感受程度為 3.3(= 3 + 0.3)，其中 0.3 = $\frac{|1-3| \cdot 0.2}{4} + \frac{|2-3| \cdot 0.2}{4} + \frac{|3-3| \cdot 0.2}{4} + \frac{|4-3| \cdot 0.2}{4} + \frac{|5-3| \cdot 0.2}{4}$，$I_{SF} = 0.66$。

定義 4.2　綜合模糊量表

設 AF 表示爲模糊綜合樂觀量表之分配。令 n 爲模糊問卷題數，k 爲感受程度之等級量，m_{ij} 爲個人在量表中，第 i 題感受程度在第 j 等級的隸屬度。則綜合模糊指數 I_{AF} 定爲：

$$I_{AF} = \frac{1}{n}\sum_{i=1}^{n}\left[\frac{1}{k}\left(\sum_{j=1}^{k} jm_{ij} + \frac{\sum_{j=1}^{k}\left|j - \sum_{j=1}^{k} jm_{ij}\right|m_{ij}}{k-1}\right)\right] \qquad （4.2）$$

公式（4.2）亦可寫成：

$$
\begin{aligned}
&\frac{1}{n}\sum_{i=1}^{n}\left(\frac{1}{k}\sum_{j=1}^{k} jm_{ij} + \frac{\sum_{j=1}^{k}\left|j - \sum_{j=1}^{k} jm_{ij}\right|m_{ij}}{k(k-1)}\right)\\
&= \frac{\sum_{j=1}^{k} j\left(\sum_{i=1}^{n} m_{ij}\right)}{nk} + \sum_{i=1}^{n}\left(\frac{\sum_{j=1}^{k}\left|j - \sum_{j=1}^{k} jm_{ij}\right|m_{ij}}{nk(k-1)}\right)\\
&= \frac{\sum_{j=1}^{k} js_{j}}{nk} + \sum_{i=1}^{n}\left(\frac{\sum_{j=1}^{k}\left|j - \sum_{j=1}^{k} jm_{ij}\right|m_{ij}}{nk(k-1)}\right) \qquad （4.3）
\end{aligned}
$$

其中最後一個等號第一項內的 S_j 表示爲第 j 級感受程度的總和 : $j = 1, ..., m$。

傳統問卷統計分析方法是將各個具決定性影響的因素視爲同等重要；換言之，即各因素具有相同的權重。但是實際上應該賦予各因素不同的權重，即各因素間相異的重要性程度，將決定論域中影響因素的權重。比如說，消費者在購買家電時，可能因爲自己的特殊需要、個人喜好或經濟能力、商品的價格、售後服務、品牌形象、商品的附加功能、商品的保證期限、折扣的多寡或附送贈品等因素而有不同選擇；又如候選人的政治背景、形象、參選的政見或選民對政黨的認同度等因素，都將影響選民的樂觀行爲。由此可知，不同的因素會有相異影響決策的重要程度，而對於各因素的重視程度，又將會隨著個人的喜惡與主觀意識有所改變。 假若忽視因素權重的存在，或給予各因素相同的權重，或依分析者個人的主觀意識給予權重值，則此錯誤的分析過程將誤導事實，因此依照因素的重

要性給予適當的權重是重要且必要的。

　　然而權重值又會因個人特質的差異性而有所改變，也就是說，不同個體其所賦予因素的權重值也會不盡相同。社會調查的問卷設計，往往會針對所欲了解的事件狀態與現實情況設定論域面，以探究受訪者的內心感受與想法。由於每個人內心感受到的界面不同，對事件評判的角度不見得一致，因此受訪者考量論域中各影響因子的重要程度也將因人而異。在多元的社會組織下，與日累積的知識，變遷的環境與瞬息萬變的資訊等，皆使人類的思維並非直線單一化，也導致人類的行為變得複雜、多元、模糊，並潛在著不確定性。因此決定論域中各影響因素的權數比重，即所謂的模糊權重也就顯得相當重要。

個體模糊權重值設定過程

步驟 1：首先設定問卷內容的論域面，論域面取向因素 $A = \{A_1, A_2, ..., A_l\}$。

步驟 2：受訪者衡量取向因素的重要性程度，將 $A = \{A_1, A_2, ..., A_l\}$ 依重要性予以排序，其偏好（utility）序列 $U_1 > U_2 > \cdots > U_l$ 為偏好遞增序列。

步驟 3：令 $V_1 > V_2 > \cdots > V_l$ 為對應偏好序列 $U_1 > U_2 > \cdots > U_l$ 的排序量值。假設有 n 個受訪者，而第 j 個受訪者就 A_i 排序所對應之 V_i，以 v_{ij} 表示之，其中 $i = 1, 2, ..., l$，$j = 1, 2, ..., n$。

步驟 4：令 SW_{ij} 為第 j 個受訪者給予 A_i 的個體模糊權數值，

$$SW_{ij} = \frac{v_{ij}}{\sum_{i=1}^{l} v_{ij}}$$

總體模糊權重值設定過程

步驟 1：令 R_i 為 n 個受訪者對 A_i 排序後所得的總排序值，

$$R_i = \sum_{j=1}^{n} v_{ij} \, , \; i = 1, 2, ..., l$$

步驟 2：令 TW_i 為 A_i 的總體權數值，

$$TW_i = \frac{R_i}{\sum_{i=1}^{l} R_i}$$

　　舉例來說，某研究者共採用八項樂觀取向，並以其因素來決定樂觀傾向，共訪問 5 位專家，鑑於每位專家對 8 項取向的因素有不同的感受程度，故請專家按重要性程度以偏好遞增序列 $U_1 > U_2 > U_3 > U_4 > U_5 > U_6 > U_7 > U_8$ 的方式加以排序。

　　這裡採 n 等第評分標準法，若樂觀取向 A_i 為最重要的決定因素時，$V_1 = 8$；若樂觀取向 A_i 為次重要的決定因素時，$V_2 = 7$；若樂觀取向 A_i 為次不重要的決定因素時，$V_3 = 2$；若樂觀取向 A_i 為最不重要的決定因素時，$V_4 = 1$；若第 j 個受訪者視樂觀取向 A_i 為次重要的決定因素，以 $v_{ij} = 7$ 表示。所得資訊可由表 4.7 觀察出來。

表 4.7　5 位受訪者的樂觀取向決定因素

項目 樣本	1	2	3	4	5	6	7	8
1	6	3	8	7	4	1	5	2
2	6	4	7	8	3	1	5	2
3	5	1	8	7	4	2	6	3
4	5	4	7	8	2	3	6	1
5	5	2	8	7	4	1	6	3
單項總分	27	14	38	37	17	8	28	11
權重（/180）	0.15	0.08	0.21	0.21	0.09	0.04	0.16	0.06

　　由表 4.7 得知，受訪者 j 對因素 $A = \{A_1, A_2, ..., A_8\}$，依照不盡相同的重要程度，給予排序值 $\{v_{1i}, v_{2i}, ..., v_{8i}\}$。以第一位為例，

$$SW_{11} = \frac{v_{11}}{\sum_{i=1}^{8} v_{i1}} = \frac{6}{1+2+...+8} = \frac{6}{36} = 0.17 \text{，} SW_{21} = \frac{3}{36} = 0.08 \text{，}$$

$$SW_{31} = \frac{8}{36} = 0.22 \text{，} SW_{41} = \frac{7}{36} = 0.19 \text{，} SW_{51} = \frac{4}{36} = 0.11 \text{，}$$

$$SW_{61} = \frac{1}{36} = 0.03 \text{，} SW_{71} = \frac{5}{36} = 0.14 \text{，} SW_{81} = \frac{2}{36} = 0.06 \text{。}$$

　　因此，第一位受訪者認為感覺取向因素的個體模糊權數為：

$$\{SW_{11}, SW_{21}, ..., SW_{81}\} = \{0.17, 0.08, 0.22, 0.19, 0.11, 0.03, 0.14, 0.06\} \circ$$

又藉 5 位專家填答中，其各自的總排序值 $\{R_1, R_2, R_3, R_4, R_5, R_6, R_7, R_8\}$ 為：

$$R_1 = \sum_{j=1}^{n} v_{ij} = 27，R_2 = 14，R_3 = 38，R_4 = 37，R_5 = 17，R_6 = 8，R_7 = 28，R_8 = 11$$

則各自的總體權數值可以表示為：

$$\{TW_1, TW_2, TW_3, TW_4, TW_5, TW_6, TW_7, SW_8\}$$

$$=\{\frac{27}{180} = 0.15，0.08，0.21，0.21，0.09，0.04，0.16，0.06\}$$

值得一提的是，對於尚未或無法表示意向，態度不定的受訪者而言。由於同一種事物具有多種屬性，受多種因素的影響，因此在評價事物的過程中，必須對多個相關的因素作綜合性的考慮，即進行全部評價，若這種評判過程涉及模糊因素，便稱模糊綜合評判。

意向順序與權重

模糊權重推估

步驟 1：令 L_{ij} 為總體權數值與個體權數值的相乘積，即：

$$L_{ij} = TW_i \cdot SW_j$$

步驟 2：假設尚未表示意向或態度不定之 m 個受訪者中的第 j 個受訪者，其 A_i 的模糊權重值為 W_{ij}，

$$W_{ij} = \frac{L_{ij}}{\sum_{i=1}^{l} L_{ij}} \quad , j = 1, 2, ..., m$$

最後我們可得模糊綜合量表加權指數：

4.4 實證研究

範例 1：選民投票意向與選情預測

由於多數研究文獻都認為候選人與政黨因素將會影響選民的投票行為，所以本研究問卷設計選民的投票取向因素為 { 政治表現、政治形象、候選政見、所屬黨派 }，將此四因素列為問卷內容的前四題題目，視此四因素將會影響候選人所獲得的支持度。為了解受訪者對投票取向因素的認同度，設計 0 至 10 的固定分數區間，0 表示最不滿意，10 表示最滿意，5 表示普通，請他們依照感受的喜好程度，自由地為三位候選人作全面性的評比。

本實例將候選人職務表現、政治形象、候選政見、所屬政黨列為預測○○市長選舉的探究因素，應用模糊統計分析傳統問卷，認為每一位選民將因本身的獨特因素特徵，各視影響選情的論域有著不盡相同重要程度，故考慮個體模糊權重、總體模糊權重、模糊權重數的選定，評定三位臺北市長候選人將各具有不同程度的隸屬函數，利用隸屬度與決定投票意向之間的微妙關係，以最大隸屬度預測選民最終決定的投票意向，將對複雜的選舉情勢作更適合的預測估計。

問卷分析過程

461 份有效問卷中，已明確地回答第七題問項之最有可能投給哪位候選人者有 400 份，占總有效問卷之 86.77%；而回答不知道或尚未決定或甚至拒絕回

答者有 61 份，占總有效問卷之 13.23%。考慮樣本代表性，經過反覆加權法修正樣本後，460 份成功問卷樣本中，已明確表態者有 400 份，占總有效問卷之 86.93%；而回答不知道或尚未決定或甚至拒絕回答者有 60 份，占總有效問卷 13.07%。

設定總體模糊權數值

首先欲經過對照分析，運用權值理念探討投票取向因素 { 政治表現、政治形象、候選政見、所屬黨派 } 的重要性程度。令排序量為第一重要者所對應的排序量值為 4；第二重要者給定排序量值為 3；第三重要者排序量值為 2；最不重要者之排序量值為 1；具同等重要地位者，排序量值為所概括重要程度範圍排序量值的平均。表 4.8 為 461 份所有成功問卷樣本之實際回答狀況。

表 4.8　訪問成功樣本對 { 政治表現，政治形象，候選政見，所屬黨派 } 重要程度排序量值出現次數

投票取向排序 ＼ 因素	政治表現	政治形象	候選政見	所屬黨派
4	293	80	46	40
3.5	1	1	0	0
3	106	138	146	61
2.5	0	3	3	0
2	44	175	175	69
1.5	2	4	7	7
1	15	60	84	284

欲使抽樣樣本分布接近母體特徵結構，降低抽樣誤差，提升推估母體的精確度，令成功問卷樣本經過反覆加權法 $q = 2$ 反覆加權後，如表 4.9 所示重新計算 { 政治表現、政治形象、候選政見、所屬黨派 } 的排序量值。

表 4.9 成功問卷樣本反覆加權後對 { 政治表現，政治形象，候選政見，
　　　　所屬黨派 } 之重要程度的排序量值出現次數

排序值 ＼ 論域	政治表現	政治形象	候選政見	所屬黨派
4	294	77	41	45
3.5	1	1	0	0
3	103	142	145	57
2.5	0	5	5	0
2	45	171	188	63
1.5	1	3	6	6
1	16	61	75	289

$R_1 = (4 \cdot 294) + (3.5 \cdot 1) + (3 \cdot 103) + (2.5 \cdot 0) + (2 \cdot 45) + (1.5 \cdot 1) + (1 \cdot 16) = 1{,}596$

$R_2 = (4 \cdot 77) + (3.5 \cdot 1) + (3 \cdot 142) + (2.5 \cdot 5) + (2 \cdot 171) + (1.5 \cdot 3) + (1 \cdot 61) = 1{,}157.5$

$R_3 = (4 \cdot 41) + (3.5 \cdot 0) + (3 \cdot 145) + (2.5 \cdot 5) + (2 \cdot 188) + (1.5 \cdot 6) + (1 \cdot 75) = 1{,}071.5$

$R_4 = (4 \cdot 45) + (3.5 \cdot 0) + (3 \cdot 57) + (2.5 \cdot 0) + (2 \cdot 63) + (1.5 \cdot 6) + (1 \cdot 289) = 775$

$$\sum_{i=1}^{4} R_i = 1{,}596 + 1{,}157.5 + 1{,}071.5 + 775 = 4{,}600$$

$TW_1 = \dfrac{1{,}596}{4{,}600} = 0.35$ ， $TW_2 = 0.25$ ， $TW_3 = 0.23$ ， $TW_4 = 0.17$

　　由上可以看出 { 政治表現、政治形象、候選政見、所屬黨派 } 的各自排序量
總值為 $R_1 > R_2 > R_3 > R_4$。

　　一般認為影響投票決定的重要程度大小，依序為政治表現、政治形象、政
見、所屬黨派。即 { 政治表現、政治形象、候選政見、所屬黨派 } 的總體模糊權
重值為 {0.35、0.25、0.23、0.17}。

設定個體模糊權數值

　　成功問卷樣本經過反覆加權法 $q = 2$ 反覆加權後，分別計算個體模糊權數值
$SW_{i,j} = v_{i,j} / \sum_{i=1}^{l} v_{i,j}$，$v_{i,j}$ 為第 j 個受訪者給予投票取向因素 A_i 的排序量值，$SW_{i,j}$ 為
第 j 個受訪者給予投票取向因素 A_i 的個體模糊權數值，$i = 1, 2, 3, 4$，$j = 1, 2, ...,$
461。試將 6 個成功問卷樣本列舉投票取向因素所屬排序量值與個體模糊權數值
如下：

表 4.10　成功問卷樣本的投票取向因素所屬排序量值與個體模糊權數值

受訪者	政治表現	政治形象	候選政見	所屬黨派	SW_1	SW_2	SW_3	SW_4
1	4	3	2	1	0.4	0.3	0.2	0.1
2	4	3	1	2	0.4	0.3	0.1	0.2
3	3	4	2	1	0.3	0.4	0.2	0.1
4	4	2	3	1	0.4	0.2	0.3	0.1
5	4	2	3	1	0.4	0.2	0.3	0.1
6	1	3	2	4	0.1	0.3	0.2	0.4

模糊權重設定

$L_{i,j}$ 為投票取向因素 A_i 的總體模糊權值與第 j 個受訪者給予投票取向因素 A_i 的個體模糊權數值之乘積，$L_{i,j} = TW_i * SW_{i,j}$，$i = 1, 2, 3, 4$，$j = 1, 2, ..., 461$，令 $W_{i,j}$ 為第 j 個受訪者給予 A_i 的模糊權數值：

$$W_{i,j} = L_{i,j} / \sum_{i=1}^{l} L_{i,j}$$

表 4.11 繼續將 6 個成功問卷樣本列舉所屬投票取向因素 A_i 之 $L_{i,j}$ 與模糊權數值 $W_{i,j}$ 如下：

表 4.11　成功問卷樣本列舉所屬投票取向因素之模糊權數值

受訪者	1	2	3	4	5	6
$L_{1,j}$	0.14	0.14	0.10	0.14	0.14	0.03
$L_{2,j}$	0.08	0.08	0.10	0.05	0.05	0.08
$L_{3,j}$	0.05	0.02	0.05	0.07	0.07	0.05
$L_{4,j}$	0.02	0.03	0.017	0.02	0.02	0.07
$W_{1,j}$	0.50	0.51	0.39	0.50	0.50	0.15
$W_{2,j}$	0.27	0.28	0.38	0.18	0.18	0.33
$W_{3,j}$	0.17	0.09	0.17	0.25	0.25	0.21
$W_{4,j}$	0.06	0.12	0.06	0.06	0.06	0.30

最大隸屬度判定

提出模糊統計加權分類法後，將受訪者針對投票取向因素型態，給予三位候選人（甲、乙、丙）的評定分數。經過模糊權重 $W_{i,j}$ 修正後，分別計算三位候選人在投票取向因素中所得的總評分數。將 { 政治表現、政治形象、候選政見、所屬黨派 } 視為候選人屬性，欲運用模糊理論的隸屬度觀念，期望不忽視且能夠逼近受訪者內心的模糊不確定性質。受訪者的隸屬函數，可由候選人屬性相對所屬的隸屬度表示，即受訪者對不同的候選人將有不盡相同的支持度，再以最大隸屬度判定法則，預測受訪者最終將會決定支持哪一位候選人。試著繼續將 6 個成功問卷樣本中，受訪者針對 { 政治表現、政治形象、候選政見、所屬黨派 } 給予三位候選人的評定分數列舉於表 4.12。經過模糊理論的模糊權重修正後，六位受訪者給予各個候選人的支持隸屬度列舉於表 4.13。

表 4.12　受訪者對 { 政治表現、政治形象、候選政見、所屬黨派 } 的評定分數

論域	受訪者	1	2	3	4	5	6
政治表現	甲	9	0	7	6	4	7
	乙	7	10	6	9	7	7
	丙	6	6	0	5	9	7
政治形象	甲	8	0	8	8	6	6
	乙	9	10	6	7	8	6
	丙	7	7	0	9	9	5
候選政見	甲	8	0	8	7	6	7
	乙	8	10	6	8	6	6
	丙	7	8	0	5	7	7
所屬黨派	甲	8	0	8	4	4	5
	乙	6	10	6	6	6	7
	丙	4	6	0	4	8	7

表 4.13　經過模糊權重修正後，6 位受訪者給予各個候選人支持隸屬度

受訪者		1	2	3	4	5	6
模糊權重修正論域的總評分	甲	8.49	0	7.61	6.49	4.87	5.99
	乙	7.64	10	6	8.56	6.86	6.38
	丙	6.31	6.45	0	5.66	8.42	6.25
給予候選人支持隸屬度	甲	0.38	0	0.56	0.31	0.24	0.32
	乙	0.34	0.61	0.44	0.41	0.34	0.34
	丙	0.28	0.39	0	0.27	0.43	0.34
最大隸屬度判定 最終將支持的候選人		甲	乙	甲	乙	丙	乙

即第一位受訪者的隸屬函數，可由候選人屬性相對所屬的隸屬度表示為：

$$\mu_{甲}(x) = 0.38\, I_{甲}(x) + 0.34\, I_{乙}(x) + 0.28\, I_{丙}(x)$$

再依據最大隸屬度的判定原則，第一位受訪者給予甲的支持隸屬度最高 $Max\{0.38, 0.34, 0.28\} = 0.38$。

經過整體考量後，依據最大隸屬度的判定原則，第一位受訪者於三位候選人中，將決定支持甲。於 460 份成功問卷中，有 60 份受訪者未決定投票意向的問卷。依據最大隸屬度的判定原則，預測未決定投票意向的受訪者，將支持甲者為 16 位，支持乙者為 30 位，支持丙者為 14 位。

> 最大隸屬度預測意向，依據可靠度分析法嘗試動態修正。

進一步依據可靠度原則，將最大隸屬度預測意向依據可靠度分析法，嘗試動態修正意向預測，表 4.14 為已表態的受訪者的投票意願與最大隸屬度判定之綜合比較。

表 4.14　已表態受訪者的投票意願與最大隸屬度判定之綜合比較

隸屬度判定 / 表態候選人	甲	乙	丙	總得票數
甲	162	15	12	189
乙	3	136	43	182
丙	0	2	27	29
總得票數	165	153	82	400

表 4.14 顯示，在 400 位表態的受訪者中，有 189 位表態支持甲，182 位支持乙，29 位支持丙。但依據最大隸屬度判定後，預測 165 位將支持甲，153 位支持乙，82 位支持丙。所以將最大隸屬度預測意向依據可靠度分析法嘗試動態修正。

在 400 位表態的受訪者中，依據最大隸屬度預測意向判定後，預測 165 位將支持甲的受訪者中，真正表態支持甲的受訪者有 162 位，故最大隸屬度預測意向之可靠度動態修正為 162/165 = 0.98。未表態支持甲，卻真正表態支持乙的受訪者有 3 位，故最大隸屬度預測意向之可靠度動態修正為 3/165 = 0.02。未表態支持甲，卻真正表態支持丙的受訪者有 0 位，故最大隸屬度預測意向之可靠度動態修正為 0。

在 400 位已表態的受訪者中，依據最大隸屬度預測意向判定後，預測 153 位將支持乙的受訪者中，真正已表態支持乙的受訪者共有 136 位，故最大隸屬度預測意向之可靠度動態修正為 136/153 = 0.89。

在 400 位表態的受訪者中，依據最大隸屬度預測意向判定後，預測 82 位將支持丙的受訪者中，真正表態支持丙的受訪者有 27 位，故最大隸屬度預測意向之可靠度動態修正為 27/82 = 0.33。未表態支持丙，卻真正表態支持乙的受訪者有 43 位，故最大隸屬度預測意向之可靠度動態修正為 43/82 = 0.52；其餘依此類推。依據可靠度分析法，我們嘗試動態修正最大隸屬度的意向預測，其原則表列舉如下。

表 4.15　依據可靠度分析修正最大隸屬度判定之原則表

最大隸屬度判定 表態的受訪者	O_1	O_2	$\cdots$	O_n	總得票數
O_1	O_{1n}	O_{21}	$\cdots$	O_{1n}	TO_1
O_2	O_{21}	O_{22}	$\cdots$	O_{2n}	TO_2
$\vdots$	$\vdots$	$\vdots$	$\vdots$	$\vdots$	$\vdots$
O_n	O_{n1}	O_{n2}	$\cdots$	O_{nn}	TO_n
總得票數	TMO_1	TMO_2	$\cdots$	TMO_n	TO

　　將候選人於已經明確表態的受訪者中所獲得的票數，與於未明確表態的受訪者中預測將獲得的票數，作個加總動作來預測各候選人的總得票數如下：

甲得票數 = 189 + 16*0.982 + 30*0.098 + 14*0.146 = 210

乙得票數 = 182 + 16*0.018 + 30*0.889 + 14*0524 = 214

丙得票數 = 29 + 16*0 + 30*0.013 + 14*0.329 = 34

　　為了更能顯示各候選人將獲得選民的支持程度為何，試將預測候選人的總得票率列舉如下：

表 4.16　比較預測候選人得票率與實際候選人獲得的得票率

候選人	預測		實際	
	得票數	得票率	得票數	得票率
甲	210	46	688,072	45.91
乙	216	47	766,377	51.13
丙	34	7	44,452	2.97
總計	460	100	1,498,901	100

　　本實例將成功樣本反覆加權後所獲得的資訊中，預測甲票數為 210，乙得票數為 216，丙得票數為 34，即甲得票率為 45%，乙得票率為 47%，丙得票率為 7%。

　　市長選舉實際開票結果為，甲得票數為 688,072，乙得票數為 766,377，丙得票數為 44,452，即甲得票率為 45.91%，乙得票率為 51.13%，丙得票率為 2.97%。不難發現預測甲的得票率與實際開票的結果逼近，但預測乙與丙之得票

率與實際開票結果不一。

修正最大隸屬度判定之原則中，雖然最大隸屬度判給丙，但表態投給乙之受訪者，占最大隸屬度判給丙之總受訪者的 52.4%，或許可以瞧出些端倪。

範例 2：樂觀量表的應用

本例在探討如何應用模糊統計方法，為樂觀量表建立一套更有效率的測量準則，並希望藉由這套測量準則，能事先預測出那些具有極端或雙重性格之學生，以施予事前輔導。本問卷針對政治大學 26 位大一學生作調查，表 4.16 為傳統調查蒐集的各題反應統計資料。

從事心理調查時，常會遇到不願表示意向或態度不定的受訪者，使得預測的工作不易進行；因此，如何處理這些遺失值便成為研究者致力解決的目標。部分研究指出，內在與外在環境的影響，皆可能導致受訪者意向不明確的情形發生。故本例除了考慮個體模糊權數值外，尚考慮總體模糊權數值，並視個體模糊權數值與總體模糊權數值的相乘積為模糊權數值。

表 4.17　傳統調查樂觀反應頻率統計表

題目　　　　　　　　　　　　感受程度	沒有感受 1	2	3	感受很深 4	5	合計
1. 在不確定時刻，我通常是做最好的打算。	0	2	3	17	4	26
2. 如果有什麼事情可以對我不利，其結果真的對我不利。	1	12	8	4	1	26
3. 看事情，我總是看光明的一面。	0	1	1	18	6	26
4. 對我自己的前途，我總是樂觀的。	0	0	1	18	7	26
5. 我幾乎從不期望事情如我所願。	2	17	2	5	0	26
6. 事情發展的結果，從來就沒有符合我的需求。	6	15	2	3	0	26
7. 我相信「否極泰來」，「塞翁失馬，焉知非福」的觀念。	0	0	1	14	11	26
8. 我極少期望好事會降臨在我身上。	0	15	2	9	0	26
合計	9	62	20	88	29	208
比率（/208）	0.04	0.30	0.10	0.42	0.14	

由表 4.17 我們發現受試者對樂觀的綜合感受程度，呈平穩然後遞減的分配。但是此量表對於那些情緒起伏甚大者，過於內向者或雙重性格者，可能無法得到良好的度量，而導致對樂觀所衍生出的各種副作用，如自殺、破壞性行為等，亦無法提出較明確的預警作用。也就是說，二元邏輯的填卷方式，無法看出受試者對樂觀的整體感受程度。

事實上樂觀是一個相當模糊的名詞，任何人都會有樂觀的感覺，但傳統的測量工具卻很難為感覺強度訂定出指標，其主要困難有：

1. 母體樂觀量表的分配難以確立。

2. 樂觀強度的動態性、週期性無法測知。

3. 樂觀強度的兩極性或多極性無法區分。

基於以上原因，我們考慮採用模糊問卷的方式，經由統計分析與模糊量度之理論，建立一套模糊樂觀量度。希望能藉此一新的量表，更實際的測量出樂觀的感受與反應。表 4.18 為抽樣調查蒐集的各題模糊反應統計資料。

表 4.18 模糊調查資料綜合樂觀反應頻率統計表

題目＼感受程度	沒有感受 → 感受很深					合計
	1	2	3	4	5	
1. 在不確定時刻，我通常是做最好的打算。	0.8	6.1	2	10.9	6.2	26
2. 如果有什麼事情可以對我不利，其結果真的對我不利。	3	10.4	3.6	6.8	2.2	26
3. 看事情，我總是看光明的一面。	0.3	2.8	2.9	11	9	26
4. 對我自己的前途，我總是樂觀的。	0.1	3.9	1.4	12.1	8.5	26
5. 我幾乎從不期望事情如我所願。	6.5	8.4	1.9	7.2	2	26
6. 事情發展的結果，從來就沒有符合我的需求。	4.3	12	2.5	5.2	2	26
7. 我相信「否極泰來」，「塞翁失馬，焉知非福」的觀念。	0.6	2.6	1.8	7.4	13.6	26
8. 我極少期望好事會降臨在我身上。	2	9.9	4	7.9	2.2	26
合計	17.6	56.1	20.1	68.5	45.7	208
比率（ /208）	0.08	0.27	0.10	0.33	0.22	
加權合計	11.4	43.2	18.3	76.3	58.8	
加權比率（ /208）	0.05	0.21	0.09	0.37	0.28	

根據表 4.18 得到的模糊綜合樂觀隸屬度函數為：

$$\mu(x) = 0.08 \times I_1(x) + 0.27 \times I_2(x) + 0.1 \times I_3(x) + 0.33 \times I_4(x) + 0.22 \times I_5(x)$$

利用模糊權重作分析，我們有 $\{TW_1, TW_2, TW_3, TW_4, TW_5, TW_6, TW_7, TW_8\}$ = $\{0.15, 0.08, 0.21, 0.21, 0.09, 0.04, 0.16, 0.06\}$，因此可得模糊加權綜合樂觀隸屬度函數為 $\mu(x) = 0.05 \times I_1(x) + 0.21 \times I_2(x) + 0.09 \times I_3(x) + 0.37 \times I_4(x) + 0.28 \times I_5(x)$。

傳統調查樂觀反應頻率分配 (0.04, 0.30, 0.10, 0.42, 0.14) 與模糊調查資料綜合樂觀反應頻率分配 (0.08, 0.27, 0.10, 0.33, 0.22) 類似，各有兩個較高峰在 2 與 4。不過，模糊調查資料綜合樂觀反應頻率在 5 分選項上，較傳統調查樂觀反應頻率顯著較高。可說明一般人對於 5 分選項似乎較為保守。也就是說，有 5 分選項的隸屬度，但可能意願程度不是最高或小於 0.5。因此，在傳統調查受試就會被忽略。而在模糊調查受試時，就能將此隸屬程度填上展現。

另外，若比較模糊綜合樂觀反應頻率與模糊加權綜合樂觀反應頻率，我們也發現模糊加權綜合樂觀反應頻率在 5 分選項的隸屬度有顯著增加。此表示分項題目權數的不同，即會影響結果。

表 4.19 為傳統調查樂觀反應頻率與模糊調查樂觀反應頻率的比較。我們亦可看出傳統樂觀綜合反應隸屬度、傳統加權樂觀綜合反應隸屬度、模糊樂觀綜合反應隸屬度與模糊加權樂觀綜合反應隸屬度的交互差異情形。其中最顯著的情況是模糊方法之樂觀綜合反應隸屬度在 5 分選項的比率均較高。

表 4.19 傳統調查樂觀綜合反應頻率與模糊調查樂觀綜合反應頻率比較

方法＼程度	1	2	3	4	5
傳統樂觀綜合反應隸屬度	0.04	0.30	0.10	0.42	0.14
傳統加權樂觀綜合反應隸屬度	0.02	0.17	0.08	0.53	0.20
模糊樂觀綜合反應隸屬度	0.08	0.27	0.10	0.33	0.22
模糊加權樂觀綜合反應隸屬度	0.05	0.21	0.09	0.37	0.28

若我們利用模糊綜合樂觀量表加權指數，便可以得到以下整體樂觀指標值，見表 4.20。

表 4.20　不同計算方法之模糊綜合樂觀量表加權指數

	傳統樂觀	傳統加權樂觀	模糊樂觀	模糊加權樂觀
樂觀指標	3.32	3.72	3.62 (3.32 + 0.31)	4.21(3.72 + 0.39)

Scale：1（最不樂觀）到 5（最樂觀）。

由表 4.20 不同計算方法之模糊綜合樂觀量表加權指數，可以發現：

分項指標加權計分結果均較未加權者為高。顯示加權計分指標與未加權的確有顯著差異。分項指標加權計分可更準確反映受試者實際程度。

模糊指標量表記分較傳統量表計分高。此乃我們考慮人類思維不確定性的加權計分效果。將動態的思維考量視為積極的因項，而給予適當之樂觀加分。

範例 3：捷運商圈市場發展研究

根據 B 百貨公司計劃於捷運站旁新商圈發展，提出配合 B 百貨公司投資研發部門工作，進行捷運新商圈趨勢與特色發展調查。對於消費者行為以及市場需求的了解，未來發展適合之分店發展規劃。如何打造與全球同步的捷運站新商圈購物生活環境？如何營造一個充滿商機且國際化，又具本土特色的現代生活品味商圈？如何提升客戶來 B 百貨公司購物的意願？以一份完整之情報資訊與研究分析評估，在做投資與決策參考是相當重要的。

調查重點目標

消費者分析：性別、年齡、文化背景區隔與購物偏好。

分店商品的價格定位特色與比率，消費者購買實力分析。

商圈大環境評估：分店商品的定位特色，供需需求。

未來發展趨勢評估：評估消費者與商圈發展趨勢，及對分店的期望。

調查項目包括：

1. 基本資料：受訪者居住地、年齡、性別、職業、教育程度……等。

2. 生活資料：來新商圈及居住新商圈生活資料，如來新商圈目的、停留地點、活動情形、從事消費方式、資訊取得來源……等。

3. 新商圈商品特性調查：針對潛在消費群在新商圈環境進行商品特性與滿意度調查，包含美食小吃、衣鞋化妝品、寢具家電、文藝傳播、觀光遊憩等環境滿意度調查。

4. 新商圈環境滿意度調查：包含新商圈交通工具、服務人員、購物動線、交易習慣、網站等環境滿意度調查，以及新商圈環境整體滿意度調查。

5. 蒐集潛在消費群對新商圈環境服務優、缺點及建議事項。

樣本結構描述

實施期程為 1 個月。每週分上班日與週末假日調查兩次，其中第一單元時間指上午 11 時至下午 16 時，第二單元時間指下午 16 時至晚上 21 時。本研究回收之有效樣本 500 份中，百貨公司消費群女性與男性之比率控制為 70% 及 30%，與百貨業者平時觀察之數據大致符合。

調查結果

1. 來商圈意願與動機

A1你會因為什麼原因，而來到捷運商圈	群體意願或感覺程度
1. 工作需求	0.13
2. 家住附近	0.15
3. 赴聚餐邀約	0.18
4. 有好逛的商場	0.23
5. 交通方便或轉乘必需（高鐵、臺鐵、公車或自用車）	0.31

A2百貨公司會吸引你特別想去的原因	群體意願或感覺程度
1. 豐富商品內容	0.20
2. 選擇多樣的餐廳	0.15
3. 多樣的休閒娛樂功能	0.16
4. 多元豐富的藝文活動（展覽、簽唱會、發表會等）或課程	0.10
5. 有特惠活動或折扣優惠	0.21
6. 自在舒適的購物環境	0.23

A3在百貨公司，您對什麼商品類別最感興趣	群體意願或感覺程度
1. 符合自己品味的流行服飾區	0.30
2. 完整的美妝保養品區	0.12
3. 機能佳的生活超市	0.14

4. 選擇多元的家用家電區	0.10
5. 具品味的 3C／圖書文具等專門業種	0.16
6. 富特色的餐飲食品	0.18

A4 您去逛一家百貨公司的時機	群體意願或感覺程度
1. 與家人同逛	0.35
2. 與朋友同逛	0.32
3. 單獨前往	0.12
4. 商品需要	0.21

由 A1~A4 分析可知以下結果：

來到捷運商圈最重要原因：交通方便或轉乘必需是最吸引顧客上門，第 2 重要因素為有好逛的商場。

百貨公司會吸引你特別想去的最重要原因：有特惠活動或折扣優惠及自在舒適的購物環境。第 2 重要因素為豐富商品內容。（有些文獻曾談到：……至於能吸引消費者去百貨公司的主要動機，以促銷活動最具有魅力，其次為計劃購買及閒逛。而在促銷活動中最能讓顧客心動的，依序為打折、贈品與來店禮。本研究的結果，發現較不一樣之原因包括自在舒適的購物環境及豐富商品內容，這應是較合理之解釋：光是靠有特惠活動或折扣優惠來吸引顧客似非經營者常態。）

在百貨公司您對什麼商品類別最感興趣：符合自己品味的流行服飾區，第 2 重要因素為富特色的餐飲食品，具品味的 3C／圖書文具等專門業種，機能佳的生活超市。而完整的美妝保養品區落到最後順位，似乎點出某種改變傳統經驗的訊息。

逛一家百貨公司的時機，最重要因素為與家人同逛。第 2 重要因素為有好逛的商場。

2. 專櫃

鞋子專區

B1 在鞋區買場的分類中，請依個人選購喜好或便利性	群體意願或感覺程度
1. 以工作鞋／休閒鞋／名品鞋／宴會鞋／居家鞋 區分	0.60
2. 以品牌區分	0.40

B2請問什麼原因，您會至百貨公司買鞋	群體意願或感覺程度
1. 工作場合需要	0.22
2. 參加正式場合（例如：婚宴）	0.20
3. 流行吸引	0.21
4. 休閒穿著要舒適	0.30
5. 居家穿著	0.07

B3請問您對不同功能鞋子可接受的價格	1,500以下	1,500~3,000	3,000~5,000	5,000~8,000	8,000以上
1. 工作場合需要	0.49	0.37	0.10	0.03	0.01-
2. 參加正式場合（例如：婚宴）	0.25	0.41	0.19	0.04	0.01
3. 流行鞋款	0.46	0.35	0.12	0.02	0.01
4. 休閒穿著要舒適	0.49	0.35	0.09	0.01	0.01
5. 居家穿著	0.72	0.21	0.06	0.01	0.00

由 B1~B3 分析可知以下結果：

鞋區賣場的分類中，依工作鞋／休閒鞋／名品鞋／宴會鞋／居家鞋區分，優於以品牌區分。

會至百貨公司買鞋，著重於休閒穿著要舒適。

對不同功能鞋子可接受的價格：工作場合需要 1,500 元，參加正式場合 1,500~3,000 元，流行鞋款 1,500 元以下，休閒穿著要舒適 1,500 元以下，居家穿著 1,500 元以下。

女性內衣專區（男性不需回答）

C1請問您對於女性於內衣區可接受的價格	600以下	600~1,500	1,500~2,500	2,500~4,000	4,000以上
1. 胸罩	0.60	0.25	0.08	0.07	0.01
2. 內褲	0.45	0.26	0.16	0.09	0.03
3. 襯衣	0.20	0.24	0.28	0.19	0.08
4. 機能性／調整型束衣褲	0.44	0.22	0.11	0.06	0.01
5. 衛生衣	0.38	0.28	0.17	0.04	0.01
6. 睡衣	0.66	0.08	0.04	0.06	0.02
7. 配件（襪子）	0.21	0.25	0.20	0.15	0.17

C2在女性內衣買場分類中，請依個人選購喜好或便利性	群體意願或感覺程度
1. 風格款式（浪漫、素面、蕾絲）	0.21
2. 機能性（托高、集中、運動、按摩）	0.25
3. 罩杯款式（全罩、2/3 罩、1/2 罩）	0.20
4. 顏色	0.15
5. 品牌	0.18

由 C1~C2 分析可知以下結果：

1. 女性於內衣區最可接受的價格：

(1) 胸罩 600 元以下。

(2) 內褲 600 元以下。

(3) 襯衣 1,500~2,500 元。

(4) 機能性 / 調整型束衣褲 600 元以下。

(5) 衛生衣 600 元以下。

(6) 睡衣 600 元以下。

(7) 配件（襪子）600~1,500 元。

2. 在女性內衣買場分類中，請依個人選購喜好或便利性：機能性（托高、集中、運動、按摩）最受歡迎。

家用 / 家電專區

D1在家用 / 家電買場的分類中，請依個人選購喜好或便利性	群體意願或感覺程度
1. 以大家電 / 小家電 / 寢具 / 家用品 / 香氛 / 雜貨區分	0.52
2. 以客廳 / 臥室 / 浴室 / 廚房 / 餐廳區分	0.48

D2您會在百貨公司購買的家電	品牌	價格	產品多樣化	促銷回饋多	環保節能	有專業選購及維修服務
1. 影音電器（音響 TV、攝影機等）	0.31	0.27	0.10	0.14	0.03	0.16
2. 電腦及周邊設備（ipod 等）	0.29	0.28	0.09	0.14	0.05	0.15
3. 通訊電器（手機、電話等）	0.25	0.25	0.11	0.15	0.06	0.18
4. 生活電器（冷暖氣、空氣清淨機等）	0.23	0.23	0.12	0.13	0.12	0.18
5. 健康電器（按摩器、血壓計等）	0.22	0.25	0.12	0.15	0.06	0.19
6. 廚房電器（電鍋、淨水器、冰箱等）	0.20	0.21	0.10	0.20	0.13	0.16

由 D1~D2 分析可知以下結果：

1. 家用 / 家電買場分類中，個人選購喜好或便利性以商品或功能區分並無顯著差異。

2. 您會在百貨公司購買的家電：

(1) 影音電器（音響 TV、攝影機等）：品牌。

(2) 電腦及周邊設備（ipod 等）：品牌價格。

(3) 通訊電器（手機、電話等）：品牌價格。

(4) 生活電器（冷暖氣、空氣清淨機等）品牌價格。

(5) 健康電器（按摩器、血壓計等）：價格品牌。

(6) 廚房電器（電鍋、淨水器、冰箱等）：價格品牌。

而環保節能是消費者最不重視的。

餐廳小吃專區

E1請問您認為不同餐廳類型吸引你前去用餐的原因	知名度高的品牌	用餐環境	價位合理	品項選擇豐富
1. 港式飲茶	0.16	0.30	0.33	0.21
2. 中式料理	0.15	0.32	0.35	0.18
3. 越泰 / 緬印式料理	0.18	0.27	0.34	0.21
4. 美歐餐廳	0.19	0.35	0.29	0.17
5. 日韓料理	0.20	0.31	0.32	0.17
6. 自助式多國料理	0.15	0.29	0.30	0.26

由 E1 分析可知以下結果：

顧客認為不同餐廳類型吸引顧客前去用餐的原因：用餐環境、價位合理。這在 6 類型餐廳的結果都是一樣。而知名度高的品牌在吸引顧客前去用餐的原因關係不大。

Food Market 專區

F1請問什麼原因，您會至百貨公司的超市購物	群體意願或感覺程度
1. 食品豐富齊全，一次購足	0.20
2. 新鮮安心的生鮮食品	0.17
3. 有驚喜促銷活動	0.18
4. 舒適的購物環境	0.17
5. 至百貨購物，順道採購食品	0.17

F2您會在百貨公司購買的食品及考量	品牌	價格	產品多樣化	促銷活動多
A. 中式點心（奶油酥餅／桂圓糕等）	0.22	0.35	0.24	0.19
B. 西式點心（起士蛋糕／巧克力／布丁等）	0.22	0.29	0.29	0.21
C. 日韓式點心（麻糬／和果子等）	0.23	0.27	0.25	0.25
D. 臺式茶點滷味（煙燻滷味／豆乾等）	0.23	0.27	0.27	0.22
E. 茶葉咖啡菸酒（烏龍茶／普洱等）	0.26	0.27	0.23	0.24
F. 營養美容南北貨（燕窩／人參／珍珠粉等）	0.27	0.28	0.19	0.26

由 F1~F2 分析可知以下結果：

顧客會至百貨公司超市購物的原因？ 5 大選項：1. 食品豐富齊全 一次購足，2. 新鮮安心的生鮮食品，3. 有驚喜促銷活動，4. 舒適的購物環境，5. 至百貨購物順道採購食品，群體意願或感覺程度隸屬度函數並無顯著差異。

在百貨公司購買的食品及考量：

A. 中式點心（奶油酥餅／桂圓糕等）以價格為最大考量，促銷活動考量最小。

B. 西式點心（起士蛋糕／巧克力／布丁等）以價格產品多樣化為主要考量。

C. 日韓式點心（麻糬／和果子等）品牌價格產品多樣化、促銷活動多，考量程度類似。

D. 臺式茶點滷味（煙燻滷味／豆乾等）品牌價格產品多樣化、促銷活動多，考量程度類似。

E. 茶葉咖啡菸酒（烏龍茶／普洱等）：品牌價格產品多樣化，促銷活動多，考量程度類似。

F. 營養美容南北貨（燕窩／人參／珍珠粉等）以價格為最大考量，產品多樣化考量最小。

百貨商場吸引消費者區域及原因（可複選）

表 4.21 為百貨商場吸引消費者區域之原因最高得票。

表 4.21　商場最吸引消費者區域之原因最高得票

各家百貨 ＼ 品項	1.流行女裝區	2.美妝保養品區	3.生活超市	4.家用家電區	5.3C圖書文具等專門業種	6.餐廳區	7.內衣區	8.男裝區	9.童裝區	10.牛仔區	11.運動用品區	12.男鞋區	13.女鞋區	14.包包區	15.國際精品區
A百貨公司	1	2	2			1		1			2	2	1	1	1
B百貨公司				2			2		2	2					
C百貨公司															
D百貨公司					2										
E百貨公司															
F百貨公司					2										

原因：1.商品符合品味，2.品牌齊全，3.服務親切，4.區域裝潢風格，5.逛街動線順暢

吸引消費者區域及原因：

六家百貨公司中，消費者投票最高的百貨公司爲 A 百貨，有 10 項奪魁（流行女裝區、美妝保養品區、生活超市、餐廳、男裝區、運動用品區、男鞋區、女鞋區、包包區、國際精品區），次爲 B 百貨公司有 4 項奪魁（家用家電區、內衣區、童裝區、牛仔區），奪魁的原因大都是：1 = 商品符合品味或 2 = 品牌齊全。D 百貨公司與 F 百貨公司在 3C 圖書文具等專門業種奪魁的原因是 2 = 品牌齊全。

比較吸引消費者區域及原因，可發現總得票數之排行則爲：1.A 百貨（974）；2.B 百貨公司（810）；3.D 百貨公司（684）；4.F 百貨公司（530）；5.C 百貨公司（478）；6.E 百貨公司（408）。

若從個別百貨公司的資料橫斷面來比較：

1. A 百貨在家用家電區相對其他商品區沒那麼強。

2. B 百貨公司在家用家電區方面相對其他商品區沒那麼強。

3. C 百貨公司在生活超市方面相對其他商品區較受歡迎，內衣區、國際精品區、包包區相對弱。

4. D 百貨公司在餐廳方面較受歡迎，牛仔區相對弱。

5. E 百貨公司在美妝保養品區方面相對其他商品區較佳，流行女裝區、男鞋區、女鞋區、生活超市、男裝區、運動用品區、餐廳相對弱。

6. F 百貨公司在 3C 圖書文具等專門業種方面較受歡迎，美妝保養品區、國際精品區相對弱。

爲了更清楚比較百貨公司在各商區得票總數（不分原因爲：1. 商品符合品味，2. 品牌齊全，3. 服務親切，4. 區域裝潢風格，5. 逛街動線順暢），我們將各商區得票總數列出如表 4.22：

表 4.22　各商區得票總數

品項 百貨公司	1. 流行女裝區	2. 美妝保養品區	3. 生活超市	4. 家用家電區	5. 3C圖書文具等專門業種	6. 餐廳	7. 內衣區	8. 男裝區	9. 童裝區	10. 牛仔區	11. 運動用品區	12. 男鞋區	13. 女鞋區	14. 包包區	15. 國際精品區
A 百貨	91	74	84	56	53	96	58	59	36	57	70	40	70	53	76
B 百貨	64	73	54	64	45	61	65	40	39	51	55	49	54	55	41
C 百貨	44	23	63	35	39	38	17	46	18	23	40	24	30	19	20
D 百貨	39	36	55	42	56	105	24	41	37	32	50	36	35	49	47
E 百貨	20	38	21	23	26	28	25	25	24	34	36	20	27	37	24
F 百貨	36	22	53	40	71	48	25	24	20	20	45	43	38	25	20

本項調查結果內容以來店意願為主，以三維票選方式進行計票，尚無考慮進行滿意度指標分析與整體滿意度比較。但是他山之石可以攻錯，藉著消費者對目前高雄區域市場主要百貨公司觀感，我們可得到一些經營管理很好的實務反映與比較參考，以供未來經營發展的決策。

交叉分析研究與討論

至於消費群品味與趨勢（主打商品特性，市場區隔）則考慮經由交叉分析，模糊類別資料之卡方 χ^2 齊一性檢定

若從選項隸屬度來考慮，類別資料的單位是可再分割的。例如當我們被問到對公司某項新措施滿意度時，可能是 0.7 滿意、0.3 非常滿意的模糊樣本。此時傳統 χ^2 檢定便無法處理此類別資料問題。為了解決此問題，因此我們提出模糊類別資料之卡方 χ^2 檢定過程如下：

離散型模糊母體均數齊一性檢定：

1. 樣本：設 Ω 為一論域，令 $\{L_j, j = 1, ..., k\}$ 為布於論域 Ω 上的 k 個語言變數，$\{a_1, a_2, ..., a_m\}$ 與 $\{b_1, b_2, ..., b_n\}$ 來自兩不同模糊母群體 A, B 之兩組模糊隨機樣本。且對每個隨機樣本對應語言變數 L_j 均有一標準化之隸屬度 mA_{ij}, mB_{ij}。
$MA_j = \sum_{i=1}^{m} mA_{ij}$，$MB_j = \sum_{i=1}^{n} mB_{ij}$，為樣本對語言變數 L_j 之隸屬度總和。

2. 事先假設：$H_0 : F\mu_A = {}_F F\mu_B$，$A$，$B$ 兩母體有相同之分配比率。

$$F\mu_A = \frac{\frac{MA_1}{m}}{L_1} + \frac{\frac{MA_2}{m}}{L_2} + ... + \frac{\frac{MA_k}{m}}{L_k} \text{ v.s } F\mu_B = \frac{\frac{MB_1}{n}}{L_1} + \frac{\frac{MB_2}{n}}{L_2} + ... + \frac{\frac{MB_k}{n}}{L_k}$$

3. 統計量：$\chi^2 = \sum_{i=A,B} \sum_{j=1}^{k} \frac{([Mi_j] - e_{ij})^2}{e_{ij}}$（$e_{ij}$ 為期望次數，為了符合軟體計算 χ^2 檢定要求，我們表格之各細胞隸屬度總和用四捨五入以取得整數值。對於樣本數大於 25 個之模糊樣本，其結果對決策影響並不大）。

4. 決策法則：在 α 顯著水準下，若 $\chi^2 > \chi^2_\alpha(k - 1)$，則拒絕 H_0。

交叉分析項目：對不同性別、不同年齡層、不同學歷、不同職業、不同月收入或月消費支出，分別對：B. 鞋子專區（買鞋原因）、C. 女性內衣專區（內衣分類）、D. 家用／家電專區（買場分類）、F. 餐廳小吃專區（日韓料理）、

E.Food Market 專區（購物原因），以模糊 fuzzy 卡方檢定進行顯著性差異分析（$\alpha = 0.1$）。表 4.23 為模糊 fuzzy 卡方檢定進行顯著性差異分析結果。

表 4.23　以模糊 fuzzy 卡方檢定進行顯著性差異分析

	鞋子專區（買鞋原因）	女性內衣專區（內衣分類）	家用／家電專區（買場分類）	餐廳小吃專區（日韓料理）	Food Market專區（購物原因）
性別	顯著差異	-	無顯著差異	無顯著差異	顯著差異
年齡層	無顯著差異	無顯著差異	無顯著差異	無顯著差異	無顯著差異
職業	無顯著差異	無顯著差異	無顯著差異	無顯著差異	無顯著差異
月消費支出	無顯著差異	無顯著差異	顯著差異	顯著差異	無顯著差異

　　為了讓讀者進一步了解受訪者背景與各區之顯著性差異，我們將有顯著差異之檢定及較重要之項目，做一列表說明。

問題 1

齊一性檢定		1	2	3	4	5	
H_0：性別對什麼原因會至百貨公司買鞋動機無差異	女	79.2 (24.3%)	71.2 (21.8%)	62.4 (19.1%)	92.5 (28.3%)	21.2 (6.49%)	$\chi^2=8.5$ $> 7.78 = \chi^2_{0.1}(4)$ 拒絕 H_0
	男	45.5 (27.1%)	22.7 (13.5%)	31.0 (18.5%)	63.0 (37.5%)	5.7 (3.4%)	

問題 2

齊一性檢定	1	2	3	4	5	
H_0：年齡層對女性內衣賣場分類中無差異	18-25	17.4	9.5	7.0	13.0	12.2
	26-35	24.3	14.3	15.4	14.9	25.2
	36-45	25.7	13.4	15.2	16.1	20.7
	46-55	14.7	10.6	7.2	11.5	14.2

$\chi^2=3.49$ $< 18.5=\chi^2_{0.1}(12)$ 接受 H_0

問題 3

齊一性檢定		1	2	
H_0：年齡層在家用／家電賣場的分類中無差異	18-25	44.5	46.5	$\chi^2 = 0.96$ $< 6.25 = \chi^2_{0.1}(3)$ 接受 H_0
	26-35	73.6	63.4	
	36-45	62.1	52.3	
	46-55	43.1	42.9	

問題 4

齊一性檢定		1	2	
H_0：月消費支出在家用／家電賣場的分類中無差異	2 萬 -	97.8 (52.2%)	88.6 (47.4%)	$\chi^2 = 7.19$ $> 6.35 = \chi^2_{0.1}(3)$ 拒絕 H_0
	2-4 萬	98.9 (45.8%)	117.1 (54.2%)	
	4-7 萬	45.2 (64%)	25.8 (35.8%)	
	7 萬 +	10.9 (41.9%)	15.1 (58.1%)	

問題 5

齊一性檢定		1	2	3	4	
H_0：月消費支出在什麼原因會至百貨公司餐廳小吃（日韓料理）無差異	2 萬 -	26.3 16.9%)	54.6 (35.1%)	51.5 (33.15)	23.3 (15%)	$\chi^2 = 14.89$ $> 14.68 = \chi^2_{0.1}(9)$ 拒絕 H_0：
	2-4 萬	43.3 22.8%)	83.5 (44%)	40.9 (21.5%)	22.2 (11.7%)	
	4-7 萬	10.1 16.8%)	18.1 (30.2%)	23.3 (38.8%)	8.5 (14.2%)	
	7 萬 +	6.8 (27.1%)	6.0 (24%)	9.2 (36.7%)	3.1 (12.4%)	

問題 6

齊一性檢定		1	2	3	4	5	
H_0：性別對至百貨公司的超市購物動機無差異	女	85.2 (34%)	72 (20.5%)	75.2 (21.4%)	50.5 (14.4%)	68.0 (19.4%)	$\chi^2 = 8.2$ $> 7.78 = \chi^2_{0.1}(4)$ 拒絕 H_0
	男	31.1 (28.9%)	31.2 (20.7%)	29.3 (19.5%)	37.2 (24.7%)	21.6 (14.4%)	

問題 7

齊一性檢定		1	2	3	4	5	
H_0：年齡層對會至百貨公司超市動機無差異	18-25	16.4	18.8	21.1	22.1	16.9	$\chi^2 = 0.41$ $< 18.5 = \chi^2_{0.1}(12)$ 接受 H_0
	26-35	28.6	30.8	27.7	29.2	22.1	
	36-45	25.8	23.0	24.8	23.2	20.1	
	46-55	19.0	16.7	20.3	14.0	16.8	

問題 8

齊一性檢定		1	2	3	4	5	
H_0：月消費支對會至百貨公司超市無差異	2 萬 -	30.8	37.2	42.5	44.3	33.6	$\chi^2 = 5.3$ $< 18.5 = \chi^2_{0.1}(12)$ 接受 H_0
	2-4 萬	47.4	42.3	42.0	40.8	38.1	
	4-7 萬	15.4	18.2	11.8	13.0	12.8	
	7 萬 +	5.5	4.3	6.2	4.6	4.4	

問題 9

齊一性檢定		1	2	3	4	5	
H_0：女性職業對至百貨公司超市動機無差異	公教	17.1	20.0	18.1	11.7	19.2	$\chi^2 = 0.74$ $< 13.4 = \chi^2_{0.1}(8)$ 接受 H_0
	商	19.2	15.5	14.3	19.0	17.1	
	主婦	8.7	10.6	9.2	10.1	8.3	

附表 4.1　樂觀量表

　　請就符合你的狀況回答。回答時請以分配的方式作答，在每一個陳述句後面，選擇符合你狀況的選項，可以是一種、兩種、三種、四種或五種，再以「1」做分配，填入適合比例分配，請注意，每一題的分配加起來都要是「1」。例如陳述句為「我是健康的」，您若覺得，你有時符合「不同意」，但有時符合「非常同意」，則您可能的填法如下：

	非常不同意	不同意	普通	同意	非常同意
我是健康的		0.3			0.7

樂觀問項	非常不同意	不同意	普通	同意	非常同意
1. 在不確定的時刻，我通常是做最好的打算。					
2. 如果有什麼事情可對我不利，其結果真的對我不利。					
3. 看事情，我總是看光明的一面。					
4. 對我自己的前途，我總是樂觀的。					
5. 我幾乎從不期望事情如我所願。					
6. 事情發展的結果，從來就沒有符合我的需求。					
7. 我相信否極泰來，塞翁失馬，焉知非福的觀念。					
8. 我極少期望好事會降臨在我身上。					

附表 4.2　臺北市長選民投票意向問卷

臺北市長選民投票意向問卷

您好，我們正在作有關臺北市長選民投票意向為主題的研究，可不可以耽誤您一些時間請您回答以下幾個問題，謝謝！

1. 就 A、B、C 三位臺北市長候選人的政治表現來看，現在請您評分，假設評分的標準為 0 至 10，0 分表示很不滿意，10 分表示很滿意，5 分表示普通：

    (1) 請問您會給 A 的政治表現幾分？＿＿＿＿＿＿＿

    (2) 請問您會給 B 的政治表現幾分？＿＿＿＿＿＿＿

    (3) 請問您會給 C 的政治表現幾分？＿＿＿＿＿＿＿

2. 就 A、B、C 三位臺北市長候選人各自所建立的政治形象來看，

    (1) 請問您會給 A 所建立的政治形象幾分？＿＿＿＿＿＿＿

    (2) 請問您會給 B 所建立的政治形象幾分？＿＿＿＿＿＿＿

    (3) 請問您會給 C 所建立的政治形象幾分？＿＿＿＿＿＿＿

3. 就 A、B、C 三位臺北市長候選人各自發表的政見來看，

    (1) 請問您會給 A 所發表的政見幾分？＿＿＿＿＿＿＿

    (2) 請問您會給 B 所發表的政見幾分？＿＿＿＿＿＿＿

    (3) 請問您會給 C 所發表的政見幾分？＿＿＿＿＿＿＿

4. 就 A、B、C 三位臺北市長候選人各自所屬的黨派，給予您的印象來看，

    請問您會給國民黨幾分？＿＿＿＿＿＿給民進黨幾分？＿＿＿＿＿＿給新黨幾分？＿＿＿＿＿＿

5. 影響您的投票決定的下面四個因素中：

    (1) 候選人的政治表現 (2) 競選所發表的政見 (3) 所建立的政治形象 (4) 所屬黨派。

    　　請問哪一個因素最重要＿＿＿＿＿　第二重要＿＿＿＿＿　第三重要＿＿＿＿＿

    　　第四重要＿＿＿＿＿。

    (5) 如果明天就是臺北市長選舉投票日，請問您會不會去投票？

    　　會①＿＿＿＿＿　不會②＿＿＿＿＿　不知道③＿＿＿＿＿。

    (6) 如果明天就是臺北市長選舉投票日，就 A、B、C 三位臺北市長候選人，請問您的選票最有可能投給哪位候選人？

    　　① A＿＿＿＿＿　② B＿＿＿＿＿　③ C＿＿＿＿＿　④不知道。

．個人資料：

(1) 請問您是民國哪一年出生？＿＿＿＿＿＿　性別：男＿＿＿＿＿＿、女＿＿＿＿＿＿。

(2) 請問您的最高學歷是什麼：國小、國中、高中職、專校、大學、碩士、博士。

．省籍：請問您的父親是本省客家人＿＿＿＿＿＿、本省閩南（河洛）人＿＿＿＿＿＿、大陸各省市人＿＿＿＿＿＿、原住民＿＿＿＿＿＿。

．戶籍：請問您的戶籍是在臺北市＿＿＿＿＿＿區。

我們的訪問就到此結束，謝謝您接受我們的訪問。

附表 4.3　商圈市場研究計劃調查問卷

　　請就符合你的狀況回答。回答時請以分配的方式作答，在每一個陳述句後面，選擇符合你狀況的選項，可以是一種、兩種、三種、四種或五種。例如陳述句爲「百貨公司會吸引你特別想去的原因爲何？」，請您按意願或感覺，以「1」做分配的方式作答，意願或感覺程度較高就寫較高係數，再以「1」做分配，填入適合比例分配。例如您可能的填法如下：

例一

□A1你會因為什麼原因，而來到左營高鐵商圈	意願或感覺程度
1. 工作需求	0
2. 家住附近	0.2
3. 轉乘必需（高鐵、台鐵、公車或自用車）	0
4. 赴聚餐邀約	0.1
5. 有好逛的商場	0.7

例二

□D2請問您可接受不同功能鞋子的價格	1,500以下	1,500~3,000	3,000~5,000	5,000~8,000	8,000以上
1. 工作需要	0.6	0.4			
2. 參加正式場合（例如：婚宴）				0.8	0.2
3. 休閒穿著要舒適		1			
4. 居家穿著	0.8	0.2			
5. 流行			0.7	0.3	

來商圈意願與動機

□A1你會因為什麼原因，而來到左營高鐵商圈	意願或感覺程度
1. 工作需求	
2. 家住附近	
3. 赴聚餐邀約	
4. 有好逛的商場	
5. 交通方便或轉乘必需（高鐵、臺鐵、公車或自用車）	

□A2百貨公司會吸引你特別想去的原因	意願或感覺程度
1. 豐富商品內容	
2. 選擇多樣的餐廳	
3. 多樣的休閒娛樂功能	
4. 多元豐富的藝文活動（展覽、簽唱會、發表會等）或課程	
5. 有特惠活動或折扣優惠	
6. 自在舒適的購物環境	

□A3在百貨公司，您對什麼商品類別最感興趣	意願或感覺程度
1. 符合自己品味的流行服飾區	
2. 完整的美妝保養品區	
3. 機能佳的生活超市	
4. 選擇多元的家用家電區	
5. 具品味的 3C ／圖書文具等專門業種	
6. 富特色的餐飲食品	

□A4 您去逛一家百貨公司的時機	意願或感覺程度
1. 與家人同逛	
2. 與朋友同逛	
3. 單獨前往	
4. 商品需要	

鞋子專區

□B1在鞋區買場的分類中，請依個人選購喜好或便利性	意願或感覺程度
1. 以工作鞋／休閒鞋／名品鞋／宴會鞋／居家鞋 區分	
2. 以品牌區分	

□B2請問什麼原因，您會至百貨公司買鞋	意願或感覺程度
1. 工作場合需要	
2. 參加正式場合（例如：婚宴）	
3. 流行吸引	
4. 休閒穿著要舒適	
5. 居家穿著	

□B3請問您對不同功能鞋子可接受的價格	1,500以下	1,500~3,000	3,000~5,000	5,000~8,000	8,000以上
1. 工作場合需要					
2. 參加正式場合（例如：婚宴）					
3. 流行鞋款					
4. 休閒穿著要舒適					
5. 居家穿著					

女性內衣專區（男性不需回答）

□C1請問您對於女性於內衣區可接受的價格	600以下	600~1,500	1,500~2,500	2,500~4,000	4,000以上
1. 胸罩					
2. 內褲					
3. 襯衣					
4. 機能性/調整型束衣褲					
5. 衛生衣					
6. 睡衣					
7. 配件（襪子）					

□C2在女性內衣買場分類中，請依個人選購喜好或便利性	意願或感覺程度
1. 風格款式（浪漫、素面、蕾絲）	
2. 機能性（托高、集中、運動、按摩）	
3. 罩杯款式（全罩、2/3 罩、1/2 罩）	
4. 顏色	
5. 品牌	

家用 / 家電專區

□D1在家用 / 家電買場的分類中，請依個人選購喜好或便利性	意願或感覺程度
1. 以大家電 / 小家電 / 寢具 / 家用品 / 香氛 / 雜貨區分	
2. 以客廳 / 臥室 / 浴室 / 廚房 / 餐廳區分	

□D2您會在百貨公司購買的家電	品牌	價格	產品多樣化	促銷回饋多	環保節能	有專業選購及維修服務
1. 影音電器（音響 TV、攝影機等）						
3. 電腦及周邊設備（ipod 等）						
4. 通訊電器（手機、電話等）						
5. 生活電器（冷暖氣、空氣清淨機等）						
6. 健康電器（按摩器、血壓計等）						
7. 廚房電器（電鍋、淨水器、冰箱等）						

餐廳小吃專區

□E1請問您認為不同餐廳類型吸引你前去用餐的原因	知名度高的品牌	用餐環境	價位合理	品項選擇豐富
1. 港式飲茶				
2. 中式料理				
3. 越泰 / 緬印式料理				
4. 美歐餐廳				
5. 日韓料理				
6. 自助式多國料理				

Food Market 專區

□**F1**請問什麼原因，您會至百貨公司的超市購物	意願或感覺程度
1. 食品豐富齊全，一次購足	
2. 新鮮安心的生鮮食品	
3. 有驚喜促銷活動	
4. 舒適的購物環境	
5. 至百貨購物，順道採購食品	

□**F2**您會在百貨公司購買的食品及考量	品牌	價格	產品多樣化	促銷活動多
A. 中式點心（奶油酥餅／桂圓糕等）				
B. 西式點心（起士蛋糕／巧克力／布丁等）				
C. 日韓式點心（麻糬／和果子等）				
D. 臺式茶點滷味（煙燻滷味／豆乾等）				
E. 茶葉咖啡菸酒（烏龍茶／普洱等）				
F. 營養美容南北貨（燕窩／人蔘／珍珠粉等）				

美麗港都～購物天堂！高雄百貨商場吸引消費者區域及原因（可複選）

	1.流行女裝區	2.美妝保養品區	3.生活超市	4.家用家電區	5.3C圖書文具等專門業種	6.餐廳	7.內衣區	8.男裝區	9.童裝區	10.牛仔區	11.運動用品區	12.男鞋區	13.女鞋區	14.包包區	15.國際精品區
漢神百貨															
新光三越															
大立百貨															
夢時代															
太平洋 SOGO															
大遠百															
原因 1.商品符合品味 2.品牌齊全 3.服務親切 4.區域裝潢風格 5.逛街動線順暢															

問題與思考

4.1 試設計一份簡要模糊問卷調查，並詳細說明：(1) 離散模糊數；(2) 連續模糊數其填答方式。

4.2 設區間 $\{[a_i, b_i] | a_i, b_i \in R, i = 1, 2, ...10\}$ 表示 10 位新鮮人可接受的薪資範圍，單位為萬元。$I_1 = [2.5, 3.5]$，$I_2 = [2.5, 3]$，$I_3 = [3.5, 4]$，$I_4 = [2, 3]$，$I_5 = [3, 4]$，$I_6 = [5, 5.5]$，$I_7 = [4, 4.5]$，$I_8 = [3, 3.5]$，$I_9 = [5.5, 6]$，$I_{10} = [2.3, 3]$。
   試計算社會新鮮人就業薪資之模糊樣本均數、模糊樣本均數與模糊樣本眾數。

4.3 題庫試題難度預估。在編製題庫試題過程中，選取 12 位專家以 $S_1, S_2, ..., S_{12}$ 表示，請他們憑藉著專業與經驗，預估某一試題難易隸屬度，利用 $\{L_1, L_2, L_3, L_4, L_5\}$ 分別表示 { 極難、難、中等、容易、極容易 }。此 12 位專家對該題難易度預測之隸屬度如下表所示。試計算試題難度傳統眾數與模糊眾數。

試題難易度預測之隸屬度

專家 ＼ 難度變數	L_1= 極難	L_2= 難	L_3= 中等	L_4= 容易	L_5= 極容易
1	0.5	0.4	0.1		
2			0.4	0.6	
3		0.6	0.4		
4			0.4	0.6	
5	0.4	0.6			
6				0.1	0.9
7			0.4	0.6	
8			0.4	0.6	
9		0.4	0.6		
10			0.1	0.1	0.8
11	0.6	0.4			
12			0.4	0.6	
Total	1.5	2.8	3.4	2.6	1.7

4.4 某公司於近日擬定進行投資計劃,於是聘請五位投資顧問專家進行投資策略分析,五位專家分別對於投資金額提出建議如下(金額單位:千萬元),試求模糊樣本中位數。

5 位專家分別對於投資金額提出建議

	A	B	C	D	E
建議投資金額	1~2	4~7	3~8	5~9	16~20
c_i	1.5	5.5	5.5	7	18
l_i	2	3	5	4	4

Chapter

05

模糊估計

在傳統的統計推論方法中，為了解未知母體參數值，我們常藉由一些評估準則，找出適當的統計量來對母體參數進行估計。平均數是了解母體集中趨勢最重要的母體參數之一，我們常以其不偏估計量，亦即樣本平均數來估計。然而，在日常生活中，母體平均數常為帶有模糊、不確定性的語意變數，或為一可能區間，傳統的估計量評估準則及估計方法便無法適用於此種情形。

本章嘗試以軟計算方法，配合模糊理論，提出對模糊母體平均數估計方法。同時，針對模糊參數之估計量，我們提出適當可行的評判準則，希望藉此能找出模糊參數的最佳估計量。最後，我們將此最佳估計量應用於模擬資料以及實證資料。

5.1　模糊母體均數

假設隨機變數 X 的母體機率密度函數為 $f(x|\theta)$，其中 θ 為未知的參數。為了估計這未知參數，我們從母體中隨機抽取一組樣本，得到觀測值為 $x_1, x_2, ..., x_n$。利用點估計方法算出一估計式（estimator），以 $\hat{\theta}$ 表示。再將觀測值 $x_1, x_2, ..., x_n$ 代入估計式中得到一數值，稱此數值為參數 θ 的估計值。

點估計就是指從母體抽取隨機樣本，經由樣本統計量來估計母體的參數。較常用的估計方法有：(1) 最大概似法（maximum likelihood method）；(2) 動差法（moment method）。

定義 5.1　離散型模糊母體均數（Fuzzy population mean for discrete type）

設 U 為一論域，令 $L = \{L_1, L_2, ..., L_k\}$ 為布於論域 U 上的 k 個語言變數，$\{x_i = \frac{m_{i1}}{L_1} + \frac{m_{i2}}{L_2} + ... + \frac{m_{ik}}{L_k}, i = 1,2,...,N\}$ 為一模糊數所集合成的母體。模糊母體均數（Fuzzy population mean for discrete type），$F\mu$ 定為：

$$F\mu = \frac{\frac{1}{N}\sum_{i=1}^{N}m_{i1}}{L_1} + \frac{\frac{1}{N}\sum_{i=1}^{N}m_{i2}}{L_2} + ... + \frac{\frac{1}{N}\sum_{i=1}^{N}m_{ik}}{L_k} \tag{5.1}$$

其中 m_{ij} 為第 i 個模糊數相對於 L_i 之隸屬度。

定義 5.2　連續型模糊母體均數（Fuzzy population mean for continuous type）

設 U 為一論域，令 $\{x_i = [a_i, b_i], i = 1, 2, ..., N\}$ 為論域 U 裡的模糊區間所構成的母體，則定義連續型模糊母體均數為：

$$F\mu = [\frac{1}{N}\sum_{i=1}^{N}a_i, \frac{1}{N}\sum_{i=1}^{N}b_i]$$　　　　　（5.2）

對於一組資料 $X_1, X_2, \cdots, X_n$，我們想看其分散程度，通常求樣本變異數 $\frac{1}{n-1}\sum_{i=1}^{n}(X_i - \overline{X})^2$。但對於模糊樣本，其形式為多值或是區間，我們該如何分析資料的離散性（diffusibility）？

本研究對離散型模糊樣本，考慮以相對每一語言變數（或類別尺度）計算其變異數。而由於區間本身就具有離散性，長度越長則離散程度越大，因此我們對連續型模糊樣本不僅要考慮中心點離散度，還需考慮區間長度的分散（spread）程度。

定義 5.3　離散型模糊變異數（Fuzzy variance for discrete type）

設 U 為一論域，令 $L = \{L_1, L_2, ..., L_k\}$ 為布於論域 U 上的 k 個有序變數，而 $\{x_i = \frac{m_{i1}}{L_1} + \frac{m_{i2}}{L_2} + ... + \frac{m_{ik}}{L_k}, i = 1,2,...,N\}$ ，$\sum_{j=1}^{k}m_{ij} = 1$ ，為論域中的母體觀測值，其母體均數 $F\mu = \frac{\mu_1}{L_1} + \frac{\mu_2}{L_2} + ... + \frac{\mu_k}{L_k}$ 。

則離散型模糊母體變異數（Fuzzy population variance for discrete type）定義為：

$$F\sigma^2 = \frac{\frac{1}{N}\sum_{i=1}^{N}(m_{i1} - \mu_1)^2}{L_1} + \frac{\frac{1}{N}\sum_{i=1}^{N}(m_{i2} - \mu_2)^2}{L_2} + ... + \frac{\frac{1}{N}\sum_{i=1}^{N}(m_{ik} - \mu_k)^2}{L_k}$$　　（5.3）

離散型模糊樣本變異數（Fuzzy sample variance for discrete type）定義為：

$$FS^2 = \frac{\frac{1}{n-1}\sum_{i=1}^{n}(m_{i1} - \hat{\mu}_1)^2}{L_1} + \frac{\frac{1}{n-1}\sum_{i=1}^{n}(m_{i2} - \hat{\mu}_2)^2}{L_2} + ... + \frac{\frac{1}{n-1}\sum_{i=1}^{n}(m_{ik} - \hat{\mu}_k)^2}{L_k} \quad (5.4)$$

定義 5.4　連續型模糊變異數（Fuzzy variance for continuous type）

設 U 為一論域，令 $\{x_i = [a_i, b_i], i = 1, 2, ..., N\}$ 為論域 U 裡的模糊區間所構成的母體，其母體均數為 $F\mu = [\mu_l, \mu_u]$；$\{x_i = [a_i, b_i], i = 1, 2, ..., n\}$ 為自論域 U 裡抽出的一組隨機模糊區間樣本，其樣本均數為 $F\overline{X} = [\hat{\mu}_l, \hat{\mu}_u]$。令 $c_i = \dfrac{a_i + b_i}{2}$，$l_i = |b_i - a_i|$，$c = \dfrac{\mu_l + \mu_u}{2}$，$l = [\mu_u - \mu_l]$，$\hat{c} = \dfrac{\hat{\mu}_l + \hat{\mu}_u}{2}$，$\hat{l} = |\hat{\mu}_u - \hat{\mu}_l|$。

則連續型模糊母體變異數（Fuzzy population variance for continuous type）定義為：

$$F\sigma^2 = <\frac{\sum_{i=1}^{N}(c_i - c)^2}{N}, \frac{\sum_{i=1}^{N}(l_i - l)^2}{N}> \quad (5.5)$$

連續型模糊樣本變異數（Fuzzy sample variance for continuous type）定義為：

$$FS^2 = <\frac{\sum_{i=1}^{n}(c_i - \hat{c})^2}{n-1}, \frac{\sum_{i=1}^{n}(l_i - \hat{l})^2}{n-1}> \quad (5.6)$$

式（5.5）、（5.6）右邊第一項表示母體區間中心的離散程度，第二項表示母體（樣本）區間長度的離差程度。

例 5.1

若有 A、B、C 三位受訪者的意見，可表示為模糊數之型式如下：

$$X_A = \frac{0}{L_1} + \frac{0}{L_2} + \frac{0.5}{L_3} + \frac{0.5}{L_4} + \frac{0}{L_5}$$

$$X_B = \frac{0}{L_1} + \frac{0.2}{L_2} + \frac{0.8}{L_3} + \frac{0}{L_4} + \frac{0}{L_5}$$

$$X_C = \frac{0}{L_1} + \frac{0}{L_2} + \frac{0.7}{L_3} + \frac{0.3}{L_4} + \frac{0}{L_5}$$

則其模糊樣本變異數為：

$$FS^2 = \frac{\frac{1}{n-1}\sum_{i=1}^{n}(m_{i1} - \hat{\mu}_1)^2}{L_1} + \frac{\frac{1}{n-1}\sum_{i=1}^{n}(m_{i2} - \hat{\mu}_2)^2}{L_2} + ... + \frac{\frac{1}{n-1}\sum_{i=1}^{n}(m_{ik} - \hat{\mu}_k)^2}{L_k}$$

$$= \frac{0}{L_1} + \frac{0.013}{L_2} + \frac{0.023}{L_3} + \frac{0.063}{L_4} + \frac{0}{L_5}$$

　　此模糊樣本變異數所代表的意義為：「很不滿意」的隸屬度為 0，「不滿意」的隸屬度為 0.01，「無意見」的隸屬度為 0.02，「滿意」的隸屬度為 0.06，「很滿意」的隸屬度為 0。此模糊變異數是一個模糊數，它表現出此訪問調查中，民眾對於「滿意」的程度歧異性較大，而對於「很不滿意」、「很滿意」大家很一致地沒有這方面的感受。亦即是說，我們可藉由模糊變異數相對於各語意變數的隸屬度大小，得知模糊樣本值的一致性。

┌─ 例 5.2 ─

　　表 5.1 為五位商家對店面面寬需求之隸屬度選擇，欲了解此次調查結果的可靠性。

表 5.1　五位受訪者對店面面寬需求之隸屬度選擇

商家	店面面寬	c	l
A	[2,5]	3.5	3
B	[6,10]	8	4
C	[7,12]	9.5	5
D	[3,4]	3.5	1
E	[17,20]	18.5	3

計算模糊樣本變異數如下：

$$FS^2 = <\frac{\sum\limits_{i=1}^{n}(c_i - \hat{c})^2}{n-1}, \frac{\sum\limits_{i=1}^{n}(l_i - \hat{l})^2}{n-1}> = <38.4, 2.3>$$

5.2 模糊母體均數最佳估計方法

對於模糊母體平均數的估計方法，除了前述的模糊樣本均數外，以下我們提出幾個可能的最佳估計方法，並提出可行的估計量評估準則，以比較各估計量之優劣：

模糊最大隸屬度函數估計法

傳統的統計學推論方法中，常藉由求取概似函數的最大值，以獲得未知母體參數的最大概似估計量。類似地，在模糊統計分析中，我們嘗試藉由求取隸屬度函數的最大值來獲得模糊母體均數的估計量。

定義 5.5 離散型模糊最大隸屬度估計量

設 U 為一論域，令 $L = \{L_1, L_2, ..., L_k\}$ 為布於論域 U 上的 k 個有序變數，而

$\{x_i = \dfrac{m_{i1}}{L_1} + \dfrac{m_{i2}}{L_2} + ... + \dfrac{m_{ik}}{L_k}, i = 1,2,...,n\}$，$\sum\limits_{j=1}^{k}m_{ij} = 1$ 為自論域中抽出的一組模糊樣本。

令 $S_j = \dfrac{1}{n}\sum\limits_{i=1}^{n}m_{ij} \cdot I_{ij}$，其中 $I_{ij} = \begin{cases} 1, & \text{若 } m_{ij} = Max(m_{i1}, \cdots, m_{ik}) \\ 0, & \text{若 } m_{ij} \neq Max(m_{i1}, \cdots, m_{ik}) \end{cases}$，則定義離散型模糊

母體均數 $F\mu$ 之模糊最大隸屬度估計量（Fuzzy maximum membership estimator，MM，for fuzzy mean with discrete type $F\mu$）為：

$$F\hat{\mu}_{MM} = \frac{\dfrac{S_1}{\sum S_j}}{L_1} + \frac{\dfrac{S_2}{\sum S_j}}{L_2} + ... + \frac{\dfrac{S_k}{\sum S_j}}{L_k} \tag{5.10}$$

┌ 例 5.3　離散型最大隸屬度估計量應用於教學滿意度調查───

　　針對某學校想了解學生對某老師其教學方式的滿意程度進行調查，若將滿意程度分為：L_1 = 很不滿意、L_2 = 不滿意、L_3 = 普通、L_4 = 滿意、L_5 = 很滿意等五種學校想了解學生對某老師其教學方式的滿意程度。隨機抽取六位學生作調查，每位學生對此老師的滿意程度隸屬度如表 5.2：

表 5.2　六位受訪學生對某老師教學滿意度之隸屬度選擇

學生	很不滿意L_1	不滿意L_2	普通L_3	滿意L_4	很滿意L_5
1	0	0	0	1*	0
2	0	0	0.3	0.7*	0
3	0	0.8*	0.2	0	0
4	0	0	0	0.5*	0.5*
5	0	0	0.4	0.6*	0
6	1*	0	0	0	0

　　將表 5.2 之各學生對滿意度 5 個選項中篩選最大隸屬度者留下，而選項中非最大隸屬度者則給予隸屬度 0，可得表 5.3 如下：

表 5.3　6 位受訪學生對某老師教學滿意度之最大隸屬度

學生	很不滿意	不滿意	普通	滿意	很滿意
1	0	0	0	1	0
2	0	0	0	0.7	0
3	0	0.8	0	0	0
4	0	0	0	0.5	0.5
5	0	0	0	0.6	0
6	1	0	0	0	0
S_j	0.17	0.13	0	0.47	0.08
$S_j / \sum S_j$	0.20	0.16	0	0.55	0.09

其中 $S_1 = \dfrac{0+0+0+0+0+1}{6} \cong 0.17$；

$$S_2 = \frac{0+0+0.8+0+0+0}{6} \cong 0.13 \ ;$$

$$S_3 = \frac{0+0+0+0+0+0}{6} = 0 \ ;$$

$$S_4 = \frac{1+0.7+0+0.5+0.6+0}{6} \cong 0.47 \ ;$$

$$S_5 = \frac{0+0+0+0.5+0+0}{6} \cong 0.08 \ 。$$

由上表可得模糊母體平均數之模糊最大隸屬度估計量為：

$$F\hat{\mu}_{MM} = \frac{0.17/0.85}{L_1} + \frac{0.13/0.85}{L_2} + \frac{0}{L_3} + \frac{0.47/0.85}{L_4} + \frac{0.08/0.85}{L_5}$$

$$= \frac{0.20}{L_1} + \frac{0.16}{L_2} + \frac{0}{L_3} + \frac{0.55}{L_4} + \frac{0.1}{L_5}$$

其代表的含義為：學生對此教師的滿意程度，很不滿意的隸屬度約有 0.2，不滿意的隸屬度約有 0.16，滿意的隸屬度約有 0.55，很滿意的隸屬度約有 0.1。由此例也可看出模糊母體平均數之模糊最大隸屬度估計量較不受離群值影響，例如 x_6，至於散離型模糊樣本的離群值如何定義，則不在本書的探討範圍。

定義 5.6 連續型模糊最大隸屬度估計量

設 U 為一論域，令 $\{x_i = [a_i, b_i], i = 1, 2, ..., n\}$ 為自其中抽出的一組模糊區間樣本，而對應之模糊區間的長度為 $l_i = b_i - a_i$，對應的模糊數中心為 $CF_i = \frac{1}{2}(a_i + b_i)$。對任意的 j，令：

$$M_j = \frac{\sum_{i=1}^{n} I_{[a_i, b_i]}(CF_j)}{n} \ , \tag{5.11}$$

代表 CF_j 相對於 n 個模糊區間數的隸屬度。

若 $M_r = Max(M_i)$, $i = 1, 2, ..., n$，對應於模糊數中心 CF_r，則定義連續型模糊母體平均數 $F\mu = [a, b]$ 的模糊最大隸屬度估計量（Fuzzy maximum membership estimator，MM，for fuzzy mean with continuous type $F\mu$）為：

$$F\hat{\mu}_{MM} = [\hat{a}_{MM}, \hat{b}_{MM}]$$
$$= [median(CF_r) - \frac{1}{2}median(l_i), median(CF_r) + \frac{1}{2}median(l_i)]$$

其中 $median(CF_r)$ 代表具最大隸屬度的所有 CF_r 的中位數，$median(l_i)$ 代表所有 l_i, $i = 1, 2, ..., n$ 的中位數。

例 5.4　連續型模糊最大隸屬度估計量應用於等候時間調查

　　對速食店業者來說，縮短顧客等候時間是非常重要的，不但可提升顧客對服務的滿意度，也可以提升銷售金額。某速食店業者採開放式問卷，隨機抽取 5 位顧客調查他們可忍受的最長等候時間區段，結果如表 5.4：

表 5.4　五位顧客對等候時間之可忍受時間區段（分鐘）

顧客	下限	上限	CF_i	M_i	l_i
1	4	6	5	0.5*	2
2	7	10	8.5	0.17	3
3	2	5	3.5	0.5*	3
4	2	8	5	0.5*	6
5	1	4	2.5	0.5*	3
6	1	2	1.5	0.33	1
F$\bar{x}$	2.83	5.83			

其中各樣本 x_i 之模糊數中心 CF_i 相對於整體資料的隸屬度 M_i 之計算如下：

$$M_1 = \frac{\sum\limits_{i=1}^{n} I_{[a_i, b_i]}(CF_1)}{n}$$

$$= \frac{I_{[4,6]}(5) + I_{[7,10]}(5) + I_{[2,5]}(5) + I_{[2,8]}(5) + I_{[1,4]}(5) + I_{[1,2]}(5)}{6}$$

$$= \frac{3}{6} = 0.5$$

同理，可得：

$$M_2 = \frac{\sum\limits_{i=1}^{n} I_{[a_i, b_i]}(CF_2)}{n} = \frac{1}{6} = 0.17$$

$$M_3 = \frac{\sum\limits_{i=1}^{n} I_{[a_i, b_i]}(CF_3)}{n} = \frac{3}{6} = 0.5$$

$$M_4 = \frac{\sum\limits_{i=1}^{n} I_{[a_i, b_i]}(CF_4)}{n} = \frac{3}{6} = 0.5$$

$$M_5 = \frac{\sum\limits_{i=1}^{n} I_{[a_i, b_i]}(CF_5)}{n} = \frac{3}{6} = 0.5$$

$$M_6 = \frac{\sum\limits_{i=1}^{n} I_{[a_i, b_i]}(CF_6)}{n} = \frac{2}{6} = 0.33$$

M_i 中最大隸屬度為 $0.5 = M_1 = M_3 = M_4 = M_5$，而：

$median\ (CF_r) = median\ (CF_1, CF_3, CF_4, CF_5) = median\ (5, 3.5, 5, 2.5) = 4.25$

$median\ (l_i) = median\ (2, 3, 3, 6, 3, 1) = 3$

故 $F\mu$ 之模糊最大隸屬度估計量為：

$$F\hat{\mu}_{MM} = [4.25 - \frac{3}{2}, 4.25 + \frac{3}{2}] = [2.75, 5.75]$$

　　此估計量代表的含義為，顧客們可忍受的最長等候時間區段中位數在 2.75-5.75 分鐘之間，故若該店店長觀察顧客等候時間超過這個區間，可能就得採取適當的策略，以縮短顧客等候時間，進而提升顧客滿意度及營業銷售金額。同樣地，連續型模糊樣本平均數也容易受到樣本中離群值的影響（例如，$x_2 = [7, 10]$

範圍與大部樣本幾乎沒有交集：$x_4 = [2, 8]$ 雖然涵蓋了可能的樣本平均數區間，但所取的區間又太長），而採連續型模糊最大隸屬度估計量來估計 $F\mu$，一樣也可以避免受到樣本中離群值的影響。

5.3 模糊估計量之評判準則

不偏估計量（unbiased estimator）為評估一個統計量是否合適與準確的重要準則。本節考慮以模糊不偏估計量來評估模糊估計值的效率。在評估前，我們須先給模糊期望值一些較完善之定義。

定義 5.7 離散型母體之模糊期望值

令 $X = \dfrac{X_1}{L_1} + \dfrac{X_2}{L_2} + ... + \dfrac{X_k}{L_k}$ ，為母體中的一模糊隨機變數，其中 X_i 為相對於 L_i 之隨機變數，$0 \le E(X_i) \le 1$，且 $\sum_{i=1}^{k} E(X_i) = 1$。則離散型母體之模糊期望值定義為 $FE(X) = \dfrac{EX_1}{L_1} + \dfrac{EX_2}{L_2} + ... + \dfrac{EX_k}{L_k}$ 。

定義 5.8 連續型母體之模糊期望值

令 $X = [X_l, X_u]$，為母體中的一模糊隨機變數，其中 X_l, X_u 為相對於區間左右端點之隨機變數，$E(X_l) \le E(X_u)$。則連續型母體之模糊期望值定義為 $FE(X) = [EX_l, EX_u]$。

定義 5.9 離散型母體參數之模糊不偏估計量

令 $F\widehat{\theta} = \dfrac{\hat{\theta}_1}{L_1} + \dfrac{\hat{\theta}_2}{L_2} + ... + \dfrac{\hat{\theta}_k}{L_k}$ 為一離散型模糊母體參數 $F\theta = \dfrac{m_1}{L_1} + \dfrac{m_2}{L_2} + ... + \dfrac{m_k}{L_k}$ 之估計量，若 $E(F\widehat{\theta}) = F(\theta)$，則稱 $F\widehat{\theta}$ 為離散型模糊母體參數 $F\theta$ 的一個模糊不偏估計量。

定義 5.10　連續型母體參數之模糊不偏估計量

令 $F\hat{\theta} = [\hat{\theta}_l, \hat{\theta}_u]$ 爲一連續型模糊母體參數 $F\theta = [l, u]$ 之估計量，若 $E(F\hat{\theta})$ $= F(\theta)$，則稱 $F\hat{\theta}$ 爲連續型模糊母體參數 $F\theta$ 的一個模糊不偏估計量。

性質 5.1　設 $F\mu = \dfrac{m_1}{L_1} + \dfrac{m_2}{L_2} + ... + \dfrac{m_k}{L_k}$ 爲一離散型模糊母體均數，則 $F\overline{X}$ 爲 $F\mu$ 之

模糊不偏估計量，而 $F\widehat{\mu}_{MM}$ 則爲 $F\mu$ 之模糊有偏估計量。

證明：若 $\{X_i = \dfrac{m_{i1}}{L_1} + \dfrac{m_{i2}}{L_2} + ... + \dfrac{m_k}{L_k}, i = 1,2,...,n\}$ 爲自具模糊母體均數 $F\mu$ 中所抽

取的一組隨機樣本，則：

$$E(X_i) = \frac{E(m_{i1})}{L_1} + \frac{E(m_{i2})}{L_2} + ... + \frac{E(m_{ik})}{L_k} = \frac{m_1}{L_1} + \frac{m_2}{L_2} + ... + \frac{m_k}{L_k}$$

又

$$F\overline{X} = \frac{\frac{1}{n}\sum_{i=1}^{n} m_{i1}}{L_1} + \frac{\frac{1}{n}\sum_{i=1}^{n} m_{i2}}{L_2} + ... + \frac{\frac{1}{n}\sum_{i=1}^{n} m_{ik}}{L_k}$$

故 $E(F\overline{X}) = \dfrac{E(\frac{1}{n}\sum_{i=1}^{n} m_{i1})}{L_1} + \dfrac{E(\frac{1}{n}\sum_{i=1}^{n} m_{i2})}{L_2} + ... + \dfrac{E(\frac{1}{n}\sum_{i=1}^{n} m_{ik})}{L_k}$

$$= \frac{\frac{1}{n}\sum_{i=1}^{n} E(m_{i1})}{L_1} + \frac{\frac{1}{n}\sum_{i=1}^{n} E(m_{i2})}{L_2} + ... + \frac{\frac{1}{n}\sum_{i=1}^{n} E(m_{ik})}{L_k}$$

$$= \frac{m_1}{L_1} + \frac{m_2}{L_2} + ... + \frac{m_k}{L_k}$$

$$= F\mu$$

證得 $F\overline{X}$ 爲 $F\mu$ 之模糊不偏估計量。

性質 5.2 設一連續型模糊母體平均數為 $F\mu = [l, u]$，則 $F\overline{X}$ 為 $F\mu$ 之模糊不偏估計量，而 $F\hat{\mu}_{MM}$ 則為 $F\mu$ 之模糊有偏估計量。

證明：若 $\{[X_{il}, X_{iu}], i = 1, 2, ..., n\}$ 為自具模糊母體均數 $F\mu$ 中的一組模糊隨機變數，則 $E(X_i) = [E(X_{il}), E(X_{iu})] = [l, u]$，又：

$$F\overline{X} = [\frac{1}{n}\sum_{i=1}^{n} X_{il}, \frac{1}{n}\sum_{i=1}^{n} X_{iu}]$$

$$故\, E(F\overline{X}) = [E(\frac{1}{n}\sum_{i=1}^{n} X_{il}), E(\frac{1}{n}\sum_{i=1}^{n} X_{iu})]$$

$$= [\frac{1}{n}\sum_{i=1}^{n} E(X_{il}), \frac{1}{n}\sum_{i=1}^{n} E(X_{iu})] = [\frac{1}{n}\sum_{i=1}^{n} l, \frac{1}{n}\sum_{i=1}^{n} u] = [l, u]$$

證得 $F\overline{X}$ 為 $F\mu$ 之模糊不偏估計量。

定義 5.11 離散型相對有效（efficient）估計量

令 $F\hat{\theta} = \frac{\hat{m}_1}{L_1} + \frac{\hat{m}_2}{L_2} + ... + \frac{\hat{m}_k}{L_k}$，$F\hat{\hat{\theta}} = \frac{\hat{\hat{m}}_1}{L_1} + \frac{\hat{\hat{m}}_2}{L_2} + ... + \frac{\hat{\hat{m}}_k}{L_k}$ 為兩個離散型模糊母體

參數 $F\theta = \frac{m_1}{L_1} + \frac{m_2}{L_2} + ... + \frac{m_k}{L_k}$ 之估計量。若：

$$d_1(F\hat{\theta}, F\theta) \leq d_1(F\hat{\hat{\theta}}, F\theta)$$

其中 $d_1(A,B) = \frac{1}{\sqrt{n}}\sqrt{\sum_{i=1}^{n}(\mu_A(x_i) - \mu_B(x_i)^2}$ （n = 論域因子集個數）。則稱 $F\hat{\theta}$ 為相對於 $F\hat{\hat{\theta}}$ 之一有效估計量（$F\hat{\theta}$ is more efficient than $F\hat{\hat{\theta}}$）。

模糊假設檢定

　　古典的統計檢定必須陳列明確的假設。比方當我們想檢定兩母體平均數是否有差異時，虛無假設是「兩個平均數相等」。然而，有時我們想要知道的只是兩平均值是否非常逼近，此時傳統的檢定方法並不適用於這種包含不確定性的假設檢定。因此本章提出基於模糊樣本之統計檢定方法，針對模糊均數相等，模糊屬於與卡方齊一性檢定作一詳細探討。

6.1　距離與決策準則

　　在社會科學的分析研究上，特別是當我們欲利用統計參數分析強調統計檢定應用於決策時，在傳統的統計分析中，均數檢定僅是限於單一數值的統計量，無法表現出人類思維及主觀意識的多變性，因此，爲了要將人類思維做更合理且精確的描述，發展模糊均數檢定是迫切需要的。

　　Casals et. al.（1986, 1989）曾以模糊事件表徵的模式爲基礎，來討論統計假設檢定；Saade & Schwarzlander（1990）針對混合資料（hybrid data）提出模糊假設檢定；Miyamoto（1990, p.240）也曾論及模糊假設檢定。但他們對模糊假設檢定方法的構思不但基於資料的隨機不確定性，也包含了資料中的非隨機不確定性。而「兩母體平均數幾乎相等」的假設檢定，只討論包含於假設中的非隨機不確定性，這樣的不確定性不但與資料本身無關，且無法假設於資料上。因此 Casals et. al.（1986, 1989）、Saade & Schwarzlander（1990），甚或貝氏近似所提供的架構，尚無法處理上述的假設檢定。本章將 Neyman & Pearson 設立的古典假設檢定與決策模式擴展，提出了上述模糊假設的模糊統計檢定，而用此方法檢定所得的推斷結論也是模糊（數）的。

　　模糊母體均數統計檢定是一新的研究主題。首先我們考慮將離散型與連續型模糊數的反模糊化。然後根據檢定法則，在模糊檢定水準 α 下，進行單尾或雙尾之模糊母體均數檢定。這裡的模糊檢定水準 α，有別於傳統之檢定水準 α，乃依模糊母體之特性，以更穩健性（robust）之數值考量拒絕區域 F_α。

定義 6.1　模糊區間集合的距離

　　設 A 爲具有隸屬度函數 $\mu_A(x) = f(x)$，支撐 $[a_l, a_u]$ 之模糊區間集合；B 爲具有隸屬度函數 $\mu_B(x) = g(y)$ 支撐 $[b_l, b_u]$ 之模糊區間集合。我們定義三種距離：

$d_1(A, B) = \inf\{|a - b|: a \in A, b \in B\}$，

$d_2(A, B) = \sup\{|a - b|: a \in A, b \in B\}$，

$d_3(A, B) = \inf\{|a_l - b_l|, |a_u - b_u|\}$。

定義 6.2　模糊等於

設 A 為具有隸屬度函數 $\mu_A(x) = f(x)$，支撐 $[a_l, a_u]$ 之模糊區間集合；B 為具有隸屬度函數 $\mu_B(x) = g(y)$ 支撐 $[b_l, b_u]$ 之模糊區間集合。若 $[a_l, a_u] = [b_l, b_u]$，則稱 A 模糊等於 B，寫成 $A =_F B$。無上界區間與無下界區間也雷同。

定義 6.3　模糊屬於

設 A 為具有隸屬度函數 $\mu_A(x) = f(x)$，支撐 $[a_l, a_u]$ 之模糊區間集合；B 為具有隸屬度函數 $\mu_B(x) = g(y)$ 支撐 $[b_l, b_u]$ 之模糊區間集合。 若 $[a_l, a_u] \subset [b_l, b_u]$，則稱 A 模糊屬於 B，寫成 $A \in_F B$。無上界區間與無下界區間也雷同。

6.2　模糊母體均數檢定

令 $F\mu$ 為模糊樣本母體均數，我們欲檢定在模糊檢定水準 α 下，是否接受 $H_0 : F\mu = F\mu_0$ 之假設，其中 $F\mu_0$ 為模糊母體均數。

離散型模糊母體均數檢定方法

1. 樣本：設 Ω 為一論域，令 $\{L_j, j = 1, ..., k\}$ 為布於論域 Ω 上的 k 個語言變數，$\{x_i, i = 1, ..., n\}$ 為一組模糊隨機樣本，且每個樣本 x_i 對應語言變數 L_j 有一標準化之隸屬度 m_{ij}。令 $L_{max} - L_{min}$ 表示相對於語言變數之全距（以 5 等第為例，即為 $5-1 = 4$）。

2. 統計假設：$H_0 : F\mu = F\mu_0$ v.s $H_1 : F\mu \neq F\mu_0$。

3. 統計量：求此組模糊樣本 $\{x_i, i = 1, ..., n\}$ 之模糊樣本均數 $F\overline{X}$。計算樣本均數與母體均數的反模糊化值 $\overline{X}_F$ 與 μ_0。

4. 決策：在模糊檢定水準 α 下，若 $|\overline{X}_F - \mu_0| > \alpha (L_{max} - L_{min})$，則拒絕 H_0。

Note：對於左尾檢定 $H_0：\mu \leq \mu_0$ v.s $H_1：\mu > \mu_0$ 在模糊檢定水準 α 下，決策法則爲：若 $\overline{X}_F - \mu_0 > \alpha (L_{\max} - L_{\min})$，則拒絕 H_0，右尾檢定亦同。

關於連續型模糊樣本，爲了使符號一致，我們直接說 $F\mu$ 等於某區間，而不一定將它反模糊化。

連續型模糊母體均數檢定方法

1. 樣本：設 Ω 爲一具有模糊均數 $[a, b]$ 之論域，令 $\{x_i = [x_{li}, x_{ui}], i = 1, ..., n\}$ 爲一組模糊區間隨機樣本。

2. 統計假設：$H_0：F\mu =_F [a, b]$ v.s $H_1：F\mu \neq_F [a, b]$。

3. 統計量：計算 $F\overline{X} = [\overline{x}_l, \overline{x}_u]$。

4. 決策準則：在模糊檢定水準 α 下，計算 $k = \alpha(b-a)$，若 $|\overline{x}_l - a| > k$ 或 $|\overline{x}_u - b| > k$，則拒絕 H_0。

進行區間相等檢定時，有時會遇到統計量落於事先假設區間內的情況，但是可能由於區間相對過小，得到拒絕等於之結論。因此我們必須考慮模糊屬於檢定，以符合實際需要。

有界樣本的模糊屬於檢定

1. 統計假設：$H_0：F\mu \in_F F\mu_0$ v.s $H_1：F\mu \notin_F F\mu_0$。

2. 統計量：隨機抽取一組模糊樣本 $\{x_i, i = 1, ..., n\}$，計算 $F\overline{X} = [\overline{x}_l, \overline{x}_u]$。

3. 決策：在模糊檢定水準 α 下，計算 $k = \alpha (b - a)$，若 $\overline{x}_l < a-k$ 或 $\overline{x}_u > b + k$ 時，拒絕 H_0。

無下界樣本（sample with no lower bound）的模糊屬於檢定

1. 統計假設：$H_0：F\mu \in_F (-\infty, b]$ v.s $H_1：F\mu \notin_F (-\infty, b]$。

2. 統計量：隨機抽樣一組模糊樣本 $\{x_i, i = 1, ..., n\}$，計算 $F\overline{X} (-\infty, \overline{x}_u]$。

3. 決策：在模糊檢定水準 α 下，令 $k = \alpha b$，若 $x_u > b + k$ 時，拒絕 H_0。

無上界樣本（sample with no upper bound）的模糊屬於檢定

1. 統計假設：$H_0 : F\mu \in_F [a, \infty)$ v.s $H_1 : F\mu \notin_F [a, \infty)$。

2. 統計量隨機抽樣一組模糊樣本 $\{x_i, i = 1, ..., n\}$，計算 $\overline{FX} = [\overline{x_l}, \infty)$。

3. 決策：在模糊檢定水準 α 下，令 $k = \alpha a$，當 $x_l < a - k$ 時，拒絕 H_0。

例 6.1

某農場主人想引進新品種的雞，作為炸雞用途。只要大部分的人試吃後的平均評價在普通以上，他就引進大量繁殖。於是他隨機找了 5 位顧客試吃，然後依語言變數給予隸屬度，得出下表 6.1。

表 6.1 農場主人想引進新品種雞的滿意隸屬度函數

試吃者	1=很不滿意	2=不滿意	3=普通	4=滿意	5=很滿意
A	0	0	0	0.3	0.7
B	0	0	0	0	1
C	0	0.4	0.6	0	0
D	0	0	0	0.8	0.2
E	0.1	0.9	0	0	0

我們將此問題化成假設檢定 $H_0 : \mu_f \leq 3$ v.s $H_1 : \mu_f > 3$。

經計算後可得 $\overline{X}_f = 3.68$. 在模糊檢定水準 $\alpha = 0.1$ 下，$k = 0.1 \cdot (5-1) = 0.4$。因為 $\overline{X}_f - \mu_f = 0.68 > 0.4$，故拒絕 H_0，因此他決定引進該新品種的雞。

例 6.2

某人想開服裝店分店，準備只賣 12 種款式衣服。因為是區域性，故他只找住在想要開店處附近的人士做市場調查。他分別就 12 種款式衣服，隨機各找 10 人，給予 1 至 5 等第的滿意度隸屬度評分。他決定整體平均分數若大於 2.5 則開店，否則放棄開店。經過統計後，得 $\overline{A}_f = 3, \overline{B}_f = 2, \overline{C}_f = 3.1, \overline{D}_f = 2.5, \overline{E}_f = 2.6, \overline{F}_f = 4, \overline{G}_f = 1.2, \overline{H}_f = 2, \overline{I}_f = 1.8, \overline{J}_f = 2.9$，求出：

$$\overline{X}_f = \frac{1}{10}(3+2+3.1+2.5+2.6+4+1.2+2+1.8+2.9) = 2.51$$

在模糊檢定水準 $\alpha = 0.1$ 下，$k = 0.1 \cdot 4 = 0.4$。因 $2.51 - 2.5 = 0.01$，而 $0.01 < 0.4$，因此他決定不開店。

── 例 6.3 ──────────

人力資源部提出現今 20 歲至 26 歲的年輕人要求平均待遇為 2 萬至 4 萬元。主計單位想要檢定此報告是否屬實，於是隨機找 6 位 20 至 26 歲的年輕人調查得到他們要求的待遇分別為：

[3,4], [1.8,2], [2,3], [4,6], [2,2.5], [2.5,3]

統計假設 $H_0 : F\mu =_F [2,4]$ v.s $H_1 : F\mu \neq_F [2,4]$

將 1.8 看成 [1.8,1.8]，根據模糊樣本均數定義可得：

$$F\overline{X} = [\overline{x}_l, \overline{x}_u] = [\frac{3+1.8+2+4+2+2.5}{6}, \frac{4+2+3+6+2.5+3}{6}] = [2.55, 3.42]$$

。在模糊檢定水準 $\alpha = 0.1$ 下，計算 $k = 0.1 \cdot (4-2) = 0.2$。因為 $2.55 > 2 \pm 0.2$, $3.42 < 4 \pm 0.2$，故拒絕人力資源部平均待遇為 2 萬至 4 萬元的說法。

但是 [2.55,3.42] 確實落於 [2,4] 區間，$F\mu \notin_F [2,4]$，也就是說，20 歲至 26 歲的年輕人要求平均待遇區間屬於 2 萬至 4 萬元區間。

── 例 6.4 ──────────

一間公司想讓員工有舒適的工作環境以增加工作效率，只要員工覺得有點熱，空調就啟動。主管認為 29℃ 以上就覺得熱，他不知道是否大家都這麼認為。於是他隨機找 5 位員工來調查，得到 5 個資料：

28 以上，26℃ 以上，30℃ 以上，27℃ 以上，26℃ 以上；亦即 [28, ∞), [26, ∞), [30, ∞), [27, ∞), [26, ∞)

統計假設 $H_0 : \mu =_F [28, \infty)$ v.s $H_1 : \mu \neq_F [28,\infty)$

計算得出 $F\overline{X} = [\overline{x}_l, \overline{x}_u] = [27.4, \infty)$

在模糊檢定水準 $\alpha = 0.05$ 下，計算 $k = 0.05 \cdot 28 = 1.4$。因 $27.4 - 29 = $

−1.6 < −1.4，拒絕受該主管的想法。若可改成 28℃就開啟空調，則 27.4 − 28 = −0.6 > −1.4，可較易被大家接受。

6.3　模糊類別資料之卡方 χ^2 齊一性檢定

卡方齊一性檢定用來決定兩個或兩個以上的母體中，各類別的比例是否齊一之統計檢定方法。我們使用的卡方齊一性檢定統計量為：

$$\chi^2 = \sum_{i=A,B} \sum_{j=1}^{c} \frac{(n_{ij} - e_{ij})^2}{e_{ij}}$$

其中 n_{ij} 表示第 i 組樣本，第 j 類別的觀察次數，e_{ij} 表示在 H_0 下，第 i 組樣本，第 j 類別的期望次數。當 n 夠大時，卡方齊一性檢定統計量 χ^2 會漸近於自由度為（c-1）之 χ^2 分配。因此在顯著水準 α 下，可查得 χ^2 分配之臨界值 $\chi^2_\alpha(c-1)$，若檢定統計量 χ^2 值大於 $\chi^2_\alpha(c-1)$，則拒絕 H_0。

若從選項隸屬度來考慮，類別資料的單位是可再分割的。例如當我們被問到對政府某項施政滿意度時，可能是 0.6 滿意、0.4 非常滿意的模糊樣本。此時傳統 χ^2 檢定便無法處理此類別資料問題。為了解決此問題，因此我們提出模糊類別資料之卡方 χ^2 檢定過程如下：

離散型模糊母體均數齊一性檢定

1. 樣本：設 Ω 為一論域，令 $\{L_j, j = 1, ..., k\}$ 為布於論域 Ω 上的 k 個語言變數，$\{a_1, a_2, ..., a_m\}$ 與 $\{b_1, b_2, ..., b_n\}$ 來自兩不同模糊母群體 A, B 之兩組模糊隨機樣本。且對每個隨機樣本對應語言變數 L_j 均有一標準化之隸屬度 mA_{ij}, mB_{ij}。$MA_j = \sum_{i=1}^{m} mA_{ij}$，$MB_j = \sum_{i=1}^{n} mB_{ij}$，為樣本對語言變數 L_j 之隸屬度總和。

2. 事先假設：$H_0 : F\mu_A =_F F\mu_B$，A, B 兩母體有相同之分配比率。

$$F\mu_A = \frac{\frac{MA_1}{m}}{L_1} + \frac{\frac{MA_2}{m}}{L_2} + ... + \frac{\frac{MA_k}{m}}{L_k} \quad \text{v.s} \quad F\mu_B = \frac{\frac{MB_1}{n}}{L_1} + \frac{\frac{MB_2}{n}}{L_2} + ... + \frac{\frac{MB_k}{n}}{L_k}$$

3. 統計量：$\chi^2 = \sum_{i=A,B} \sum_{j=1}^{k} \dfrac{([Mi_j] - e_{ij})^2}{e_{ij}}$ （e_{ij} 爲期望次數，爲了符合軟體計算 χ^2 檢定要求，我們表格之各細胞隸屬度總和用四捨五入以取得整數值。對於樣本數大於 25 個之模糊樣本，其結果對決策影響並不大）。

4. 決策法則：在 α 顯著水準下，若 $\chi^2 > \chi^2_\alpha(k-1)$，則拒絕 H_0。

區間型模糊母體均數齊一性檢定

1. 樣本：設 Ω 爲一論域，令 $\{L_j, j = 1, ..., k\}$ 爲布於論域 Ω 上的 k 個語言變數，$\{a_1, a_2, ..., a_m\}$ 與 $\{b_1, b_2, ..., b_n\}$ 來自兩不同模糊母群體 A, B 之兩組模糊區間隨機樣本。且對每個隨機樣本對應語言變數 L_j 均有一標準化之隸屬度 mA_{ij}, mB_{ij}。$MA_j = \sum_{i=1}^{m} mA_{ij}$，$MB_j = \sum_{i=1}^{n} mB_{ij}$，爲樣本對語言變數 L_j 之隸屬度總和。

2. 事先假設：$H_0 : {}_F\mu_A = {}_F\mu_B$, A, B 兩母體有相同之分配比率。

3. 統計量：$\chi^2 = \sum_{i=A,B} \sum_{j=1}^{k} \dfrac{([Mi_j] - e_{ij})^2}{e_{ij}}$（$[Mi_j]$ 爲大於 Mi_j 的最小整數，e_{ij} 爲期望次數，爲了符合軟體計算 χ^2 檢定要求，我們表格之各細胞隸屬度總和用四捨五入以取得整數值。）

4. 決策法則：在 α 顯著水準下，若 $\chi^2 > \chi^2_\alpha(k-1)$，則拒絕 H_0。

例 6.5

　　某政黨競選總部在屏東縣長選舉期間分析選情，想了解選民的性別對政黨政營的支持度比率是否相同，於是委託選舉研究中心探討選民的性別對政黨的支持度比率是否有差異，進行兩種問卷調查：(1) 傳統勾選一項，(2) 模糊隸屬度選項。結果如下表 6.2：

表 6.2　選民的性別對政黨政營的支持度

類別	政黨的支持度			χ^2 齊一性檢定	政黨的模糊支持度			χ^2 齊一性檢定
	泛綠	泛藍	其他		泛綠	泛藍	其他	
男性	220	280	100	$\chi^2 = 13.43 > 5.99$ $= \chi^2_{0.05}(2)$	256.3	229.4	114.2	$\chi^2 = 2.41 < 5.99$ $= \chi^2_{0.05}(2)$
女性	180	140	80		151.7	161,2	87.1	

統計假設 H_0：選民的性別對政黨的支持度比率相同。H_1：選民的性別對政黨的支持度比率不相同。

在 $\alpha = 0.05$ 顯著水準下，可以看出選民性別對政黨的支持度比率結果之差異。若應用傳統回答法，則 χ^2 齊一性檢定結果為拒絕 H_0。而若用模糊隸屬度回答，則 χ^2 齊一性檢定結果為接受 H_0。可以觀察出來，用累加模糊隸屬度回答過程中，將隱性隸屬度考慮進去，會造成總隸屬度值與僅投一票方法之差異。

例 6.6

嘉樂福大賣場想比較 X, Y 兩大社區哪一區每月生活費支出較高，以便訂定不同生鮮市場促銷策略。他們在兩大社區各隨機找 50 戶調查。填表過程允許客戶以隸屬度函數代替傳統只能勾選一項。例如客戶可填 3 萬 ~5 萬為 0.7、5 萬 ~8 萬為 0.3 等。再將每戶加總後，得到表 6.3 之情報資料。

表 6.3　X,Y 兩社區每戶每月生活費支出

	3萬以下	3萬~5萬	5萬~8萬	8萬~12萬	12萬以上
X 社區	2.8	10.3	19.7	14.2	5.0
Y 社區	7.1	21.6	20.9	6.8	2.6

統計假設 H_0：X, Y 兩大社區每月支出比率一致，H_1：Y 社區每月生活費支出較 X 社區高。

經計算得到 $\chi^2 = 8.43 > \chi^2_{0.05}(4) = 7.78$，因此在 $\alpha = 0.1$ 顯著水準下，我們拒絕 H_0：X, Y 兩大社區每月支出比率一致。我們傾向說 Y 社區每月生活費支出較 X 社區高。

模糊聚類分析

傳統的統計分類方法乃根據一個適當的統計量，將母體分成若干個族群。但有時由於考慮的變數因子太多，以及基於二分法的邏輯思維，分類效果往往不理想。另外，對論域各因子的權數比重，在傳統的分類方法裡，亦未提及。因此如何應用模糊分類方法，及如何決定權數比重，以期得到更完善的分類效果，便是本章研究的重點。

本章首先介紹模糊分類演算法，接著考慮依隸屬度的觀念定義模糊權重及模糊相對權重，藉因子特性的加重計算，改進傳統聚類方法。並特別強調對於評價因素為多變量時，加入模糊權重的分配與給定，使分類結果更為合理化，提高分類效率與結果。

當統計資料為類別型態時，通常以聚類分析方式處理。聚類分析考慮群體中具有相似特性的族群，將其歸併在一起。在多變量分析與圖形識別（pattern recognition）上，扮演了一個重要的角色。聚類分析的應用，在很多領域中，如財金經濟、生物科技、醫學診斷、地質天文、教育心理、商業、管理等，均受到相當地重視。

近年來模糊群落分析被廣泛地應用在各學科領域。例如，利用模糊群落分析對學生在解答物理問題的想像力上作多因子的評價。在統計推論上，採用模糊分割的理念及可能性理論。對水質作分析，以觀測生物上的大腸桿菌，但因其未加入權重因素，以致調整的次數過大，浪費較多時間在反覆的計算上。亦有學者提出模糊權重相加法則及其註解，但對於權重的如何決定仍未說明，或者仍然沿用過去主觀經驗的定義方式。

7.1　模糊聚類法

給定一組資料 X，聚類分析的目的是找出數個聚類中心，將 X 分成數個適合的聚落。在傳統聚類分析中，這些聚落中心被要求形成 X 的分割，並且使得在相同分割區塊內的資料相關性較強，不同分割區塊的資料之間相關性較弱。

聚類中心依排序情形可分為三種：(1) 有序聚類中心（ordered cluster centroid）：聚類中心的散布呈遞增或遞減之排序狀態。(2) 部分排序聚類中心（partial ordered cluster centroid）：聚類中心的散布只基於某些因素而呈排序情

形。(3) 加權排序聚類中心（weighted ordered cluster centroid）：聚類中心加入權重的因素，使其散布情形依因素與權重排序的狀態。

傳統上我們常用 k 平均法（k-means）進行資料分類，其分類步驟為：(1) 設聚類個數 c，並計算各群之聚類中心。(2) 計算每一樣本到各中心之距離，並將各樣本分配到與其最近的聚類。(3) 重新計算新聚類中心 v_i。(4) 重複步驟 (2) 和 (3)，直到各群沒有重新分配樣本的情形為止。在模糊聚落分析中有兩個基本方法，其中之一依據模糊 c 分類，被稱為模糊 c 平均分類法。另一方法，乃根據模糊等價關係計算，稱為模糊等價關係聚落分類法（Clustering Method Based Upon Fuzzy Equivalence Relation）。底下將介紹這兩種方法，並用例子作說明。

模糊分類法中之模糊 c 平均法，除了須事先指定聚類數 c，另外訂定一個實數 m 和一個代表停止準則的微小正數。與傳統分類法最大的不同在於隸屬度函數與特徵函數的差別。很明顯地，隸屬度函數的值域為介於 0 到 1 之間的所有實數。模糊聚類的意義為：給一組資料 $x = \{x_1, x_2, ..., x_n\}$，將其分類成一組模糊子集 $P = \{P_1, P_2, ..., P_c\}$，且滿足下列條件：

$$\sum_{i=1}^{c} P_i(x_j) = 1 \text{，對所有 } j \in N \text{，且 } 0 < P_i(x_j) < 1 \text{。}$$

例 7.1

令一組資料集 $x = \{x_1, x_2, x_3, x_4\}$，若 $P = \{P_1, P_2\}$ 為 x 的一分割，其隸屬情形如下表：

X 的元素	x_1	x_2	x_3	x_4
屬於 P_1 的隸屬度	0.2	0.9	0.6	0
屬於 P_2 的隸屬度	0.8	0.1	0.4	1

即 $P_1 = 0.2I_{x_1} + 0.9I_{x_2} + 0.6I_{x_3} + 0I_{x_4}$，$P_2 = 0.8I_{x_1} + 0.1I_{x_2} + 0.4I_{x_3} + 1I_{x_4}$。這裡的 $P = \{P_1, P_2\}$ 就是一個模糊 2 分類。

給一組資料的集合 $x = \{x_1, x_2, ..., x_n\}$，一般來說 x_k 是一向量。模糊聚類分析

的目標是找出一組有 c 個聚落中心 $v_1, v_2, ..., v_c$ 的模糊分類 $P = \{P_1, P_2, ..., P_c\}$，這些聚落中心要盡可能清楚表示樣本分布情況。我們需要一些規則來表達此一概念，也就是結果能使同一聚落中的元素有較強關聯，且不同的聚落中的元素關聯性較弱的規則需考慮。因此定義一個模糊 c 分割矩陣 $M_{fc} = \{P \mid \mu_{ij}\}$，$\mu_{ij}$ 表示樣本 j 屬於 i 聚類的隸屬度，且滿足式（7.1）、（7.2）及（7.3）：

$$\mu_{ij} \in [0, 1]; \ i = 1, \cdots, c \ ; j = 1, \cdots, n \ ; \tag{7.1}$$

$$\sum_{i=1}^{c} \mu_{ij} = 1 \ ; j = 1, \cdots, n \ ; \tag{7.2}$$

$$0 < \sum_{j=1}^{n} \mu_{ij} < n \ ; \tag{7.3}$$

則模糊聚類之目標函數為：

$$J_{fc}(P, \ v) = \sum_{j=1}^{n} \sum_{i=1}^{c} (\mu_{ij})^m \left\| x_j - v_i \right\|^2 \ ; \tag{7.4}$$

其中 $1 \leq m < \infty$ 為模糊指數，此加權參數控制著分類過程的模糊性。$\| \cdot \|$ 是在空間中的內積，$\| x_j - v_i \|^2$ 是 x_j 與 v_i 的歐幾里德距離。

在（7.1）、（7.2）及（7.3）的條件下，對（7.4）式求取最小，可得 μ_{ij} 及 v_i 為：

$$v_i = \frac{\sum_{j=1}^{n} (\mu_{ij})^m x_j}{\sum_{j=1}^{n} (\mu_{ij})^m} \ , \ i = 1, 2, \cdots, c \tag{7.5}$$

$$\mu_{ij} = \frac{(1/\left\| x_j - v_i \right\|^2)^{1/(m-1)}}{\sum_{i=1}^{c} (1/\left\| x_j - v_i \right\|^2)^{1/(m-1)}} \ , \ i = 1, 2, \cdots, c \ ; j = 1, \cdots, n \tag{7.6}$$

觀察由（7.5）式計算出的 v_i，它可被視為模糊分類 P_i 的聚落中心，因為它是 P_i 中資料的加權平均，而權數是 x_j 在模糊集合 P_i 中隸屬度的 m 次方。

目標函數用來測度模糊聚落中，聚落中心與元素距離加權後的和。所以，較小的 $J_m(P)$ 值對應較佳的模糊分類。模糊 c 平均分類法的目標是找出一組模糊分

類 P 擁有最小的 $J_m(P)$；聚落問題轉成了最佳化的問題。

模糊 c 平均分類演算法

步驟 1 選擇 c 個起始聚類中心，起始模糊分類 $P^{(0)}$，m 及誤差值 ε

步驟 2 由式（7.5）計算 $P^{(t)}$ 的 c 個聚落中心 $v^{(t)} = \{v_1^{(t)}, v_2^{(t)}, ..., v_c^{(t)}\}$

步驟 3 由 $v^{(t)} = \{v_1^{(t)}, v_2^{(t)}, ..., v_c^{(t)}\}$ 與式（7.6）計算新的模糊分類 $P^{(t+1)}$
$$= \{P_1^{(t+1)}, P_2^{(t+1)}, ..., P_c^{(t+1)}\}$$

步驟 4 比較 $P^{(t)}$ 與 $P^{(t+1)}$。若 $\|P^{(t)} - P^{(t+1)}\| < \varepsilon$，演算就停止。否則令 $t = t + 1$，回到步驟 2。

在步驟 4 中，$\|P^{(t)} - P^{(t+1)}\|$ 爲 $P^{(t)}$ 與 $P^{(t+1)}$ 的距離。例如可令 $\|P^{(t)} - P^{(t+1)}\|$ $= \max\limits_{i=1,...c, \, j=1,...n} |\mu_{ij}^{(t+1)} - \mu_{ij}^{(t)}|$。

此演算法中，m 的選取可根據問題的需要來考量。當 m 越接近 1，則分類結果越趨近於傳統分類法；當 m 趨近無限大，則 $J_{wfc}^{(t)}$ 函數值將趨近於 0，分類結果越模糊。也就是所有的聚落中心傾向於資料集 X 的中心。雖然文獻上較少探討應該如何選取 m 較爲合適，但根據經驗上的最佳選擇是介於範圍 1.25 到 5 之間最爲適當。目前並無理論指出如何選取最佳的 m 值，但對所有的 m，此演算法會收斂。

例 7.2

金龍少棒隊教練爲了準備遠東盃比賽的攻防戰略，考慮將 15 位小選手的體能狀況 x_{j1} 與打擊率 x_{j2} 作一評估。底下爲 15 位小選手最近一次測驗資料集合 X（如下表）：

J	1	2	3	4	5	6	7	8	9	10	11	12	13	14	15
x_{j1}	.0	.0	.0	.1	.1	.1	.2	.3	.4	.5	.5	.5	.6	.6	.6
x_{j2}	.0	.2	.4	.1	.2	.3	.2	.2	.2	.1	.2	.3	.0	.2	.4

假設我們要找 $c = 2$ 的模糊分類，並且設 $m = 1.25$，$\varepsilon = 0.01$ 與 $\|\cdot\|$ 是歐

幾里德距離。起始給定模糊分類 $P^{(0)} = \{P_1, P_2\}$。

$$P_1 = .854 I_{x_1} + .854 I_{x_2} + \cdots + .854 I_{x_{15}}$$
$$P_2 = .146 I_{x_1} + .146 I_{x_2} + \cdots + .146 I_{x_{15}}$$

演算法最後在 $t=6$ 時停止，我們得到如下 $P^{(6)}$：

j	1	2	3	4	5	6	7	8	9	10	11	12	13	14	15
x_{j1}	.99	1	.99	1	1	1	.99	.47	.01	0	0	0	.01	0	.01
x_{j2}	.01	0	.01	0	0	0	.01	.53	.99	1	1	1	.99	1	.99

與二個聚落中心 $v_1 = (.09, .2)$ 與 $v_2 = (.51, .2)$。

模糊等價關係聚落分類法

在使用模糊 c 平均分類法時，必須給定聚落中心的數目。當聚落問題並沒有給定這一數目時，這是一個很不利的條件。在這種情況下，自然地，聚落中心的數目應由資料的結構反映出來。依據模糊關係的分類法，正是以這樣的方法運作。

每個模糊關係對每一個分割都可以導出明確的分類。模糊聚類問題可視為辨識適當地資料模糊關係。雖然這通常無法直接做出，但我們應用合適的距離函數，就很容易決定模糊適合關係。

如同前面所做，給一組資料集 $x = \{x_j \mid x_i \in R^p, j = 1, ..., n\}$。令在 X 上的模糊適合性關係 R，以 Minkowski 分類其適當的距離函數如下的公式：

$$R(x_i, x_k) = 1 - \delta(\sum_{l=1}^{p} \left| x_{il} - x_{kl} \right|^q)^{\frac{1}{q}} \tag{7.7}$$

其中 δ 為一常數，使 $R(x_i, x_k)$ 介於 0 與 1 之間。明顯地，δ 是 X 中最大距離的倒數。

一般說來，（7.7）式所定義的模糊適合性關係，不一定是模糊等價關係。因此我們通常必須決定 R 的遞移封閉關係，這可用較簡單的演算法完成；然而 R 是適合性關係，我們可利用下面的定理去發展更有效率的演算法。

定理 7.1　令 R 爲有限宇集 X（$|X| = n$）上的模糊適合性關係。則 R 的最大—最小的遞移閉集合是關係 $R^{(n-1)}$。

　　這定理提供了計算遞移封閉的方法，$R^T = R^{(n-1)}$，也就是經由計算關係矩陣的數列：

$$R^{(2)} = R \cdot R$$
$$R^{(4)} = R^{(2)} \cdot R^{(2)}$$
$$\vdots$$
$$R^{(2^k)} = R^{(2^{k-1})} \cdot R^{(2^{k-1})}$$

　　直到沒有新的關係矩陣被算出，或 $2^k \geq n - 1$。這演算法在計算上比一般更有效率，但只適用模糊反身關係而已。

例 7.3　給一組資料集合 X 如下：

j	1	2	3	4	5
x_{j1}	0	1	2	3	4
x_{j2}	0	1	3	1	0

在此例中，爲了看出參數 q 的影響力，在分析資料時，取 $q = 1, 2$，

(1) $q = 1$ 時，這時的距離函數爲 Hamming 距離。最大的距離是 5（x_1 與 x_3 的 Hamming 距離），取 $\delta = 1/5 = 0.2$。由式（7.5），得到：

$$R = \begin{bmatrix} 1 & .6 & 0 & .2 & .2 \\ .6 & 1 & .4 & .6 & .2 \\ 0 & .4 & 1 & .4 & 0 \\ .2 & .6 & .4 & 1 & .6 \\ .2 & .2 & 0 & .6 & 1 \end{bmatrix}$$

遞移閉集爲：

$$R_T = \begin{bmatrix} 1 & .6 & .4 & .6 & .6 \\ .6 & 1 & .4 & .6 & .6 \\ .4 & .4 & 1 & .4 & .4 \\ .6 & .6 & .4 & 1 & .6 \\ .6 & .6 & .4 & .6 & 1 \end{bmatrix}$$

由此關係式，可找出不同 α 分割的分類如下：

$\alpha \in [0, 0.4]: \{\{x_1, x_2, x_3, x_4, x_5\}\}$，

$\alpha \in (0.4, 0.6]: \{\{x_1, x_2, x_3, x_4, x_5\}, \{x_3\}\}$，

$\alpha \in (0.6, 1]: \{\{x_1\}, \{x_2\}, \{x_3\}, \{x_4\}, \{x_5\}\}$，

(2) $q = 2$ 時，這時的距離函數為歐幾里德距離。我們的第一步是要決定，在 x 中，最大的歐幾里德距離是 4（x_1 與 x_5 兩點的距離），故取 $\delta = 1/4 = 0.25$。接著由式（7.5）來計算 R 的隸屬度，例如 $R(x_1, x_3) = 1 - 0.25(2^2 + 3^2)^{0.5} = 0.1$，故得到矩陣：

$$R = \begin{bmatrix} 1 & .65 & .1 & .21 & 0 \\ .65 & 1 & .44 & .5 & .21 \\ .1 & .44 & 1 & .44 & .1 \\ .21 & .5 & .44 & 1 & .65 \\ 0 & .21 & .1 & .65 & 1 \end{bmatrix}$$

這關係矩陣不是最大最小遞移；它的遞移封閉為：

$$R_T = \begin{bmatrix} 1 & .65 & .44 & .5 & .5 \\ .65 & 1 & .44 & .5 & .5 \\ .44 & .44 & 1 & .44 & .44 \\ .5 & .5 & .44 & 1 & .65 \\ .5 & .5 & .44 & .65 & 1 \end{bmatrix}$$

當對應不同的 α 分割時，這關係矩陣導出 4 種不的分類如下：

$\alpha \in [0, .44]: \{\{x_1, x_2, x_3, x_4, x_5\}\}$，

$\alpha \in (0.44, 0.5]: \{\{x_1, x_2, x_3, x_4, x_5\}, \{x_3\}\}$，

$\alpha \in (.5, .65]: \{\{x_1, x_2\}, \{x_3\}, \{x_4, x_5\}\}, \{x_3\}\}$，

$\alpha \in (0.65, 1]: \{\{x_1\}, \{x_2\}, \{x_3\}, \{x_4\}, \{x_5\}\}$，

下面的例子（Tamura et. al., 1971）是有額外條件的模糊等價關係分類法。

─ 例 7.4 ───

假設我們有 16 幅來自 3 個家庭的肖像，以 1 到 16（N_{16}）來登記。若已知每個家庭包含 4 到 7 個成員。我們的目標是依據這些條件分類肖像。首先，要決定每對肖像的相似程度。蒐集一群人由某些方法做出個人的判斷，這是可以主觀的完成。假設相似程度已經得到了，那麼它們可以被視為在 N_{16} 上的模糊適合關係 R 的隸屬度，見下表 7.1。因為這矩陣是對稱，所以僅將下三角矩陣寫出來。

在這個例子中，有一個有趣的特徵：父母與孩子的相似性是被預期存在的，可是父親與母親之間並沒有相似性。然而經由 R 轉換成它自己的遞移封閉 R_T，就可以建立父親與母親的相似性。應用定理 7.1 的演算法，可得到 $R_T = R^{(8)}$，R 與 R_T 就是表 7.1(a) 和 (b)。

表 7.1　例 7.4 的模糊關係

(a)N_{16} 家庭的模糊適合關係矩陣 R

	1	2	3	4	5	6	7	8	9	10	11	12	13	14	15	16
1	1															
2	0	1														
3	0	0	1													
4	0	0	.4	1												
7	0	.8	0	0	1											
6	.5	0	.2	.2	0	1										
7	0	.8	0	0	.4	0	1									
8	.4	.2	.2	.5	0	.8	0	1								
9	0	.4	0	.8	.4	.2	.4	0	1							
10	0	0	.2	.2	0	0	.2	0	.2	1						
11	0	.5	.2	.2	0	0	.8	0	.4	.2	1					
12	0	0	.2	.8	0	0	0	0	.4	.8	0	1				
13	.8	0	.2	.4	0	.4	0	.4	.0	0	0	0	1			
14	0	.8	0	.2	.4	0	.8	0	.2	.2	.6	0	0	1		
15	0	0	.4	.8	0	.2	0	0	.2	0	0	.2	.2	0	1	
16	.6	0	0	.2	.2	.8	0	.4	0	0	0	0	.4	.2	0	1

(b)N_{16} 家庭的模糊適合關係矩陣 R 的遞移閉集 R_T

	1	2	3	4	5	6	7	8	9	10	11	12	13	14	15	16
1	1															
2	.4	1														
3	.4	.4	1													
4	.5	.4	.4	1												
5	.4	.8	.4	.4	1											
6	.6	.4	.4	.5	.4	1										
7	.4	.8	.4	.4	.8	.4	1									
8	.6	.4	.4	.5	.4	.8	.4	1								
9	.5	.4	.4	.8	.4	.5	.4	.5	1							
10	.5	.4	.4	.5	.4	.5	.4	.5	.8	1						
11	.4	.8	.4	.4	.8	.4.	.8	.4	.4	.4	1					
12	.5	.4	.4	.8	.4	.5	.4	.5	.8	.8	.4	1				
13	.8	.4	.4	.5	.4	.6	.4	.6	.5	.5	.4	.5	1			
14	.4	.8	.4	.4	.8	.4	.8	.4	.4	.4	.8	.4	.4	1		
15	.5	.4	.4	.8	.4	.5	.4	.5	.8	.8	.4	.8	.5	.4	1	
16	.6	.4	.4	.5	.4	.8	.4	.8	.5	.5	.4	.5	.6	.4	.5	1

　　圖 7.1 是 R_T 的樹狀圖。我們發現沒有一組分類完全滿足限制條件：三個家庭，每一家庭 4 到 7 人。滿足最多限制條件的分類，是對應 $\alpha = 0.8$ 時的 $^{0.8}R_T$ = {{13}, {1, 6, 8, 16}, {2, 3, 5, 7, 11, 14,}, {4, 9, 10, 12, 15}}。

圖 7.1　R_T 的樹狀圖

在這分類中，無法被滿足的條件是肖像 13 無法被歸類至任一家庭。原因是肖像 13 是被收養或前次婚姻所留下的小孩肖像。

Tamura et. al.（1971）在他們的報告中提到，他們做了將 60 個家庭分成 20 群、每群 3 個家庭的實驗；結果，77% 可正確的分類、13% 分類錯誤、12% 無法分類。這令人印象深刻，因為在此都是十分模糊的資訊與主觀的判斷。

7.2 模糊權重分析與判定程序

很明顯地，樣本由某因素考慮時，屬於某一類；而由另一因素考慮時，則可能屬於另一類。可見權重之決定，及如何決定會影響到分類結果，因此，作多變量分類前，我們必須要先對權重作一合理之估計。傳統分類方法常把各因子以相同權重看待，但實際上，論域因子的權重應該不同，因為樣本的特徵因素未必同等重要。就像人們品茶時，特別重視茶的水色、香味或口感因素，而決定選擇何種茶葉。又如我們選購衣服時，先考慮衣服的價格、舒適度、顏色等等。可知不同的因子有著不同的權重，而對於各因子重視的程度，又因人而異，不易評估。若以相同權重看待各因子，或者以主觀的個人意識作判斷去定義因子權重，易產生不適當的分類結果。

如何決定各因子的權數？本文考慮以模糊統計法來估計之。所謂模糊統計法就是將所有因子以模糊問卷的形式，依重要程度蒐集資訊，並採用統計方法轉換得到權重值。在社會調查中，人們常常被訪問去陳述並預測他們未來的行為意圖。

一般說來，透過對專家的訪問或統計上的抽樣調查，通常可以獲得不錯的預測效果。模糊統計法不同於以往的社會調查，在於傳統問卷總是使用某些固定的回答模式測度喜好程度，並以整數所衍生的名義尺度記錄此評量與行為結果間的統計相關性。然而，在人類的思維與行為中，幾乎都是反映事物模糊性的概念，所表現出來的自然語言也都是模糊語言。因此，對社會調查而言，模糊模式較適合於評估人類模糊思維的可能性（possibility）及可行性（feasibility）。

在說明模糊權重分析的運算之前，我們先對偏好序列、模糊權重及模糊相對權重的基本定義作介紹。

定義 7.1　偏好序列（utility sequence）

假設偏好序列為 $r = \{r_1, r_2, \cdots, r_f\}$，則定義 $r_1 < r_2 < \cdots < r_f$ 為偏好遞增序列（utility increasing sequence）；反之，$r_1 > r_2 > \cdots > r_f$ 為偏好遞減序列（utility decreasing sequence）。

定義 7.2　模糊權重（fuzzy weight, FW）

假設論域集合 $S = \{S_1, S_2, \cdots, S_k\}$，偏好序列 $r = \{r_1, r_2, \cdots, r_f\}$，且 S_i 在 r_f 的隸屬度為 $\mu_{S_{if}}$。則論域因子的模糊權重 $FW = (FW_{S_1}, \cdots, FW_{S_k})$ 定義為：

$$FW_{S_i} = \sum_{l=1}^{f} \mu_{S_{il}} / r_i = \mu_{S_{i1}} / r_1 + \mu_{S_{i2}} / r_2 + \cdots + \mu_{S_{if}} / r_f \; ; \; i = 1, \cdots, c \qquad (7.8)$$

以下我們舉一簡單例子，說明偏好序列及模糊權重中，隸屬度函數所代表的意義。

例 7.5

假設評鑑臺北市區房屋價格的論域為 $S = \{S_1, S_2, S_3, S_4\}$ = { 地點、格局大小、建材、週邊設施 }，偏好序列為 $r = \{r_1, r_2, \cdots, r_5\}$={ 很不重要、不重要、普通、重要、很重要 }。因為 $r_1 < r_2 < \cdots < r_5$，故偏好序列 r 為偏好遞增序列。

根據定義 7.2，若評房屋價格時，衡量地點因素是「10% 的很不重要」和「37% 的不重要」，而衡量格局大小因素時是「20% 的重要」和「80% 的很重要」等等。以隸屬度函數表示，則為 $\mu_{S_{11}} = 0.1$、$\mu_{S_{12}} = 0.37$、$\mu_{S_{24}} = 0.2$ 和 $\mu_{S_{25}} = 0.8$。

在模糊集合中，隸屬度的範圍從 0 到 1。每個語言變項，例如形狀，代表一個可能性分布，而且關於分布的評定結果往往因人而異。所以將這些受訪者的回答加以平均，以得到論域因子 S 在偏好序列 r 的隸屬度 μ_s 較合理的分布。

模糊權重表示著各因子的自我權重分布，但模糊權重分析的主要目的是，求得因子所代表的權重值各是多少，亦即相對的權重。從這個基礎上，進一步地定

義模糊相對權重，以供我們在作模糊權重分析時使用。

定義 7.3　模糊相對權重（fuzzy relative weight, FRW）

　　假設論域集合 $S = \{S_1, S_2, ..., S_k\}$，偏好序列 $r = \{r_1, r_2, \cdots, r_f\}$，且 S_i 在 r_j 的隸屬度函數爲 μ_{S_jf}。則模糊相對權重 $FRW = (FRW_{S_1}, \cdots, FRW_{S_c})$ 爲由模糊權重 FW 採 m 等第評分標準法轉換所得。若 $r_1 < r_2 < \cdots < r_f$，則：

$$FRW_{S_i} = \frac{\sum_{l=1}^{f} l \cdot \mu_{S_i l}}{\sum_{i=1}^{k} \sum_{l=1}^{f} l \cdot \mu_{S_i l}} \ , \ i = 1, \cdots, k \tag{7.9}$$

反之，若 $r_1 > r_2 > \cdots > r_f$ 時，則：

$$FRW_{S_i} = \frac{\sum_{l=1}^{f} (n - l + 1) j \cdot \mu_{S_i l}}{\sum_{i=1}^{k} \sum_{l=1}^{f} (n - l + 1) \cdot \mu_{S_i l}} \ , \ i = 1, \cdots, k \tag{7.10}$$

　　爲了清楚理解 FRW 從 FW 經由 f 等第評分標準法轉換而來的過程，以下舉例說明它們的關係。

┌─ 例 **7.6** ─────────────────────────────

　　假設人們在選購衣服時，考慮是否購買的因素有衣服的樣式、質料、大小、顏色和價格。且衡量的重要性各爲不重要、普通和重要。則根據模糊權重的定義，得 $k = 7$ 與 $f = 3$。也就是說，論域集合爲 $S = \{S_1, S_2, S_3, S_4, S_5\} = \{$ 樣式、質料、大小、顏色、價格 $\}$，而偏好序列爲 $r = \{r_1, r_2, r_3\} = \{$ 不重要、普通、重要 $\}$。因爲 $f = 3$，故根據定義 7.3 利用三等第評分標準法去求得樣式、質料、大小、顏色和價格的模糊相對權重。

└──────────────────────────────────────

　　爲了求論域因子的模糊相對權重，首先設計一個模糊評鑑表（fuzzy evaluation table）的問卷形式如下：

表 7.2　模糊評鑑表 A 在偏好序列 U 的一般隸屬度 μ_A

S＼r	r_1	r_2	$\cdots$	r_f
S_1	μ_{S_11}	μ_{S_12}	$\cdots$	μ_{S_1f}
S_2	μ_{S_21}	μ_{S_12}		μ_{S_2f}
$\vdots$	$\vdots$	$\vdots$	$\cdots$	$\vdots$
S_k	μ_{S_k1}	μ_{S_k2}	$\cdots$	μ_{S_kf}

假設 $r_1 < r_2 < \cdots < r_f$，以此問卷訪問專家對論域集合在各偏好序列下的隸屬程度。這些專家評分平均後的各因子之偏好度，即爲模糊權重集。根據定義 7.2 知，論域之各因子的模糊權重分別爲：

$$FW_{S_1} = \sum_{l=1}^{f} \mu_{S_1l} / r_l = \mu_{S_21} / r_1 + \mu_{S_22} / r_2 + \cdots + \mu_{S_2f} / r_f , \qquad r$$

$$FW_{S_2} = \sum_{l=1}^{f} \mu_{S_2l} / r_l = \mu_{S_21} / r_1 + \mu_{S_22} / r_2 + \cdots + \mu_{S_2f} / r_f ,$$

$$\vdots$$

$$FW_{S_k} = \sum_{l=1}^{f} \mu_{S_kl} / r_l = \mu_{S_k1} / r_1 + \mu_{S_k2} / r_2 + \cdots + \mu_{S_kf} / r_f \qquad r$$

再利用 m 等第評分標準法，分別計算論域中各因子的模糊相對權重 FRW。所謂 m 等第評分標準法，就是將 m 個偏好序列 r 視爲 f 個等第，對此 f 個偏好序列取數量化。亦即給定 r_1 爲一分，給定 r_2 爲二分，如此繼續到給定 r_f 爲 f 分。根據所得的隸屬度乘上其相對應的分數，分別求出它們相對的模糊權重分布，則爲各因子的模糊相對權重。故以定義 7.3 的表示法，各因子的模糊相對權重 FRW 分別爲：

$$FRW_{S_1} = \frac{\sum\limits_{l=1}^{f} l \cdot \mu_{S_1 l}}{\sum\limits_{i=1}^{k}\sum\limits_{l=1}^{f} l \cdot \mu_{S_1 l}}$$

$$FRW_{S_2} = \frac{\sum\limits_{l=1}^{f} l \cdot \mu_{S_2 l}}{\sum\limits_{i=1}^{k}\sum\limits_{l=1}^{f} l \cdot \mu_{S_2 l}}$$

$$\vdots$$

$$FRW_{S_k} = \frac{\sum\limits_{l=1}^{f} l \cdot \mu_{S_k l}}{\sum\limits_{i=1}^{k}\sum\limits_{l=1}^{f} l \cdot \mu_{S_k l}}$$

以上介紹的方法，為作多變量分類時，考慮各因子的模糊相對權數法。舉一個關於茶葉方面的例子，以解釋使用模糊權重分析法決定評茶因子的權重集。

─ 例 7.7 ─

考慮以模糊評鑑表訪問品茶專家在評定茶葉品質好壞時，衡量茶葉所採用的評價因素之重要程度。假設訪問數位茶葉專家對模糊評鑑表評分，經過統計平均後的資料如下：

表 7.3　平均後之偏好度

評鑑項目 ＼ 偏好序列	很不重要	不重要	普通	重要	很重要
形狀	0.10	0.35	0.50	0.55	0.65
色澤	0.30	0.50	0.60	0.20	0.10
水色	0.20	0.45	0.80	0.50	0.30
香味	0	0.10	0.40	0.80	0.92

故根據定義 7.2，我們得到此四因子的模糊權重分別為：

$FW_{形狀}$ = 0.1/ 很不重要 + 0.35/ 不重要 + 0.5/ 普通 + 0.55/ 重要 + 0.65/ 很重要

$FW_{色澤}$ = 0.3/ 很不重要 + 0.5/ 不重要 + 0.6/ 普通 + 0.2 / 重要 + 0.1/ 很重要

$FW_{水色} = 0.2/$ 很不重要 $+0.45/$ 不重要 $+0.8/$ 普通 $+0.5/$ 重要 $+0.3/$ 很重要

$FW_{香味} = 0.1/$ 不重要 $+ 0.4/$ 普通 $+ 0.8/$ 重要 $+ 0.92/$ 很重要

再利用五等第評分標準法，給定「很重要」為 5 分、「重要」為 4 分、「普通」為 3 分、「不重要」為 2 分、而「很不重要」則給定為 1 分。根據表 7.3 上的隸屬度，分別乘以其相對於偏好序列給定的數量，根據定義 7.3 公式，分別計算出各因子的模糊相對權重，亦即：

$$\sum_{l=1}^{5} l \cdot \mu_{形狀,l} = 1 \times (0.10) + 2 \times (0.35) + 3 \times (0.50) + 4 \times (0.55) + 5 \times (0.65) = 8.55$$

$$\sum_{l=1}^{5} l \cdot \mu_{色澤,l} = 1 \times (0.30) + 2 \times (0.50) + 3 \times (0.60) + 4 \times (0.20) + 5 \times (0.10) = 4.4$$

$$\sum_{l=1}^{5} l \cdot \mu_{水色,l} = 1 \times (0.20) + 2 \times (0.45) + 3 \times (0.80) + 4 \times (0.50) + 5 \times (0.30) = 7$$

$$\sum_{l=1}^{5} l \cdot \mu_{香味,l} = 1 \times (0) + 2 \times (0.10) + 3 \times (0.40) + 4 \times (0.80) + 5 \times (0.92) = 9.2$$

因為 $\sum_{i=1}^{k} \sum_{l=1}^{f} l \times \mu_{S_i,l} = 8.55 + 4.4 + 7 + 9.2 = 29.15$，故此四項目的模糊相對權重分別為：

$$FW_{形狀} = \frac{8.55}{29.15} = 0.29 , \quad FW_{色澤} = \frac{4.4}{29.15} = 0.15 ,$$

$$FW_{水色} = \frac{7}{29.15} = 0.24 , \quad FW_{香味} = \frac{9.2}{29.15} = 0.32 ,$$

故得「形狀」因子的權重為 0.29，「色澤」因子的權重為 0.15，「水色」因子的權重為 0.24 和「香味」因子的權重為 0.32。

7.3　加權模糊分類

所謂加權模糊聚類分析法，即加權模糊 c 平均分類法（weighted fuzzy c mean clustering method, WFCM）。設有 n 個樣本 $x_1, x_2, \cdots, x_n$，每個樣本有 f 種特性指標，以 x_{jl} 表示第 j 個樣本第 l 個指標之觀測值；以 $\bar{x}_l$ 和 $\hat{\sigma}_l$ 表示第 l 個特性指標的樣本平均值和樣本標準差。要特別強調的是，如果評鑑項目的單位不同，為

了除去評判依據的差異，必須先對原始資料作標準化處理。我們考慮以：

$$x_{jl}^* = \frac{x_{jl} - \overline{x}_l}{\hat{\sigma}_l} \; ; j = 1, 2, \cdots, n \; ; \; l = 1, 2, \cdots, f \tag{7.11}$$

作為標準化後之觀測值資料；反之，如果評鑑項目的單位相同，為了避免原始資料的移轉或變形，則不須另作此項處理，以保留最初資料的訊息。

令 $P = \{P_i, i = 1, 2, \cdots, c\}$ 為論域 X 上的一個模糊分割。根據模糊集的理念，每一樣本點可以有屬於一個以上群集的隸屬度。所以定義第 j 個資料點屬於第 i 群的隸屬度為 $\mu_{ij} = \mu_{P_i(x_j)} \in [0,1]$，且滿足以下兩個限制式：

$$\sum_{i=1}^{c} \mu_{ij} = 1 \; , \; j = 1, 2, \ldots, n \tag{7.12}$$

$$0 < \sum_{j=1}^{n} \mu_{ij} < n \tag{7.13}$$

對 c 群分類和 n 個資料點定義一個加權模糊 c 分割空間，M_{wfc}，為：

$$M_{wfc} = \{P \mid \mu_{ij} \in [0,1] \; , \; \sum_{i=1}^{c} \mu_{ij} = 1 \; , \; 0 < \sum_{j=1}^{n} \mu_{ij} < n\} \tag{7.14}$$

故對於任何的 $P \in M_{wfc}$，一個加權模糊分割矩陣 P。

本節所介紹的加權模糊聚類分析法是以最小誤差平方標準為基礎的聚類演算法。假設代表各樣本的統計特性指標因子之模糊相對權重為 $FRW = (FRW_1, FRW_2, \ldots, FRW_f)$，則加權模糊分割矩陣 P 的聚類準則為：

$$J_{wfc}(P, v) = \sum_{j=1}^{n} \sum_{i=1}^{c} (\mu_{ij})^m (d_{ij})^2 \; , \tag{7.15}$$

其中 $d_{ij} = d(x_j \cdot FRW - v_i) = \left[\sum_{l=1}^{f} (x_{jl}^{(t)} FRW_l - v_i^{(t)})^2 \right]^{1/2}$，第 i 個聚類中心到第 j 個資料點的歐幾里德距離，μ_{ij} 為第 j 個資料點屬於第 i 群的隸屬度，v_i 是第 i 個聚類中

心，FRW_l 為第 l 個評價因素的模糊相對權重值。如果考慮個別時期的分類，只要對第 t 期聚類準則條件下求 μ_{ij} 及 v_i 使滿足：

$$最小化 \quad J_{wfc}^{(t)}(P, v^{(t)}) = \sum_{j=1}^{n}\sum_{i=1}^{c}(\mu_{ij})^m(d_{ij}^{(t)})^2 \;, \tag{7.16}$$

$$限制於 \quad \sum_{i=1}^{c}\mu_{ij} = 1 \;, \quad 0 < \sum_{j=1}^{n}\mu_{ij} < n \tag{7.17}$$

利用拉格朗氏乘數法（Lagrange multiplier method），將（7.16）式分別對 μ_{ij} 及 v_i 偏微分後，得第 j 個樣本對第 i 組聚類中心的隸屬度：

$$u_{ik} = \left[\sum_{i=1}^{c}\left\{ \frac{\sum_{j=1}^{m}\left(x_{kj}^{(t)}FRW_l - v_{ij}^{(t)}\right)^2}{\sum_{l=1}^{f}\left(x_{kj}^{(t)}FRW_l v_{lj}^{(t)}\right)^2} \right\}^{\frac{1}{m-1}} \right]^{-1} \tag{7.18}$$

及第 i 群組的聚類中心：

$$v_i^{(t)} = \frac{FRW_l \sum_{j=1}^{n}(\mu_{ij})^m x_{jl}^{(t)}}{\sum_{j=1}^{n}(\mu_{ij})^m} \tag{7.19}$$

上式解並不能保證為全面的最理想解。但我們要求在事前指定的精確水準範圍內，所求得的最佳有效解。

> 模糊統計分類評定的步驟如下：
> 步驟 1：定義欲分類樣本其評鑑項目之模糊相對權重 FRW。
> 步驟 2：選擇 c 個起始聚類中心，起始模糊分類 $P^{(0)}$，m 及誤差值 ε。
> 步驟 3：由式（7.19）計算 $P^{(t)}$ 的 c 個聚類中心 $v^{(t)} = \{v_1^{(t)}, v_2^{(t)}, ..., v_c^{(t)}\}$。
> 步驟 4：對第 t 步驟，更新分割矩陣 $P^{(t)} = (\mu_{ij}^{(t)})$，計算新的模糊分類 $P^{(t+1)}$ $= \{P_1^{(t+1)}, P_2^{(t+1)}, ..., P_c^{(t+1)}\}$。

步驟 5：比較 $P^{(t)}$ 與 $P^{(t+1)}$。若 $\|P^{(t)} - P^{(t+1)}\| < \varepsilon$，演算就停止。否則令 $t = t + 1$，回到步驟 2。

步驟 6（硬分類）：對樣本點至各聚類中心的隸屬度中選取最大值，即為該點隸屬於該聚類。

評論：聚類分析是相當實用的統計技術，雖然學者們已提出不少方法，但是對以下幾點考量，未來仍有研究的空間：

(1) 權重的重要性：一般分類法忽視了各因子間重要程度的不同，如此勢必影響到分類的結果，造成不當的推論。而權重的考量及決定權值更需要詳加探討，這也是本章採用加權模糊分類法的原因。

(2) 隸屬度的分配：傳統的分類法，把所有事物看做具有清楚、不含糊的界限，將每一個辨識對象嚴格地劃分為屬於某類。認為元素 x 不是屬於 A 集合，就是不屬於 A 集合，即特徵函數的觀念。但在實際生活中，對某些樣本來說，並不具有嚴格的屬性，它們可能位於兩種聚類之間，這時採用模糊分類可能會獲得更好的結果。換句話說，對應於人腦的思維所發展出來的自然語言，並不是非此即彼而是亦此亦彼的觀念。

(3) 時間因素的考量：一般說來，人們在時間 t 的分類結果與時間 $t + 1$ 的分類結果不一定相同，如此也將造成不同時期分類的不一致。一般的分類法，並無考慮時間因素，或對於不同時期的評分多取其平均法；若考慮將時間的權重因素加入作聚類分析，使資料形成動態的模式，更能充分地表現整體的分類結果。

7.4 茶葉等級分類實例

茶葉的種類繁多，不同消費群及環境所要求的品質或喜好的程度不同，以致茶葉的價值難以評量。通常，茶葉品質評定方式，乃依據人的感覺官能及其經驗為主，在最短時間內判斷各種茶葉的外觀和湯質。而茶葉的品質受到品種、栽培管理、氣候環境及製茶技術等因素所影響，加上每個評茶人員主觀喜好、表達方式不同，造成評分標準的差異；相對的，增加茶葉分類的困難度。

對茶葉品質進行分析與鑑定不僅是為了分級或比賽，對於品種改良、栽培、製茶與貯存方法等都有很大影響。茶的好壞，有賴於正確的茶葉分級制

度。所以品質的鑑定與分類是一件非常重要的工作。本節將以臺灣 69 個茶葉資料，應用不同的分類方法進行分析，並比較不同分類方法在應用上之差異性。

我們以臺灣省茶業改良場品種園栽植之白毛猴等 69 個茶樹品種，分別對其春、夏、秋三季及全年製茶品質進行茶葉官能品質評鑑，探討茶葉品種間的品質差異。

評分

茶葉優良與否乃是模糊概念，其分級方式通常是根據外觀與湯質。茶葉的外觀分爲形狀和色澤二項目，而湯質可分爲水色及香味二項目。所以我們選擇評判茶葉品質的四個評鑑項目爲形狀、色澤、水色及香味。

一般標準評茶步驟如下：隨機秤取茶樣 3 克，倒入審茶杯中，注入沸水 142 毫升，加蓋靜置 5 至 6 分鐘，倒出茶湯於茶碗中，再分別依形狀、色澤、水色及香味等四項目成績評審。

本研究邀請 10 位評茶專家，對每種茶葉進行品質的鑑定。將形狀、色澤、水色及香味四方面直接評分。採取 25 分制，滿分爲 100 分。並將每位評分員對某一茶葉、某一項目的評分進行算術平均，進而以評定加權總分數的高低，做爲決定茶葉品級的標準。

因爲形狀、色澤、水色及香味此四項目均以分作爲評鑑的單位，因此評判依據的差異性不大，故不需作標準化處理。設第 K 個評分員對某一茶葉、某一因素的評分爲 $x_{ij(k)}$ ($i = 1, 2, \cdots, 69$；$j = 1, 2, 3, 4$)，那麼 10 個評分員對某一茶葉的某一項目評分平均值爲：

$$\bar{x}_{ij} = \frac{1}{10}\sum_{k=1}^{10} x_{ij(k)} \text{，} i = 1, 2, \cdots, 69 \text{；} j = 1, 2, 3, 4$$

最後，得到 69 種茶葉依春、夏、秋三季及全年的最終評分數據。因篇幅關係，我們僅列春季及全年的數據。

因子加權

即對四個因素在評價茶葉時的重要性給予賦權。茶葉原有一股香味，即使是同樣的茶，但因其品級不同，而風味大有差別。且中國人又比其他國家的人民更重視茶葉的香味。所以很顯然地，「香味」的權數較其他因素來得大。另外，茶

葉的品質又因其採收季節的不同而有所差異；一般說來，春茶在相同的茶葉中是較優良的茶葉。所以，在進行茶質鑑定及分析時，應該加入權重的考慮，以期反映真正分類結果。

因此請 10 位評茶專家利用模糊問卷法，對茶葉的評鑑項目及季節進行重要程度的評定，得到表 7.4 及表 7.5 之平均後模糊評鑑表。

表 7.4　製茶品質評鑑項目隸屬度之比較

評鑑項目	很不重要	不重要	普通	重要	很重要
形狀	0.50	0.60	0.30	0.50	0.20
色澤	0.30	0.40	0.47	0.60	0.30
水色	0.60	0.57	0.40	0.30	0.10
香味	1.0	0.80	0.50	0.20	0.07

表 7.5　製茶品質季節性評鑑隸屬度之比較

評鑑項目	很不重要	不重要	普通	重要	很重要
春茶	0.80	0.50	0.50	0.37	0.10
夏茶	0.30	0.60	0.80	0.50	0.40
秋茶	0.40	0.50	0.57	0.60	0.30

當決定形狀、色澤、水色及香味等評鑑項目，和春茶、夏茶及秋茶等季節的模糊權重後，再求出其模糊相對權重值。可得到評鑑項目（形狀、色澤、水色、香味）的模糊相對權重為 $W = (w_1, w_2, w_3, w_4) = (0.23, 0.19, 0.25, 0.33)$，與季節（春季、夏季、秋季）的模糊相對權重 $S = (s_1, s_2, s_3) = (037, 0.31, 0.32)$。

分類結果分析與比較

根據茶葉專家的建議，茶葉分類大多傾向於分成五類。即由最好到最差分別為第一級到第五級。我們用以下 4 種方法，分別將 69 種茶樹品種製茶品質按春茶、夏茶、秋茶及全年，依不同時期分成 7 群（參見附表 7.1 及 7.2）。

(1) 傳統分類法：利用聚類分析中之 K 平均法，對 69 個製茶品質分類。

(2) 類神經網路分類法：利用神經網路中逆傳導訓練法對茶葉作分類，先以傳統分類結果的五組聚類中心去作網路學習二萬次或 $\varepsilon < 0.01$，再將 69 個茶葉進

入神經網路作分類。

(3) 模糊分類法：利用模糊 c 平均法作茶葉分類。為了使分類結果較為保守，故訂定加權指數 $m = 2$ 且取 $\varepsilon_L = 10^{-6} > 0$ 為停止疊代標準。

(4) 加權模糊分類法：模糊權重的重要訊息對分類影響甚大，故加入茶葉評鑑項目及季節的模糊相對權重。以加權指數 $m = 2$ 且取 $\varepsilon_L = 10^{-6} > 0$ 為停止疊代標準及模糊問卷所得之權重，對 69 個品種製茶品質進行分類。

從分類結果來看，茶葉等級以春茶為佳，秋茶次之，夏茶最次。此結果與傳統茶葉相似。而在茶葉等級評定方面，則有些不同。茲將季節間茶葉品質分類結果分析如下：

春茶品質評定

a. 白毛猴、黑毛猴及貴仔坑白毛猴，由於形狀自然捲曲，色澤墨綠，滋味甘醇，因此不論任何分類法，其品質歸類於第一級。

b. 經模糊分類後，臺灣四大品種中，青心烏龍及青心大冇歸類於第一級，大葉烏龍及硬枝紅心歸類於第三級；而經加權模糊分類後，香味品質有平均表現之大葉烏龍種則歸類提高至第二級。

c. 模糊分類隸屬第二級之紅心烏龍、福州種、鐵觀音、橫這大葉、桂花種、牛埔種、黑面早種、青心早種、漢口種、平水種、大吉嶺種等 11 個品種，經模糊加權分類後，則提升至第一級。

d. 大葉烏系之林口大葉烏種及文山大葉烏種，不論模糊加權與否，仍歸類於第三級，顯示形狀、色澤等評鑑項目平均表現。

e. 適製紅茶之阿薩姆、山茶、Kyang、Shan 及 Manipuri 等五個品種，經模糊分類後歸屬於第五級，由於香氣低、苦澀味重，經模糊加權分類後，仍屬第五級。

夏茶品質評定

a. 春茶不論任何分類法，均歸屬第一級之白毛猴、黑毛猴及貴仔坑白毛猴，由於夏茶製茶品質較為接近，經模糊加權分類後，與春茶屬第三級之大南灣白毛猴融合為第一級。

b. 春茶依模糊加權分類後，隸屬於第一級之平水種、大吉嶺種，第二級之基隆金龜、大葉烏龍、小葉竹葉、伸蔓種，第三級之牛屎烏、鹽川種、黃柑、枝

蘭種、竹葉種、白種、宇治種，與第四級之蒔茶、白心武夷、基隆白種、黃茶，因其夏茶之評鑑項目表現平均，故不論模糊加權與否，均歸類於第四級。

c. 皋盧種形狀粗鬆、水色暗黃、滋味苦澀，而與阿薩姆、Kyang 等適製紅茶品種融合為一群，歸類於第五級。

秋茶品質評定

a. 傳統分類法將烏龍系之青心烏龍、紅心烏龍、白心烏龍與大葉烏龍歸類為第二級，經模糊分類後，青心烏龍、紅心烏龍與白心烏龍提升至第一級，大葉烏龍歸類至第三級；而加權模糊分類後，則青心烏龍、紅心烏龍與大葉烏龍種歸類為第三級，白心烏龍提升至第一級。

b. 形狀、色澤、香味等項目評分相同之文山大葉烏及林口大葉烏品種不論任何分類法均融合為同群，顯示秋茶品質評定相近歸類為同等級茶。

c. 形狀及香味評分相同之橫這大葉、青心早種、湖南種、金龜種、貓耳種、基隆白種、小葉竹葉及白種，依傳統分類、神經網路及模糊分類法均同屬第四級，而經加權模糊後，則提升至第二級，顯示香味有較突出之表現。

d. 福州種、桃仁種、柑仔種、三叉枝蘭、水仙、桂花種、柑仔種（黃心）、埔心種、黃枝種及大湖尾種，因品質接近而不論任何分類法均歸屬第三級。

全年茶種品質評定

a. 白毛猴系之白毛猴及大南灣白毛猴種，因其製茶品質優良，全年皆屬第一級。

b. 青心大冇、青心烏龍、硬枝紅心及大葉烏龍等臺灣四大品種，全年製茶品質經加權模糊後，青心大冇與青心烏龍種歸屬第一級，硬枝紅心與大葉烏龍種歸屬第三級。

c. 竹葉系之小葉竹葉及竹葉種，其全年製茶品質同屬第四級外，適製包種茶之春秋季，其製茶品質有差異，而文山大葉烏及林口大葉烏種依傳統分類法或神經網路分類法，均歸類為第三級，而經模糊分類後則歸類至第二級。

7.5　結論

社會科學的問題研究極其複雜且多樣化，傳統分類方法無法滿足各種不同的論調。而傳統的分類法大都屬硬分類，即分類對象完全屬於某群集。這是其不合常理之處。又因為分類對象所考慮的論域因子集有邊界不清、權重模糊的性質，故有採用模糊加權分類法之必要。

本章我們比較了傳統分類與模糊分類的技術，並發展一套新的模糊分類方法，即加權的模糊 c 分類法。更進一步將它應用在茶葉分級上。以模糊統計法來估計分類論域中，各因子的模糊權重及模糊相對權重。藉由對茶葉品質評定應用，做不同分類法的分析比較。經由分群結果可知，就茶葉品質評定而言，以加權模糊分類法的結果最為符合實際情況之分類。如何將隸屬度概念、模糊分類方法應用於一般實務分類評鑑中，更進一步地以模糊統計方法做為資料挖掘的依據，是很有發展前景之研究領域。

模糊迴歸模式及應用

傳統的統計迴歸模式假設觀察值的不確定性來自於隨機現象，模糊迴歸則考慮不確定性來自於多重隸屬現象。

模糊迴歸採用樣本模糊數 (x_i, Y_i) 來對模糊迴歸參數進行估計，其中 Y_i 為觀測模糊數。本章將討論模糊參數 A 的二種估計方式：(1) 線性規劃法：此法將求出適當的區間，來將觀測模糊數 Y_i 的分布範圍全部覆蓋住；(2) 最小平方法：此法以統計誤差分布的觀點，找出模糊數 Y_i 的集中趨勢區間。迴歸模式常用來建構經濟和財務的模型，而此種模型經常帶有模糊的特質，例如景氣循環、不規則趨勢等。最後針對臺灣景氣指標進行實證分析研究。

8.1 模糊迴歸簡介

我們常使用迴歸來描述自變數 X 和因變數 Y 之間的因果關係。迴歸參數的估計，是迴歸分析的主要研究課題。傳統迴歸分析均假設觀察值是由實際因變數影響加上隨機誤差而產生的。也就是說，因變數是一種帶有不確定性的隨機變數。不過在很多的實務應用上，往往無法滿足這樣的假設。例如有些因變數 Y 的觀察值並不是以單一數值的型式存在，而是帶有多重隸屬的特性。這些觀察值雖然帶有不確定性，但這種不確定的特性是來自於多成隸屬現象，而非隨機現象。

以 2005 年 8 月新臺幣對美元的匯率為例，統計數字為新臺幣／美元 = 32.5。但這數據只是單一時間點的數值資料，它並不能完全準確地反映出在 2005 年 8 月整個時間區間下，新臺幣對美元匯率的變動狀況。是故新臺幣對美元的匯率，這個數字的本身就具有不確定性與模糊性。在這些情況下，如果利用假性的「精確值」，可能誤導模型的建構，也可能擴大預測結果和實際狀態之間的誤差。因此，具有模糊性的數值資料，在計量方法的演算過程中，是否符合人類的邏輯推論與歸納的原則，值得吾人深思。

近年來，一般也認為在人文社會科學的測度理念裡，模糊統計和模糊相關性的使用可說是數值模式的推廣。模糊統計和模糊相關性日漸受到重視，這應是複雜的人文社會現象無法以傳統計模型解釋的發展。傳統的數字資料有需求過度及過度解釋的危險，如果應用模糊的數值資料，較能避免這樣的危險發生。因此，具有模糊性的數值資料，在計量方法的演算過程中，是否符合人類邏輯推論

與歸納的原則？尤其是在人文社會科學領域的研究中，必須慎重考慮數值模糊的特性運用在預測過程中。

　　為了改變理清傳統對統計資料的「隨機」觀點，以另一種角度來看待不確定性的問題，我們考慮用模糊觀點來取代隨機觀點。而若由模糊觀點套用迴歸分析來處理模糊資料問題，就稱為模糊迴歸分析。模糊迴歸分析最早是由 Tanaka、Uejima & Asai (1980) 提出。一般模糊迴歸能夠處理的樣本型式有兩種：一種是實數值樣本 (x_i, y_i)，其中 x_i 為實數向量，y_i 為觀測到的實數值；一種是模糊數樣本 (x_i, Y_i)，其中 Y_i 非屬實數的型式，而是觀測到的模糊數。之所以可採用實數值樣本 (x_i, y_i) 來推論模糊迴歸模式，這是因為使用者相信觀測值 (x_i, Y_i) 內含有強烈的隸屬度資訊。

　　不過這樣的說法亦較欠缺說服力，因為隸屬度是分布在區間上的，而樣本 (x_i, y_i) 則是以實數值的型式存在，在實數值上能否隱含正確的隸屬度資訊是值得商榷的。要得到正確的估計結果，最好是蒐集具有代表性的隸屬函數樣本，所謂具有代表性的隸屬函數樣本應該是以模糊數的型式存在。所以我們較支持用樣本模糊數 (x_i, Y_i) 來推論模糊迴歸模式，本章將討論樣本為模糊數的情況。

8.2　模糊迴歸建構

　　線性模糊迴歸常表示成：

$$Y(x_i) = A_0 + A_1 + A_1 x_{1i} + A_1 x_{2i} + ... + A_p x_{pi} ; \qquad (8.1)$$

其中 $x_i = (x_{1i} + x_{2i} + ... + x_{pi})'$ 為自變數向量，$Y(x_i)$ 為模糊因變數，$A_m, m = 1, 2, ...,$ p 為模糊參數。一般是假設模糊參數 A_m 具有三角形隸屬度函數。因此，模糊因變數 $Y(x_i)$ 的隸屬度函數也屬三角型式。

　　對式（8.1）中的模糊參數 A_m 進行估計時，一般是先假設 A_m 的隸屬函數為三角型式。A_m 的隸屬函數表達如下：

$$\mu_{A_m}(t) = \max\left\{ 1 - \frac{|t - c_m|}{s_m}, \ 0 \right\}, \ -\infty < t < \infty \quad ; \qquad (8.2)$$

其中 c_m 爲三角形的中點；s_m 是三角形的分布半徑，而 c_m、s_m 和隸屬函數 $\mu_{A_m}(t)$ 的關係如圖 8.1 所示：

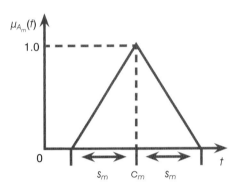

圖 8.1　c_m、s_m 在 $\mu_{A_m}(t)$ 中的位置與分布

爲了表示方便起見，我們可令模糊參數 $A_m = \langle c_m, s_m \rangle$，則式（8.2）的模糊迴歸可改寫成：

$$Y(\mathbf{x}_i) = \langle c_0, s_0 \rangle + \langle c_1, s_1 \rangle x_{1i} + \langle c_2, s_2 \rangle x_{1i} + ... + \langle c_p, s_p \rangle x_{pi} \qquad （8.3）$$

因此模糊因變數 $Y(\mathbf{x}_i)$ 的隸屬函數也屬三角型式，可表示成：

$$\mu_{Y(\mathbf{x}_i)}(t) = \max\left\{ 1 - \left| t - \sum_{m=0}^{p} c_m x_{mi} \right| \bigg/ \sum_{m=0}^{p} s_m |x_{mi}|,\ 0 \right\},\quad -\infty < t < \infty \qquad （8.4）$$

至於式（8.4）的證明細節可參照 Tanaka、Uejima & Asai（1982）。

在上述的模糊迴歸中，模糊參數 A_m 是未知的，這是需要我們估計的部分。但先前已假設 A_m 的隸屬函數爲三角型態。因此，只要能夠估計出三角形的中點 c_m 和半徑 s_m，便可獲得 A_m 隸屬函數的估計值。

8.3　模糊迴歸的參數估計

想要推論模糊迴歸模式（即估計模糊迴歸參數），估計方法有二種，一種是利用線性規劃的技巧，來尋求一組能將實數值樣本 $(\mathbf{x}_i, y_i)$ 或模糊數樣本 $(\mathbf{x}_i, Y_i)$

全部包括的區間，再將三角形隸屬函數套用在此區間上，如此便求得一組模糊迴歸估計式，此法最常被使用。

另一種估計方法則是採用最小平方的原則，先將樣本整理成上邊界點與下邊界點二部分，各自利用上邊界點與下邊界點求出二條最小平方直線，以這二條直線作為三角形隸屬函數的邊界。對此法更詳盡的討論請參閱吳柏林、曾能芳（1996）。比起線性規劃估計法，最小平方法較能符合誤差隨機分布的精神，此法也是本章討論的重點。

(1) 線性規劃法

令觀測到的模糊樣本為 (x_i, Y_i)，其中 x_i 為模糊自變數向量，Y_i 為觀測到的樣本模糊數，樣本模糊數 Y_i 的隸屬函數也屬三角型式，可表達成：

$$\mu_{Y_i}(t) = \max\left\{1 - \frac{|t - y_i|}{r_i},\ 0\right\},\ -\infty < t < \infty \tag{8.5}$$

其中 y_i 為三角形隸屬度函數的中點，r_i 則是三角形隸屬度函數的分布半徑，可令 $Y_i = (y_i, r_i)$。我們得利用 y_i, r_i 對式（8.3）未知的中點 c_m 和半徑 s_m 進行估計。在進行估計之前，一般是先定義模糊樣本 Y_i 和模糊因變數 $Y(x_i)$ 之間的配置衡量值，如下：

定義 8.1

令 (x_i, Y_i) 為一組模糊樣本，$Y(x_i)$ 為模糊因變數。若 $[Y_i]^h$、$[Y(x_i)]^h$ 分別為 Y_i、$Y(x_i)$ 的 h 截集（h-cut），即：

$$[Y_i]^h = \{t \mid \mu_{Y_i}(t) \geq h\},$$
$$[Y(x_i)]^h = \{t \mid \mu_{Y(x_i)}(t) \geq h\}.$$

則在第 i 個樣本之下，能使得 $[Y_i]^h \subset [Y(x_i)]^h$ 成立的最大 h 值稱為第 i 個樣本配置衡量值，以 h_i 表示。

樣本配置衡量值是用來衡量樣本值與估計值之間配置程度的重要參考指標。若樣本配置衡量值 h_i 越大，代表樣本 Y_i 和模糊因變數 $Y(x_i)$ 之間契合（配

置）得越好。Y_i、$Y(x_i)$ 和 h_i 的關係圖 8.2 所示：

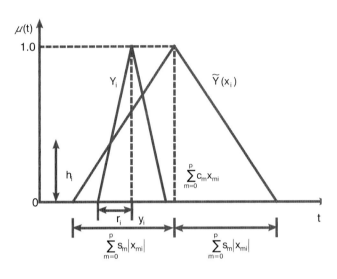

圖 8.2　**Y_i、$Y(x_i)$ 和 h_i 的對應圖**

性質 8.1

在定義 8.1 條件下，配置衡量值 h_i 可改寫成：

$$h_i = 1 - \frac{\left| y_i - \sum\limits_{m=0}^{p} c_m x_{mi} \right|}{\sum\limits_{m=0}^{p} s_m |x_{mi}| - r_i} \, , \forall \, i \in N \tag{8.6}$$

在估計 c_m、s_m 之時，我們常會限制所有的 h_i 得大於某特定值 H，即：

$$h_i \geq H \, , \forall \, i \in N \tag{8.7}$$

其中 H 由使用者自行設定。藉此可保證樣本 Y_i 和模糊因變數 $\widetilde{Y}(x_i)$ 之間的契合程度皆能保持在水準 H 之上。由式（8.7）可推演出兩條限制式：

$$y_i \geq \sum_{m=0}^{p} c_m x_{mi} - (1-H) \sum_{m=0}^{p} s_m |x_{mi}| + (1-H) r_i \qquad (8.8)$$

$$y_i \leq \sum_{m=0}^{p} c_m x_{mi} + (1-H) \sum_{m=0}^{p} s_m |x_{mi}| - (1-H) r_i \qquad (8.9)$$

再者，我們希望估計得到的模糊因變數 $\tilde{Y}(x_i)$ 其三角形隸屬函數的半徑（如圖 8.2 所示）越小越好，如此隸屬度的資訊才能更集中。因此，將所有 x_i 之下的三角形隸屬函數的半徑加總，作為模糊參數估計的目標函數，其定義如下：

定義 8.2

模糊迴歸參數目標函數（Objective Function）O_f：

$$O_f = \sum_{i=1}^{n} \sum_{m=0}^{p} s_m |x_{mi}| \qquad (8.10)$$

其中 $\sum_{m=0}^{p} s_m |x_{mi}|$ 為 $Y(x_i)$ 之隸屬函數的半徑，$\sum_{i=1}^{n} \sum_{m=0}^{p} s_m |x_{mi}|$ 則是所有 x_i 之下代表 $Y(x_i)$ 之隸屬函數半徑的總和。

在符合式（8.8）、（8.9）的條件下，我們希望找到可使 O_f 為極小的 c_m, s_m。一般是採用線性規劃來解出 c_m, s_m，如此便尋得模糊參數 $A_m = (c_m, s_m)$ 的估計式。

(2) 最小平方法

以上曾作出「$h_i \geq H \; \forall \, i$」的限制，這是因為研究者相信：樣本 Y_i 會呈現出相當的代表性，其與模糊因變數 $Y(x_i)$ 之間的類似（契合）程度，至少要大於某個數值（H），所以在此假設每組樣本 Y_i 和模糊因變數 $Y(x_i)$ 之間的配置衡量值 h_i 均要大於 H。也由於定義了 h_i，使得 Y_i 的 h 截集 $[Y_i]^h$ 必定會為 $Y(x_i)$ 的 h 截集 $[Y(x_i)]^h$ 所包含，因此，模糊迴歸的估計其實是在求取一組能將全部樣本概括的分布區間，並將此估計區間設計成 $Y(x_i)$ 隸屬度的散布範圍。

線性規劃法的認知是：具有代表性的樣本其 h 截集一定得落在 $Y(x_i)$ 的 h 截集之內。一旦採用這項觀點，便表示 $[Y_i]^h$ 僅能落在 $[Y(x_i)]^h$ 的內部（因為 $[Y_i]^h \subset [Y(x_i)]^h$）。一旦出現離群值（outlier），則會得一組範圍甚寬的區間，如此一

來，區間的參考價值並不大。為了讓估計過程具備穩健性，可以採用最小平方法，此法的認知為：具有代表性的樣本 Y_i 其 h 截集 $[Y_i]^h$ 應該要儘量接近模糊因變數 $Y(\mathbf{x}_i)$ 的 h 截集 $[Y(\mathbf{x}_i)]^h$，即 $[Y_i]^h \approx [Y(\mathbf{x}_i)]^h$。如此一來，$[Y_i]^h$ 不一定要座落在 $[Y(\mathbf{x}_i)]^h$ 之內，其中應容許「$[Y_i]^h \not\subseteq [Y(\mathbf{x}_i)]^h$」的情況發生。

根據最小平方法的觀點，使用 h_i 來估計模糊參數比較冒險，得重新解釋樣本 Y_i 所蘊含的意義。 之前曾設立樣本模糊數 $Y_i = \langle y_i, r_i \rangle$ 屬三角形隸屬函數，所以樣本 Y_i 的隸屬度是分布在區間 $[y_i - r_i, y_i + r_i]$ 上，其中 $y_{Li} = y_i - r_i$ 為左端點，$y_{Ri} = y_i + r_i$ 為右端點。樣本 Y_i 的左右端點不太可能與 $Y(\mathbf{x}_i)$ 的左右邊界完全契合，這是由於測量誤差導致樣本和 $Y(\mathbf{x}_i)$ 之間有所差池，不過，兩者之間仍有緊密的關係。 我們認為樣本的左右端點 y_{Li}、y_{Ri} 隸屬於 $Y(\mathbf{x}_i)$ 的程度有一定水準，設立此水準為 H，因此假設 y_{Li}、y_{Ri} 隸屬於 $Y(\mathbf{x}_i)$ 的隸屬度會儘量地接近 H，其間的關係如下所列示

$$\mu_{Y(\mathbf{x}_i)}(y_i - r_i) \approx H \qquad\qquad (8.11)$$

$$\mu_{Y(\mathbf{x}_i)}(y_i + r_i) \approx H \qquad\qquad (8.12)$$

所謂儘量接近 H，是可以容許隸屬度大於 H 或小於 H，不似線性規劃法要求大於 H。

根據以上對樣本的解釋以及式（8.11）、（8.12）的限制條件，運用最小平方法，可得到一套較符合統計觀點的估計程序。以所有樣本的左端點 $\{(x_i, y_i) \mid i = 1, 2, ..., n\}$ 配置一迴歸直線，稱之為左端直線估計式：

$$y_L(\mathbf{x}_i) = \hat{L}_0 + \sum_{m=1}^{p} \hat{L}_m x_{mi} , \quad i = 1,2,...,n \qquad\qquad (8.13)$$

其中 L_m 為迴歸係數，再以所有的右端點 $\{(x_i, y_i) \mid i = 1, 2, ..., n\}$ 配置右端直線估計式：

$$y_R(\mathbf{x}_i) = \hat{R}_0 + \sum_{m=1}^{p} \hat{R}_m x_{mi} , \quad i = 1,2,...,n \qquad\qquad (8.14)$$

之前已假設樣本的左右端點隸屬於 $\widetilde{Y}(\mathbf{x}_i)$ 的隸屬度會儘量地接近 H，所以，我們

以這兩條函式來估計 $\tilde{Y}(x_i)$ 之 H 截集（H-cut）的左右邊界，即：

$$[\tilde{Y}(x_i)]^H = \left[\hat{L}_0 + \sum_{m=1}^p \hat{L}_m x_{mi} , \ \hat{R}_0 + \sum_{m=1}^p \hat{R}_m x_{mi} \right] \tag{8.15}$$

如此可導出 $\tilde{Y}(x_i)$ 的隸屬函數為：

$$\mu_{\tilde{Y}(x_i)}(t) = \max\left\{ 1 - \left| t - \sum_{m=0}^p (\frac{\hat{R}_m + \hat{L}_m}{2}) x_{mi} \right| \middle/ \sum_{m=0}^p (\frac{\hat{R}_m - \hat{L}_m}{2(1-H)}) |x_{mi}| , \ 0 \right\} \tag{8.16}$$

其中 $x_{i0} = 1$，而且模糊參數 A_m 的隸屬函數為：

$$A_m(t) = \max\left\{ 1 - \frac{\left| t - (\frac{\hat{R}_m + \hat{L}_m}{2}) \right|}{(\frac{\hat{R}_m - \hat{L}_m}{2(1-H)})} , \ 0 \right\} \tag{8.17}$$

即：

$$A_m = \left\langle \frac{\hat{R}_m + \hat{L}_m}{2} , \ \frac{\hat{R}_m - \hat{L}_m}{2(1-H)} \right\rangle \tag{8.18}$$

其中 $\frac{\hat{R}_m + \hat{L}_m}{2}$ 是三角形底邊中點，$\frac{\hat{R}_m - \hat{L}_m}{2(1-H)}$ 是分布半徑。如此便得到一組估計的模糊迴歸模式：

$$\tilde{Y}(x_i) = \left\langle \frac{\hat{R}_0 + \hat{L}_0}{2}, \frac{\hat{R}_0 - \hat{L}_0}{2(1-H)} \right\rangle + \left\langle \frac{\hat{R}_1 + \hat{L}_1}{2}, \frac{\hat{R}_1 - \hat{L}_1}{2(1-H)} \right\rangle x_{1i} + \left\langle \frac{\hat{R}_2 + \hat{L}_2}{2}, \frac{\hat{R}_2 - \hat{L}_2}{2(1-H)} \right\rangle x_{2i}$$

$$+ \cdots\cdots + \left\langle \frac{\hat{R}_p + \hat{L}_p}{2}, \frac{\hat{R}_p - \hat{L}_p}{2(1-H)} \right\rangle x_{pi} \tag{8.19}$$

　　值得注意的是，當樣本值為對稱型態時，左右迴歸函數式其配適結果是一樣的，只有常數項不同。此時我們可以考慮用個別對應項之權值除以常數項的分布

半徑作為個別對應項之分布半徑。即分布半徑：

$$s_m = \frac{c_m}{s_0} \;, \quad m = 1, 2, \cdots, p \tag{8.20}$$

而利用最小平方法找出模糊迴歸估計式，演算程序比線性規劃簡化。

在式（8.7）中，線性規劃方法是將 H 看作樣本與母體的配置衡量值。但最小平方法所設的 H，是指樣本端點 y_{Li}、y_{Ri} 隸屬於因變數 $Y(x_i)$ 的程度。顯然，其端點隸屬於 $Y(x_i)$ 的程度本就不應太高。若 H 設得越大，表示樣本的端點與因變數的端點差距越大，樣本和母體的隸屬函數反而契合得越差。其實樣本和母體的契合程度還得由實際情況來判斷。一般而言，H 盡可能不要設得過大。因為過大的 H 值將導致 $Y(x_i)$ 之隸屬函數的分布範圍（support）過於寬廣，有違一自然經驗法則。

其實線性規劃程序對樣本的觀念是很保守的，它規定樣本必須落在設定的範圍之內。而最小平方法的解釋方式已將樣本的設限放寬，這種前提很適合套用在抽樣態度較開放的程序上，不過，此等抽樣程序將造就較大的樣本離異性，出現離群值的可能性也跟著大增。受到離群值的影響，以最小平方法求得的估計式將會產生嚴重的偏頗，以致無法精確估算出模糊參數 $A_m = \langle c_m, s_m \rangle$。也就是說，最小平方法的估計程序不夠穩健，易受離群值的影響，此為最小平方法的缺點。

8.4　景氣對策信號實例

在蒐集資料時，由於時間的遲延，有時僅能蒐集到單一時間點的數值資料。例如：一個月公布一次的景氣動向指標，一季公布一次的國內生產毛額（GDP）……等。利用此等方式蒐集到的資料，其表達出的資訊看似真實，實際上它僅表達出某一範圍區間的特定位置。它並沒有清楚地記錄下整個範圍的變動狀況，譬如說：景氣動向雖是一個月僅記錄一次，其實在一個月三十天當中，景氣動向每天都在變化。

這類型的資料是先累積整個範圍下的變動，再加以處理，最後以單一數值的面貌呈現。我們以為此資料並非具有單一數值的意義，它實際所表達的應是某一範圍區間的數值分布狀況。也就是說，該資料具有模糊的特性。在此情況下，如

果利用單一時間點的資料來建構模型，則無法呈現該經濟行為的真實面貌，也可能擴大預測結果和實際狀態間的誤差，在實證研究過程中，應予以慎重考慮。有鑑於此，本節將嘗試以模糊迴歸分析，說明臺灣景氣對策信號和各項金融面，實質面指標之間的因果關係，並運用最小平方法來估計模糊迴歸參數。

為了加強國家經濟建設的推動，分析國內外經濟動向，由行政院經濟建設委員會每月報導臺灣之景氣指標，其中包括景氣對策信號。景氣對策信號係由貨幣供給 M1B、放款金額、票據交換金額、股價指數、製造業新接訂單、海關出口值、工業生產指數、製造業成品存貨率、非農業部門就業率等九項變動率指標編製而成。綜合當期的九項指標，計算其景氣綜合判斷分數後，以數值落入的範圍決定其景氣對策燈號。共有五種信號燈表示景氣狀況，「紅燈」表示景氣過熱，「黃紅燈」表示景氣微熱，「綠燈」表示景氣穩定，「黃藍燈」表示景氣欠佳，「藍燈」表示景氣衰退。

景氣對策信號是具有模糊特性的資料，我們選用模糊迴歸來建構此經濟模型。九項指標當中，我們挑選貨幣供給年增率（X_1）、海關出口值年增率（X_2）、工業生產指數年增率（X_3）三項指標作為自變數，景氣對策燈號則是模糊因變數（Y）。本文資料係從民國 79 年 10 月蒐集至 87 年 1 月，以月為單位，共計 88 筆。

景氣對策信號本是由九項指標依特定公式所組成，上述三項指標與景氣對策信號間的關係似乎已確立，何必再研究這三項指標和景氣對策信號間的關係呢？我們建構此迴歸模式的目的，是重新想以模糊的觀點，呈現出各項景氣指標的另一種面貌。景氣對策信號的表示法不只是紅、黃紅、綠、黃藍、藍五種而已，它應表示承受自變數影響的模糊集合，如此才能清楚呈現景氣對策信號的含意。再者，不將九項指標全部列為自變數，是想以更精簡的方式來表達指標間的因果關係，這才符合迴歸模式的精神。

設立景氣對策信號 $Y(x_i)$ 的迴歸模式為：

$$Y(x_i) = A_0 + A_1 x_{i1} + A_2 x_{i2} + A_3 x_{i3}$$

其中 x_{i1} 為貨幣供給年增率，x_{i2} 為海關出口值年增率，x_{i3} 為工業生產指數年增率（單位皆為 %），而 $A_j = \langle c_j, s_j \rangle$ 為模糊迴歸係數。對於 88 筆資料，我們將景氣

對策信號視爲樣本模糊數 Y_i，並依以下燈號與景氣分數的對應關係：

燈號	景氣分數範圍
紅	38 - 45
黃紅	32 - 37
綠	23 - 31
黃藍	17 - 22
藍	9 - 16

將樣本燈號化成分數區間，如此便得到各筆資料的左右端點 y_{Li}、y_{Ri}。

我們曾經提過，樣本的端點隸屬於 $Y(x_i)$ 的程度值 H 應由實際情況來判斷。在景氣信號的實例當中，樣本與母體的契合程度到底達到多少？即 H 值應該設成多少，才能符合實際狀況？根據以往的經驗，H 通常介於 0.1 至 0.5 間。本例中，我們取一個保守值 $H = 0.3$ 爲準；也就是說，希望樣本的左右端點隸屬於 $Y(x_i)$ 的隸屬度會儘量地接近 0.3。

所以，根據樣本的左右端點 y_{Li}、y_{Ri}，可以得到 $Y(x_i)$ 之 H 截集（H-cut）的左右邊界估計式。運用最小平方法，以所有樣本的左端點 (x_i, y_{Li}) 配置一迴歸直線，得到左端直線函式：

$$y_L(x_i) = \sum_{j=0}^{3} L_j x_{ij} = 14.5 + 0.45x_{i1} + 0.12x_{i2} + 0.18x_{i3}$$

此迴歸配置的相關資訊如下：

迴歸參數	估計係數 $\hat{L}_j$	標準差 $\hat{\sigma}(\hat{L}_j)$	T-Value	P-Value
L_0	14.50	0.646	22.45	0.00
L_1	0.45	0.050	8.96	0.00
L_2	0.12	0.032	3.63	0.00
L_3	0.18	0.071	2.56	0.01
			$\hat{\sigma} = 3.06$	$R^2 = 61.0\%$

再以樣本的右端點 (x_i, y_{Ri}) 配置右端直線函式，得到：

$$y_R(x_i) = \sum_{j=0}^{3} R_j x_{ij} = 20.2 + 0.55x_{i1} + 0.13x_{i2} + 0.21x_{i3}$$

此迴歸配置的相關資訊如下：

迴歸參數	估計係數 $\hat{R}_j$	標準差 $\hat{\sigma}(\hat{R}_j)$	T-Value	P-Value
R_0	20.20	0.678	29.85	0.00
R_1	0.55	0.052	10.48	0.00
R_2	0.13	0.034	3.70	0.00
R_3	0.21	0.075	2.83	0.01
			$\hat{\sigma} = 3.21$	$R^2 = 67.0\%$

根據式（8.18）模糊參數 A_j 的計算公式，可求得：

$$A_0 = \langle 17.369, 4.092 \rangle, A_1 = \langle 0.500, 0.073 \rangle$$
$$A_2 = \langle 0.121, 0.006 \rangle, A_3 = \langle 0.196, 0.021 \rangle$$

如此便得到一組估計的模糊迴歸模式：

$$\tilde{Y}(x_i) = \langle 17.3687, 4.0919 \rangle + \langle 0.500, 0.073 \rangle x_{i1} + \langle 0.121, 0.006 \rangle x_{i2}$$
$$+ \langle 0.196, 0.021 \rangle x_{i3}$$

　　我們以此模糊函式來表示景氣對策信號（$Y(x_i)$）和貨幣供給年增率（x_1）、海關出口值年增率（x_2）、工業生產指數年增率（x_3）之間的因果關係。

　　有了以上的模糊迴歸函式後，未來對景氣對策信號的表示方法便不再侷限於紅、黃紅、綠、黃藍、藍這五種顏色，也就是說，我們看待景氣對策信號時，不再僅有「顏色」的觀念而已。舉例說明，86 年 10 月的貨幣供給年增率（x_1）為 12.87，海關出口值年增率（x_2）為 5.9，工業生產指數年增率（x_3）為 11.05（單位皆為 %），當時的景氣對策信號原以綠燈表示。若將三項

自變數指標代入式（8.16），可得到當期景氣對策信號（$Y(x_i)$）的隸屬函數：
$\mu_{\widetilde{Y}(\mathbf{x}_i)}(t) = \max\{1 - |t - 26.27|/5.28, 0\}$。並將其列示於圖 8.3：

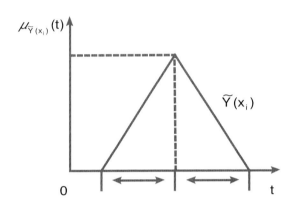

圖 8.3 1997 年 10 月臺灣景氣對策信號之隸屬函數

其中 t 代表景氣分數，不過它是每個時段皆存在的景氣分數，而非經建會所定義每個月計算一次的景氣分數。我們重新用此隸屬函數來代表 86 年 10 月的景氣對策信號。如此一來，便脫離了單純的燈號表示法，此隸屬函數更能充分地表示出景氣信號所隱含的資訊。

8.5 籃球比賽攻防策略實例

籃球比賽之勝負取決於得失分之多寡，且由得失分之情況亦能看出其攻防技術。在一般的比賽紀錄中，二分球、三分球及罰球對得分之貢獻是很明確的，但進攻籃板、防守籃板、抄截、失誤、犯規等對得失分之影響，則無法給出一明確之計數。故本例應用模糊統計分析，參考記錄員資料與各級教練之意見，分析攻防紀錄在比賽得失分上適當之模糊權重。並應用模糊迴歸分析找出影響比賽勝負之重要因素且用語言變數表示出來。提供籃球教練在從事訓練工作與攻防策略參考。

我們以 88 年日月光男子甲組籃球聯賽做實例分析。資料來源為中華民國籃協 88 年 6 月公布之預賽資料。我們針對以下幾項來作分析：

(1) 透過對 10 位甲組籃球教練的問卷調查資料，求出各攻防項目在得失分上

之隸屬度函數。整理如表 8.1：

表 8.1　各攻防項目對於得失分之隸屬度

攻防項目 ＼ 論域	0分	1分	2分	3分
進攻籃板球	0.21	0.19	0.39	0.22
防守籃板球	0.21	0.20	0.34	0.25
助攻	0.10	0.23	0.35	0.32
抄截	0.13	0.21	0.40	0.26
阻攻	0.18	0.23	0.36	0.24

攻防項目 ＼ 論域	0分	-1分	-2分	-3分
失誤	0.14	0.24	0.39	0.23
犯規	0.16	0.23	0.38	0.23

(2) 以隸屬度函數作為得失分之對應模糊權重，轉換出各個攻防項目之模糊分數 k。整理如表 8.2：

表 8.2　攻防項目之模糊分數

攻防項目	模糊分數 k
進攻籃板球 k_4	1.63
防守籃板球 k_5	1.63
助攻 k_6	1.89
抄截 k_7	1.79
阻攻 k_8	1.65
失誤 k_9	-1.71
犯規 k_{10}	-1.68

(3) 在蒐集到的 110 筆資料中，得失分差最多的一場為 57 分，最少的一場為 2 分。我們採 5 等第分法，將得失分差化為語言變數 L = { 不堪一擊 (1)，略遜一

籌 (2)，旗鼓相當 (3)，略勝一籌 (4)，實力超強 (5)}，其對應關係如表 8.3：

表 8.3　得失分差和語言變數之對應關係

語言變數Y_i	不堪一擊(1)	略遜一籌(2)	旗鼓相當(3)	略勝一籌(4)	實力超強(5)
得失分差	-57：-35	-34：-12	-11：11	12：34	35：57

(4) 我們使用 10 個攻防項目 {3 分球命中數、2 分球命中數、罰球命中數、進攻籃板球、防守籃板球、助攻、抄截、阻攻、失誤、犯規 } 的對應模糊分數 {$k_1, k_2, ..., k_{10}$}，乘以該攻防項目在比賽紀錄中出現的次數 {$f_{1i}, f_{1i}, ..., f_{10i}$}，作為解釋變數 {$x_1, x_2, ..., x_{10}$}。將語言變數 Y_i 作為模糊樣，由模糊迴歸方法求出模糊參數 $A_m = \langle c_m, s_m \rangle$。即：

$$Y(x_i) = A_0 + A_1 x_{1i} + A_2 x_{2i} + \cdots + A_{10} x_{10i} \text{，} i = 1, 2, \cdots n$$
$$x_i = (1, x_{1i}, x_{2i} ..., x_{10i})$$

在 8.3 節我們已提過，個別模糊樣本 Y_i 的端點隸屬於模糊應變數 $\tilde{Y}(x_i)$ 的程度值 H 應由實際狀況來判斷。而根據以往的經驗，H 通常介於 0.1 至 0.5 間。本實證我們取一個中間值 $H = 0.3$；也就是說，希望模糊樣本 Y_i 的端點隸屬於模糊應變數 $Y(x_i)$ 的隸屬度會儘量地接近 0.3。利用最小平方法，以所有樣本的左端點 (x_i, y_L) 配置一迴歸直線，得到左端直線函式：

$$y_L(x_i) = \sum_{j=0}^{10} L_j x_{ji}$$
$$= -79.8 + 0.420x_{1i} + 0.574x_{2i} + 1.373x_{3i} + 0.069x_{4i} + 0.728x_{5i}$$
$$+ 0.486x_{6i} + 0.916x_{7i} + 0.868x_{8i} + 0.881x_{9i} + 0.10x_{10i}$$

此迴歸配置的相關資訊給在表 8.4：

表 8.4　y_L 模型之迴歸參數相關統計量值

解釋變數	迴歸估計係數$\hat{L}_j$	標準差$\hat{\sigma}(\hat{L}_j)$	T-Value	P-Value
3 分球 x_{1i}	0.420	0.2058	2.04	0.044
2 分球 x_{2i}	0.574	0.1841	3.11	0.002
罰球 x_{3i}	1.373	0.3087	4.45	0.000
進攻籃板球 x_{4i}	0.069	0.1945	0.35	0.724
防守籃板球 x_{5i}	0.728	0.1704	4.27	0.000
助攻 x_{6i}	0.486	0.1973	2.46	0.016
抄截 x_{7i}	0.916	0.2331	3.93	0.000
阻攻 x_{8i}	0.868	0.4164	2.08	0.04
失誤 x_{9i}	0.881	0.1794	4.91	0.000
犯規 x_{10i}	0.100	0.2055	0.49	0.627
			$\hat{\sigma} = 12.83$	$R^2 = 76.6\%$

再以樣本的右端點 (x_i, y_{Ri}) 配置右端直線函式，得到：

$$y_R(x_i) = \sum_{j=0}^{10} R_j x_{ji}$$
$$= -57.8 + 0.420x_{1i} + 0.574x_{2i} + 1.373x_{3i} + 0.069x_{4i} + 0.728x_{5i}$$
$$+ 0.486x_{6i} + 0.916x_{7i} + 0.868x_{8i} + 0.881x_{9i} + 0.10x_{10i}$$

此迴歸配置的相關資訊說明在表 8.5 中。

表 8.5　y_R 模型之迴歸參數相關統計量值

解釋變數	迴歸估計係數$\hat{R}_j$	標準差$\hat{\sigma}(\hat{R}_j)$	T-Value	P-Value
3 分球 x_{1i}	0.42	0.206	2.04	0.04
2 分球 x_{2i}	0.57	0.184	3.11	0.0+
罰球 x_{3i}	1.37	0.309	4.45	0.0+
進攻籃板球 x_{4i}	0.07	0.195	0.35	0.72
防守籃板球 x_{5i}	0.73	0.170	4.27	0.0+
助攻 x_{6i}	0.49	0.197	2.46	0.02

解釋變數	迴歸估計係數 $\hat{R}_j$	標準差 $\hat{\sigma}(\hat{R}_j)$	T-Value	P-Value
抄截 x_{7i}	0.92	0.233	3.93	0.00
阻攻 x_{8i}	0.87	0.416	2.08	0.04
失誤 x_{9i}	0.88	0.180	4.91	0.00
犯規 x_{10i}	0.10	0.206	0.49	0.63
			$\hat{\sigma} = 12.83$	$R^2 = 76.6\%$

根據式（8.18）與（8.20）的計算公式，可求得模糊參數 A_j 如下：

$$A_0 = \langle -68.8, 15.7 \rangle, A_1 = \langle 0.42, 0.03 \rangle, A_2 = \langle 0.57, 0.04 \rangle,$$
$$A_3 = \langle 1.37, 0.09 \rangle, A_4 = \langle 0.07, 0.0+ \rangle, A_5 = \langle 0.73, 0.05 \rangle,$$
$$A_6 = \langle 0.49, 0.03 \rangle, A_7 = \langle 0.92, 0.06 \rangle, A_8 = \langle 0.87, 0.06 \rangle,$$
$$A_9 = \langle 0.88, 0.06 \rangle, A_{10} = \langle 0.10, 0.0+ \rangle$$

如此便得到一組估計的模糊迴歸模式：

$$Y(x_i) = \langle -68.8, 15.71 \rangle + \langle 0.42, 0.03 \rangle x_{1i} + \langle 0.57, 0.04 \rangle x_{2i} + \langle 1.37, 0.09 \rangle x_{3i}$$
$$+ \langle 0.07, 0.0+ \rangle x_{4i} + \langle 0.73, 0.05 \rangle x_{5i} + \langle 0.49, 0.03 \rangle x_{6i} + \langle 0.92, 0.06 \rangle x_{7i}$$
$$+ \langle 0.87, 0.06 \rangle x_{8i} + \langle 0.88, 0.06 \rangle x_{9i} + \langle 0.10, 0.0+ \rangle x_{10i}$$

我們以此模糊函式來表示語言變數 $Y(x_i)$ 和各個攻防項目之間的因果關係。並且得到攻防項目的重要性依序為罰球、抄截、失誤、阻攻、防守籃板球、2 分球命中數、助攻、3 分球命中數、犯規及進攻籃板球。

值得一提的是，當迴歸係數在估計時，若影響變數彼此有高相關的現象，就會產生共線的情形，而造成迴歸係數的偏誤，並使得迴歸係數不能反映出真正的預測力。 要排除此一疑問，較常用的方法是做共線性診斷。 共線性檢驗一般可考慮兩種途徑：1. 經驗判斷。2. 資料分析。有關籃球攻防技術的探討文獻中，對於本論文所篩選的 10 項影響變數，已做過多次的共線性診斷，其結論都是沒有共線性的疑慮。所以在本例中，這些影響變數的選取應是相當合理且有效的過程。

(5) 將 $\{x_{1i}, x_{2i}, ..., x_{10i},\}$ 依照進攻 O_i = {3 分球，2 分球，助攻，進攻籃板球 }；防守 D_i = { 防守籃板球，阻攻，抄截 }；$EQ\&$ 戰術 E_i = { 罰球，犯規，失誤 } 分類，以 { 進攻，防守，戰術 $\&EQ$} 作為解釋變數，語言變數 Y_i 作為模糊樣本，求出模糊參數 $A_m = \langle c_m, s_m \rangle$：

$$Y(x_i) = A_0 + A_1 O_i + A_2 D_i + A_3 E_i \text{，} i = 1, 2, \cdots, n$$
$$O_i = x_{1i} + x_{2i} + x_{4i} + x_{6i}$$
$$D_i = x_{5i} + x_{7i} + x_{8i}$$
$$E_i = x_{3i} + x_{9i} + x_{10i}$$
$$x_i = (1, O_i + D_i + E_i)$$

以樣本的左端點 (x_i, y_{Li}) 配置左端直線函式，得到：

$$y_L(x_i) = -62.3 + 0.426 O_i + 0.827 D_i + 0.686 E_i$$

此迴歸配置的相關資訊見表 8.6：

表 8.6 y_L 模型之迴歸參數相關統計量值

解釋變數	迴歸估計係數	標準差$\hat{\sigma}$	T-Value	P-Value
進攻面 O_i	0.43	0.07	6.4	0.00
防守面 D_i	0.83	0.13	6.4	0.00
EQ& 戰術 E_i	0.69	0.14	4.9	0.00
			$\hat{\sigma}$ = 13.8	R^2 = 71.0 %

再以樣本的右端點 (x_i, y_{Ri}) 配置右端直線函式，得到：

$$y_R(x_i) = -40.3 + 0.426 O_i + 0.827 D_i + 0.686 E_i$$

此迴歸配置的相關資訊說明在表 8.7 中。

表 8.7　y_R 模型之迴歸參數相關統計量值

解釋變數	迴歸估計係數	標準差 $\hat{\sigma}$	T-Value	P-Value
進攻面 O_i	0.43	0.07	6.4	0.00
防守面 D_i	0.83	0.13	6.4	0.00
EQ& 戰術 E_i	0.69	0.14	4.9	0.00
			$\hat{\sigma}$ =13.83	R^2 = 71.0 %

根據式（8.18）與（8.20）的計算公式，可求得模糊參數 A_j 如下：

$$A_0 = \langle -51.3,\ 15.7 \rangle,\ A_1 = \langle 0.43,\ 0.03 \rangle$$
$$A_2 = \langle 0.83,\ 0.05 \rangle,\ A_3 = \langle 0.7,\ 0.04 \rangle$$

如此便得到一組估計的模糊迴歸模式：

$$Y(x_i) = \langle -51.3,\ 15.7 \rangle + \langle 0.43,\ 0.03 \rangle\ O_i + \langle 0.83,\ 0.05 \rangle\ D_i + \langle 0.7,\ 0.04 \rangle\ E_i$$

根據模糊函式得到整合式的排序為：防守對勝負的影響最大；其次為 *EQ&* 戰術；進攻的影響力最小。值得探討的是，何種攻防項目該分到進攻類、何種攻防項目該分到防守類、何種攻防項目該分到 *EQ&* 戰術類，實在需要更進一步研究。

8.6　結論

　　本研究提出有別於傳統藉由線性規劃估計迴歸參數的方法。因為線性規劃是一種較注重數值運算的估計程序，其觀點與統計學之精神有相當的差異。因此我們應用模糊統計分析與演算法，重新解釋樣本 Y_i 所蘊含的意義。如此樣本的解釋將更符合實際狀況。本章中採用最小平方法求得模糊因變數的左右邊界，進而導出模糊迴歸的估計式，應是一套較符合統計原則的估計程序。

　　比起一般線性規劃的估計技巧，本章提供的最小平方法亦能充分配合樣本的特性，而且運算程序也較為簡易。雖然最小平方法易受離群值的影響，有時可能

會產生較大的配適誤差。因此我們也考慮引用無母數迴歸估計技巧，以降低離群值的影響力，增加模糊參數估計的穩健性。因此，比起傳統方法，本章提出的估計方法更能適切地描述出 X、Y 之間的模糊因果關係。

在景氣對策信號的實例分析當中，最後導出模糊迴歸估計式，可以看出景氣對策信號和三項自變數在結構上的相關程度。我們也藉此式表達出景氣對策信號所隱含的模糊意識。在此例中，也容易看出模糊迴歸較傳統的迴歸具有更進一步的解釋能力。再者，以模糊的觀念來解釋景氣信號的資料結構，過去某些真實且重要、但常讓人忽略的資訊，便可清楚地呈現出來。

另一方面，在傳統的迴歸分析中，最小平方法所求出的估計式為 BLUE（Best Linear Unbiased Estimate），但本研究引用最小平方法所求得的模糊迴歸估計式是否也具有類似性質？而在模糊架構中，又該如何重新定義像 BLUE 這類的估計特性呢？本文中我們雖提供了一套完善的迴歸參數估計程序，但是對此估計程序的統計性質並未詳細推導其數理特性。所以未來研究的重點將可針對此方向發展。

而在籃球比賽攻防策略模糊統計分析中，參考各級教練之意見，統計攻防記錄在比賽得失分上適當之模糊權重。我們考慮如何將不同教練的模糊印象與看法轉化為排序權重，以得到各攻防項目對應之模糊分數。最後並使用記錄員資料與模糊迴歸分析，找出影響比賽勝負之重要因素且用語言變數表示出來。所以自變數應以各項目實際的得失分為計算單位，才能反映出它們對勝負的真正影響。至於進攻籃板球、防守籃板球、助攻、抄截、阻攻、失誤及犯規，則透過模糊權重的設定，將其轉換為適當的得失分。這樣的軟統計分析應是較可行且合理。

09

模糊樣本排序及無母數
檢定方法

　　在傳統的統計推論方法中，數字的大小排序是一個很重要的步驟。透過排序的動作，往往能讓我們了解諸如集中趨勢、分散情形及偏態等資料分布的型態。然而，模糊數及模糊區間數的排序卻不像明確數字那般容易，如何找出簡易有效的排序方法，一直是模糊數學界相關學者努力的方向。

　　針對模糊資料，本文嘗試以軟計算方法，配合模糊理論，定義出模糊數及模糊區間的排序方法，並利用此法找出模糊母體中位數的估計方法。同時，針對傳統無母數檢定方法無法解決若參數假設為模糊數或模糊區間值的缺點，我們提出模糊符號檢定、模糊 Wilcoxon 符號秩和檢定方法以及模糊 Kruskal-Wallisru 檢定。由例子及實證資料分析結果顯示，我們提出的檢定方法能有效解決模糊樣本問題。

9.1　模糊樣本之排序

　　在傳統的統計分析方法中，排序是一個很重要的步驟，然而當樣本資料值為模糊數或模糊區間值時，排序的問題便變得複雜且難以解決。關於模糊數的排序，相關的文獻很多，Freeling (1980) 有系統地將現存的模糊排序方法依照比較的技術，分為直接比較法、語意法等五類。Chen 與 Hwang (1992) 則將模糊排序方法依喜好關係、模糊平均數及分散度、模糊評分、語意表達等四種。Kaufmann 與 Gupta (1988) 針對具三角形隸屬度函數的模糊數，利用其三頂點的值，提出一個排序三法則；Liou 與 Wang (1992) 則是針對具凸隸屬函數之模糊數，利用積分的方法，比較模糊數的期望值大小來確定模糊數之排序；Cheng (1988) 則是利用計算距離的方法來比較模糊數的大小。

　　對於模糊數的排序方法，有的只適用於具特殊型態隸屬度函數的模糊數，有的則是計算較為繁瑣。故本章針對日常生活常見的模糊資料型態：多值邏輯模糊數及模糊區間數的排序，提出一有效且計算便捷的排序方法。

　　傳統的統計檢定必須對資料分布的型態給予明確的假設，例如母體分配為常態或近似常態。例如，當我們想檢定兩母體平均數是否有差異時，事先假設（null hypothesis）是「兩個平均數相等」，而常假設母體服從常態分配。然而，有時我們想要知道的只是兩平均值是否非常逼近，此時傳統的檢定方法並不

適用於這種包含不確定性的假設檢定。又例如，針對股市分析師宣稱某股票股價將在 23 元左右盤整，「23」元這個數字看似精確，事實上卻帶有不確定性及模糊性，若我們欲針對此假設作檢定，應視爲一個有關模糊數的假設檢定，而傳統計的檢定方法對於這樣的假設並無有效的解決方法。此外，針對某經濟研究機構宣稱國內失業率將達到約 3%-5% 這樣帶有不確定性且爲區間值的模糊虛無假設，傳統的假設檢定也缺乏較有效可行的檢定方法。

由上述可知，模糊統計推論日漸受到重視，這應是複雜的社會現象無法以傳統數值模型充分合理解釋的一種自然發展結果。有鑑於此，本文嘗試以軟計算方法配合模糊理論，針對多值邏輯模糊數及模糊區間數，提出有效可行的排序方法，並將此法應用於符號檢定及 Wilcoxon 符號秩和檢定等無母數檢定方法。同時將此方法應用於實證資料，希冀能對相關的研究提供切合實際的有效分析方法。

由於連續型的模糊區間樣本，其大小排序的情形遠較離散型模糊樣本來得複雜，相關文獻也較少提出排序方法。其中，多半將模糊區間數視爲一具凸隸屬度函數的模糊數，然後以積分的方法找出各模糊數的模糊中心，再以模糊中心之大小決定各模糊數的排序。如此的排序方法會遭遇幾個問題：一是凸隸屬度函數的決定會較主觀且難以決定，二是對大樣本而言，以積分方法來決定模糊數中心是較爲費時且實務應用上較爲不便。本章我們以均勻分配爲基礎，配合模糊關係隸屬度函數，提出以下方法來決定模糊區間樣本的大小關係。

定義 9.1　模糊樣本之排序

設 U 爲一論域，令 x_{1f}, x_{2f} 爲模糊樣本 x_1, x_2 的反模糊化值。i.e. $x_f = \sum_{i=1}^{k} m_i L_i$

對離散模糊樣本 $x = \sum_{i=1}^{k} \dfrac{m_i}{L_i}$ ，$x_f = \dfrac{x_l + x_u}{2}$ ，對連續模糊樣本 $x = [x_l, x_u]$。則：

(1) 若 $x_{1f} < x_{2f}$，我們稱 x_1 模糊小於 x_2，記爲 $x_1 \prec x_2$

(2) 若 $x_{1f} = x_{2f}$，我們稱 x_1 模糊等於 x_2，記爲 $x_1 \approx x_2$

(3) 若 $x_{1f} > x_{2f}$，我們稱 x_1 模糊大於 x_2，記爲 $x_1 \succ x_2$

┌─ 例 9.1　離散型模糊樣本排序應用於餐飲業服務滿意度調查 ─

　　針對某學校師生對學校餐廳服務是否滿意進行調查，若將滿意程度分為：L_1 = 很不滿意、L_2 = 不滿意、L_3 = 普通、L_4 = 滿意、L_5 = 很滿意等五種。隨機抽取六位學校師生以模糊問卷方式進行調查，對學校餐廳滿意程度的隸屬度如表 9.1：

表 9.1　6 位受訪者對應於 5 種價格之隸屬度選擇

	L_1	L_2	L_3	L_4	L_5	x_f
1	0	0.5	0.5	0	0	2.5
2	1	0	0	0	0	1
3	0	0.7	0.3	0	0	2.3
4	0	0	0.8	0.2	0	3.2
5	0	0	0	0.1	0.9	4.9
6	0	0	0.6	0.4	0	3.4

　　則 6 位受訪者對學校餐廳服務滿意程度排序為：

$$x_2 \prec x_3 \prec x_1 \prec x_4 \prec x_6 \prec x_5$$

┌─ 例 9.2 ─

　　在我們對於今年畢業生求職潮中，調查出下列 8 位大學畢業生對薪資期望的一組模糊區間樣本如下表 9.2，而去年調查結果之大學畢業生薪資期望均數為 3-4 萬。

表 9.2　8 位大學生對期望薪資區間值調查

i	x_l	x_u	$x_f = \dfrac{x_l + x_u}{2}$
x_1	2	3	2.5
x_2	3	4	3.5

i	x_l	x_u	$x_f = \dfrac{x_l + x_u}{2}$
x_3	2	5	3.5
x_4	2.6	4	3.3
x_5	3.5	5.5	4
x_6	3.6	4.2	3.9
x_7	3.2	5	4.1
x_8	2.6	4.6	3.6

則 8 位大學生對期望薪資排序為：

$$x_1 \prec x_4 \prec x_2 \approx x_3 \prec x_8 \prec x_6 \prec x_5 \prec x_7$$

9.2　模糊中位數於符號檢定（Sign test）之應用

　　符號檢定可說是起源最早的統計檢定方法，通常用來檢定兩母體 X、Y 是否相等，這裡相等的意思是指中位數沒有差異的情形。

　　符號檢定也可以推廣用來檢定單一母體的中位數，或一時間數列過程之趨向性。例如若要檢定母體的中位數是否為某特定值 M_0 時，其統計假設 $H_0：M_X = M_0$，$H_1：M_X \neq M_0$。我們可由母體隨機抽取 n 個樣本，然後比較樣本值與母體中位數 M_0 的大小。若 $x_i > M_0$，則記以「＋」，若 $x_i < M_0$，則記以「－」（捨去 $x_i = M_0$ 之樣本）。如果該母體 X 的中位數確實是 M_0，那麼出現正號的總數與出現負號的總數應相差不多。若出現「＋」的總數與出現「－」的總數相差頗大時，則我們可以說母體 X 的中位數不等於某特定值 M_0。

　　模糊樣本之符號檢定法，即是考慮將模糊樣本反模糊化後，再將所得之值與母體中位數 M_0 的大小做比較所得之統計結果。另外為了簡潔敘述檢定過程，避免重複說明起見，本章各檢定法介紹大都只敘述雙尾檢定過程，至於單尾檢定的情形，均可比照類推。以下依模糊樣本為離散型及連續型，分述其檢定步驟如下：

模糊樣本符號檢定程序

1. 樣本：一組隨機的成對模糊離散樣本 (x_i, y_i), $i = 1, ..., n$，或一組中位數已知的隨機模糊離散樣本。

2. 統計假設：X, Y 兩母體分配之模糊中位數沒有差異；即

   $H_0 : Fmedian\ (X) \neq Fmedian\ (Y)$ ；$H_1 : Fmedian\ (X) \neq Fmedian\ (Y)$

3. 統計量：$T =$ 出現 $x_i > y_i$ 的總數。

4. 決策法則：在顯著水準 α 下的雙尾檢定，

   若 $P\ (T \leq C_\alpha) = \sum_{i=0}^{C_\alpha} \binom{n}{i} (0.5)^i (0.5)^{n-i} < \alpha/2$ ，

   或若 $P\ (T \geq C_\alpha) = \sum_{i=C}^{n} \binom{n}{i} (0.5)^i (0.5)^{n-i} < \alpha/2$ ，則拒絕 H_0。

　　當小樣本（$n \leq 25$）時，我們可利用查表到相對應 α 之臨界值。若大樣本時，則可應用中央極限定理，由逼近常態分配法則，以求得 α 的臨界值。因為在 H_0 下，符號檢定統計量 T 具有期望值 $\mu_X = np = n/2$，變異數 $\sigma^2 = npq = n/4$ 的二項分配。故可使用 Z 檢定量，

$$Z = \frac{T - \mu_X}{\sigma_X} = \frac{T - (n/2)}{\sqrt{n/4}} = \frac{2T - n}{\sqrt{n}} \qquad (9.1)$$

來檢定。

例 9.3

　　協和基金會為了探討夫妻在家庭重要決策中，是否如傳言：妻子具有較大影響力？於是隨機抽取 17 對夫妻針對家庭中重要的決策—購屋做統計。

　　在問卷中要求他們對決策之影響力做一模糊回答，$\{x_i = \frac{m_{i1}}{L_1} + \frac{m_{i2}}{L_2} + ... + \frac{m_{ik}}{L_k}\}$。其中影響力分為五個語意變數：1 = 很沒影響、2 = 較無影響、3 = 普通、4= 較有影響、5 = 很有影響等五種。將模糊樣本反模糊化值後，得結果如下表。

表 9.3　夫妻在家庭重要決策中的影響力

樣本	1	2	3	4	5	6	7	8	9	10	11	12	13	14	15	16	17
妻x_{lf}	3.5	3	4.2	4	2.5	1.5	3.5	2.4	1.5	2.5	3	2.5	2.5	3.5	3.5	3.5	2
夫y_{lf}	2	2.3	2.2	3	2.5	4.4	2.1	2.4	4.8	3.6	2.2	2	4	2.5	2.6	1	4.5
符號	+	+	+	+	0	−	+	0	−	+	+	+	−	+	+	+	−

H_0：$Fmedian\,(X) = Fmedian\,(Y)$，即夫妻在家庭決策中的影響力一樣；

H_1：$Fmedian\,(X) > Fmedian\,(Y)$，即妻子在家庭決策中的影響力較大。

由表 9.3 發現正號總數 $T = 11$，$n = 17 - 2 = 15$，相持（tie）不記。用右尾檢定，在 $\alpha = 0.1$ 顯著水準下查得：

$$P\,(T \geq 11) = 1 - B\,(10;\,15,\,0.5) = 1 - \sum_{i=0}^{10} C_i^{15}(0.5)^i (0.5)^{15-i}$$

$$= 1 - 0.94 = 0.06 < \alpha = 0.1$$

故拒絕 H_0，即在 $\alpha = 0.1$ 顯著水準下，妻子在家庭重要決策中的影響力較大。

─ 例 9.4　連續型模糊最大隸屬度估計量應用於等候時間調查 ─

　　對速食店業者來說，縮短顧客等候時間是非常重要的，不但可提升顧客對服務的滿意度，也可以提升銷售金額。某速食店業者採開放式問卷，隨機抽取 10 位顧客調查他們可忍受的最長等候時間區段，結果如表 9.4，針對去年委託民調中心調查的結果為可忍受等候時間為 4-8 分鐘，亦即 $Fv_0 = [4, 8]$。欲檢定近來顧客可忍受等候時間與去年是否有差異。顧客可忍受等候時間對各模糊關係之隸屬度如表 9.4：

表 9.4　10 位顧客對等候時間之可忍受時間區段（分鐘）

	1	2	3	4	5	6	7	8	9	10
x_l	4	7	2	2	1	1	5	3	4	6
x_u	7	10	5	8	4	2	10	7	9	8
C_l	5.5	8.5	2.5	5	2.5	1.5	7.5	4.5	6.5	7
sign	−	+	−	−	−	−	+	−	+	+

H_0：$Fmedian\ (X) = Fmedian\ (Y)$，即顧客可忍受等候時間區間中位數與去年差不多；

H_1：$Fmedian\ (X) < Fmedian\ (Y)$，即顧客可忍受等候時間區間中位數與去年有顯著差異。

由表 9.4 發現正號總數 $T = 4$，$n = 10$。用左右尾檢定，在 $\alpha = 0.1$ 顯著水準下查得：

$$P\ (T \leq 4) = B\ (4;\ 10,\ 0.5) = \sum_{i=0}^{4} C_i^{10}\ (0.5)^i\ (0.5)^{10-i}$$
$$= 0.37 > \alpha = 0.1$$

故接受 H_0，即在 $\alpha = 0.1$ 顯著水準下，顧客可忍受等候時間區間中位數與去年差不多。

9.3 模糊樣本排序方法應用於威克生符號等級檢定（Wilcoxon Signed-Rank Test）

符號檢定法僅利用到成對樣本之間的差異方向（正或負），並沒有考慮差量大小。因此檢定過程中，可能會失去一些重要的資料訊息。威克生（1945）提出符號等級檢定方法，就是將成對樣本間差量大小與符號方向同時納入考慮。也就是對差量越大的配對，給予越大的權值，如此也提高了檢定方法之檢定力。

威克生符號等級檢定方法的概念為：假設我們由隨機成對樣本 $\{(X_i, Y_i);\ i = 1, \cdots, n\}$ 中，要檢定兩母體 X, Y 是否有差異。令 $d_i = Y_i - X_i$，為成對 (X_i, Y_i) 之差值，$i = 1, \cdots, n$。對 d_i 取絕對值，再以等級 1 給之最小值，等級 2 給之次小值，$\cdots$，依此類推，以等級 n 給之最大值。若有數個值相等，則取其在不同值下所對應等級的平均值，易知全部等級和為 $n\ (n + 1)/2$。

令 T^+ 為所有 d_i 為正數的等級和，T^- 為所有 d_i 為負數的等級和。則易知 T^+ 或 T^- 的最小值均可能為 0，且 T^+ 或 T^- 的最大值均可能為 $n(n + 1)/2$。因此在統計假設 $H_0：M_X = M_Y$ 下，若 T^+ 或 T^- 接近 $n(n + 1)/4$，則我們可接受 $H_0：X, Y$ 兩母體沒有差異。反之，若 T^+ 或 T^- 接近 0 或 $n(n + 1)/2$，則我們拒絕 H_0。

模糊樣本之符號檢定法，即是考慮將模糊樣本反模糊化後，再將所得之值與母體中位數 M_0 的大小做比較所的之統計結果

模糊樣本 Wilcoxon Signed-Rank Test 檢定流程

1. 樣本：一組隨機的成對模糊樣本 (x_i, y_i), $i = 1, \cdots, n$，或一組中位數已知的隨機模糊樣本。(x_{if}, y_{if}) 為其相對之反模糊化值。$d_i = y_{if} - x_{if}, i = 1, \cdots, n$。

2. 統計假設：X, Y 兩母體分配之模糊中位數沒有差異；即：

   $H_0 : Fmedian\,(X) \neq Fmedian\,(Y)$ v.s $H_1 : Fmedian\,(X) \neq Fmedian\,(Y)$

3. 統計量：$T = T^+$ 與 T^- 中較小的值。

4. 決策：在顯著水準 α 下的左尾檢定，查表，若 $T < T_{\alpha/2}$（臨界值），則拒絕 H_0。

當小樣本（$n \leq 25$）時，我們可利用查表到相對應 α 之臨界區。當大樣本時，可證得威克生符號等級檢定量 T 的分配會趨近常態分配，其期望值與變異數為：

$$E(T) = \frac{n(n+1)}{4} \quad , \quad \sigma_T^2 = \frac{n(n+1)(2n+1)}{24} \qquad （9.2）$$

因此可使用統計量 $Z = \dfrac{T - E(T)}{\sigma_T}$ 來檢定。

例 9.5

　　幼教心理學家想要探討雙胞胎中，首先出生者是否比後出生者更有進取心。於是對選取十二對雙胞胎給予心理測驗，並以模糊隸屬度紀錄其模糊分數 (x_i, y_i)。再將其反模糊化得到 (x_{if}, y_{if})。結果如下表。較高分者表示較有進取心。

表 9.5　雙胞胎中首先出生者與後出生心理測驗結果

雙胞胎	1	2	3	4	5	6	7	8	9	10	11	12
先出生	86	71	77	68	91	72	77	91	70	71	88	87
後出生	88	77	76	64	96	72	65	90	65	80	81	72

d_i	2	6	-1	-4	5	0	-12	-1	-5	9	-7	-15
d_i之等級	3	7	1.5	4	5.5	-	10	1.5	5.5	9	8	11

以威克生符號等級檢定法檢定，在顯著水準 $\alpha = 0.05$ 下，是否雙胞胎中首先出生者比後出生者更有進取心。

統計假設 H_0：雙胞胎中首先出生者不比後出生者更有進取心

H_1：雙胞胎中首先出生者比後出生者更有進取心

查表可得到正號總和 $T^+ = 3 + 7 + 5.5 + 9 = 24.5$，負號總和 $T^- = 1.5 + 4 + 10 + 1.5 + 5.5 + 8 + 11 = 41.5$。用單尾檢定，在統計假設 H_0 下，由查表可得，當 $\alpha = 0.05$ 時，$T_{0.05} = 14 < T^+ = 24.5$。故我們接受 H_0，即雙胞胎中首先出生者不比後出生者更有進取心。

9.4 模糊樣本排序方法應用於威克生等級和檢定（Wilcoxon Rank-Sum Test）

威克生等級和檢定乃用來檢定兩組獨立樣本，其所來自母體之中位數是否相等。在無母數統計檢定法中，可說是應用最廣的一種檢定法。威克生等級和檢定與一般所謂麥—惠特尼（Mann-Whitney）檢定法的原理是一致的。

假設我們從兩獨立母體 X、Y 隨機抽出 m、n 個模糊樣本，再將此樣本反模糊化，最後依照樣本值大小，將所有 $m + n = N$ 個混合樣本由小而大排序。亦即在混合樣本中，最小的混合值給 1，次小者給 2，……，依此類推，最大的混合值給 N。若有混合值相等者，則取其在不同值下所對應等級的平均值。設 $R(X_i)$, $R(Y_i)$ 分別表示 X_i, Y_i 在混合樣本中所對應之等級，則兩組樣本等級的總和分別為：

$$W_X = \sum_{i=1}^{m} R(X_i) \text{ 和 } W_Y = \sum_{i=1}^{n} R(Y_i)$$

可知 W_X 的最小可能值為 $1 + \cdots + m$，最大可能值為 $(n+1) + \cdots + (n+m)$。W_Y 的最小可能值為 $1 + \cdots + n$，最大可能值為 $(m+1) + \cdots + (n+m)$。

　　因此如果母體 X 的樣本值比母體 Y 的樣本值來得大，即母體 X 的樣本值集中於等級高的區域，則 W_X 值將較大。如果母體 X 的樣本值比母體 Y 的樣本值來得小，即母體 X 的樣本值集中於等級低的區域，則 W_X 值將較小。在這兩種情況下，則我們會拒絕統計假設 $H_0：M_X = M_Y$。

　　舉例來說，我們有兩組樣本分別來自國中聯考班 X，與自學班 Y 的學生，其反模糊化測驗成績如下。聯考班：70, 75, 85, 90；自學班：55, 60, 80。我們將混合樣本依大小排等級：

觀測值	55	60	70	75	80	85	90
母體	Y	Y	X	X	Y	X	X
等級	1	2	3	4	5	6	7

則 $M_X = 3 + 4 + 6 + 7 = 20$，$M_Y = 1 + 2 + 5 = 8$。

威克生等級和檢定過程

1. 資料：兩組獨立母體 X, Y 之隨機模糊樣本 $x_1, \cdots, x_m$，$y_1, \cdots, y_n$，$m + n = N$。$x_{1f}, \cdots, x_{mf}, y_{1f}, \cdots, y_{nf}$ 為期相對之反模糊化值。

2. 統計假設：X, Y 兩母體分配之中位數沒有差異；即：

$H_0：M_X = M_Y$；$H_1：M_X \neq M_Y$。

3. 統計量：$T = W_X = \sum_{i=1}^{m} R(X_i)$。

4. 決策：在顯著水準 α 下的雙尾檢定，查表，若 $M_L \leq T \leq M_U$，則接受 H_0。

　　當 m, n 很大時（$m > 10, n > 10$），可證得威克生等級和檢定量 T 的分配會趨近常態分配，其期望值與變異數為：

$$E(T) = E\left(\sum_{i=1}^{m} R(X_i) \right) = \frac{m(N+1)}{2} \tag{9.3}$$

$$\sigma_T^2 = Var\left(\sum_{i=1}^{m} R(X_i) \right) = \frac{mn(N+1)}{12} \tag{9.4}$$

因此可使用統計量 $Z = \dfrac{T - \mu_T}{\sigma_T}$ 來檢定。

例 9.6

　　觀光局想調查遊客對臺灣北部旅遊勝地：東北角海岸線與石門水庫風景區的滿意度情形。於是在某假日隨機各抽取數名遊客，就其景觀、設施、環保、服務、交通等項作隸屬度評分，得到反模糊化值總分如下表 9.6。

表 9.6　東北角海岸線與石門水庫風景區的滿意度

| 東北角海岸線x_f | 40.2 | 38.4 | 32 | 45.3 | 33.4 | 45.8 | | |
| 石門水庫風景區y_f | 28.7 | 35.9 | 32 | 42.2 | 47.7 | 24.3 | 33.6 | 41.4 |

以威克生等級和檢定，在 $\alpha = 0.05$ 顯著水準下，統計假設為：

H_0：遊客對東北角海岸線與石門水庫風景區滿意度相同；即 $M_X = M_Y$。

H_1：遊客對東北角海岸線與石門水庫風景區滿意度不同；即 $M_X \neq M_Y$。

將遊客對東北角海岸線與石門水庫風景區的滿意度混和排序如下。

滿意度	24.3	28.7	32	32	33.4	33.6	35.9	38.4	40.2	41.4	42.2	45.3	45.8	47.7
母體	Y	Y	Y	X	X	Y	Y	X	X	Y	Y	X	X	Y
等級	1	2	3.5	3.5	5	6	7	8	9	10	11	12	13	14

　　由上表可得 $M_X = 3.5 + 5 + 8 + 9 + 12 + 13 = 50.5$，在統計假設 H_0 下，查表可得當 $m = 6$，$n = 8$，$\alpha = 0.05$ 時，$(W_L, W_U) = (29, 61)$ 此區間包含 50.5。故我們接受 H_0，即遊客對東北角海岸線與石門水庫風景區滿意度相同。

9.5 模糊樣本排序方法應用於 Kruskal-Wallis 檢定（一因子變異數分析）

　　Kruskal-Wallis 等級檢定法是一種最常被用來檢定多組獨立母體間是否有差異的方法。假設我們有 k 組獨立之母體，而每個母體之模糊觀察值有 n_i 個，$i = 1$, $\cdots$, k。現依照反模糊化值的大小將所有 $n_1 + n_2 + n_3 + \cdots + n_k = N$ 個反模糊化值排序，最小之反模糊化值給 1，次小者給 2，依此類推，最大之反模糊化值觀測值給 N；若有數個反模糊化值相等，則取其在不同值下所對應秩的平均值。

　　之後我們對 k 組母體求秩和，以 R_i 表第 i 個模糊母體在混合樣本中所對應之秩和，若我們所假設的是 H_0：各模糊母體間無差異，顯然地，若各組獨立模糊母體之樣本大小一致時，則所有 R_i 值 $i = 1,\cdots, k$，不會過大或過小，但如果有某個母體之秩和太大（小），則我們拒絕 H_0。

Fuzzy Kruskal-Wallis（一因子變異數分析）等級檢定模式

1. 資料：k 組相互獨立模糊母體，每個母體有 n_i 個模糊觀測值，$i = 1, \cdots, k$ n_1 $+ n_2 + n_3 + \cdots + n_k = N$，$x_{if}$ 為其相對之反模糊化值

2. 假設：$H_0 : M_1 = M_2 = \cdots = M_k$

3. 統計量：$T = \dfrac{12}{N(N+1)} \displaystyle\sum_{i=1}^{k} \dfrac{1}{n_i} \left[R_i - \dfrac{n_i(N+1)}{2} \right]^2$

$= \dfrac{12}{N(N+1)} \displaystyle\sum_{i=1}^{k} \dfrac{R_i^2}{n_i} - 3(N+1)$，其中 R_i 之期望值為 $\dfrac{n_i(N+1)}{2}$

4. 決策：

   (1) 當 $k = 3$ 且每組母體之觀測值均不超過 5，查表。在 α 顯著水準下，若 $T > C_\alpha$，則拒絕 H_0。

   (2) 在 α 顯著水準下，若 $T > \chi_\alpha^2(k-1)$，則拒絕 H_0。

例 9.7

長春醫院婦產科醫師為了研究懷孕婦女其腎上腺素的分泌量變化情形，分別記錄了三組婦女體內腎上腺素的分泌量。第一組為待產的婦女，第二組為剖腹生產的婦女，第三組為自然生產的婦女，表 9.7 提供了資料值。在 $\alpha = 0.05$ 顯著水準下，試判斷這三組婦女腎上腺素的分泌量是否有不同。

表 9.7　三組婦女體內腎上腺素之分泌量反模糊化值

第一組	263	305	218	333	454	339	304	54	287	355
第二組	468	501	455	351	469	362				
第三組	343	772	207	998	838	687				

統計假設為：

H_0：每組的婦女體內腎上腺素的分泌量分配相同；

H_1：至少有一組婦女體內腎上腺素的分泌量分配與其他組不同。

將所有之 $10 + 6 + 6 = 22$ 為觀測值，混合排序後，我們得到：

第一組	4	7	3	8	14	9	6	1	5	12	$R_1 = 69$
第二組	16	18	15	11	17	13					$R_2 = 90$
第三組	10	20	2	22	21	19					$R_3 = 94$

$$K = \frac{12}{22(22+1)}\left[\frac{69^2}{10} + \frac{90^2}{6} + \frac{94^2}{6}\right] - 3(22+1) = 9.23$$

因為 $\chi^2_{0.95}(2) = 5.99 < 9.232$，所以我們拒絕 H_0；即婦女體內腎上腺素之分泌量分配不同。

9.6 結論

當研究的議題具模糊性，且論域可由數個變數所分割時。由於模糊理論依受訪者的主觀意識不同，容許其對於不同的選項做出一個以上的選擇，由此而得的調查結果及統計分析，的確較能貼近母體意向的真實情形。這也是為何本文考慮多值邏輯模糊數之排序及檢定問題的原因。

我們所提出的模糊樣本排序方法，應用於無母數檢定，可解決傳統假設檢定無法解決日常生活中帶有模糊性語意或帶有不確定性區間值的檢定假設。應用模糊二元有序關係以決定不確定性區間值之間的大小排序關係，並應用於無母數檢定，結果顯示，無論是離散型或是連續型，均較一般模糊數排序方法簡單且有效率。

我們提出的模糊符號檢定、模糊 Wilcoxon 符號秩和檢定、模糊 Kruskal-Wallis 檢定等無母數檢定方法，具有不需對資料分布的型態給予明確的假設，例如母體分配為常態或近似常態的優點。此外，當我們想檢定針對日常生活常遇到如「我的食量是 2-3 碗」、「我希望的薪水是 3-4 萬」、「某股票股價是否會在 23 元左右盤整」、「資訊展今日到展人數是 1-2 萬人」等，具有不確定性及模糊性的資料，應視為是一個有關模糊樣本的假設檢定。傳統統計的檢定方法對於這樣的假設並無有效的解決方法，而我們所提出的模糊無母數檢定方法，則提供一個更具體可行的方向。

10

模糊時間數列
分析與預測

本章將引進模糊集合理念，於時間數列分析與預測上。探討研究重點包括模糊自相似度的定義與度量，模糊自迴歸係數的分析，模糊相似度辨識與自迴歸階次認定、模糊時間數列模式建構與預測等。我們首先給定模糊時間數列模式的概念與一些重要性質。接著提出模糊相似度的定義與度量，並以模糊關係方程式的推導，提出模糊時間數列模式建構方法，且考慮以平均預測準確度來做預測效果之比較。最後以臺灣的景氣對策信號為實例，以驗證所建構模糊時間數列模式及預測的效率性與實用性。

10.1 前言

在時間數列分析中，資料的走勢型態可以作為判斷事件發生的基礎，如：遞增或遞減、季節性循環或突發暴漲等。是故，根據所觀察的特性，可藉由先驗的模式族中，如：ARIMA 模式族、ARCH 模式族或門檻模式族等，挑選出最佳的配適模式。但由於資料蒐集的誤差、時間的延遲（lag）或變數之間的交互影響，使得單一度量的數值，形式上看似一精確值，而實際上所隱含的卻是某一區間範圍的可能值。在此情況下，我們若以傳統的模式建構與分析方法，來配適出一數學模式，以解釋時間數列資料與走勢，可能會產生模式過度配適的危險。

預測是決策者在決策過程中不可或缺的重要資訊，且精確的預測結果可以提供決策者更多的訊息，有利於做出正確的決策與適當的反應。在時間數列資料上，傳統是以建構統計模式方法做為資料分析或預測工具，其過程偏向由數值資料中，經由先驗的模式族中建構最適模式，例如由 ARIMA 模式族、ARCH 模式族或門檻模式族等，挑選出最佳的配適模式。但是由於資料蒐集的誤差、時間的遲延（lag）或變數之間的交互影響。使得單一度量的數值，形式上看似一精確值，實際上所表達的應該是某一區間範圍的可能值。例如：每年的學生註冊人數是以年初、年中、年尾或是平均為準？期間所得數值往往各有不同。又如每天的加權股票指數是以開盤、收盤、或是最高最低價之平均為準？結果亦有相當的差距。

實際上學生註冊人數與加權股票指數，其數字本身就具有不確定性與模糊性。若我們利用此一假性的「精確值」來做因果分析或計量度量，可能造成因果

判定偏差或誤導預測模式的建構。因此,具有模糊性的數值資料,我們若以傳統的模式建構與分析方法,配適出一數學模式,以解釋時間數列資料與走勢,可能會造成模式建構、預測誤導或擴大預測結果和實際狀態之間的誤差。

另一方面,從模式庫(model base)的觀點來看,傳統上是以建構統計模式方法做為資料分析或預測工具。其過程偏向由數值資料中,藉由先驗的模式族中建構最適模式。譬如由 ARIMA 模式族、ARCH 模式族或門檻模式族等,挑選出最佳的配適模式。但是由於資料蒐集的誤差、時間的延遲(lag)或變數之間的交互影響,數值資料本身常充滿著不確定性。例如:景氣對策信號綜合指數的判定,有些項目可能即時收錄記載,有些項目僅能事後觀察得來;每年的學生註冊人數,以年初、年中或年尾為準?期間所得數值往往各有不同。又如新臺幣對美元的匯率,是以開盤、收盤、或是最高最低價之平均為準?結果亦有相當的差距。

因此,往往動態資料的顯現上看似一精確的數值,而所隱含的卻是某一區間範圍的可能值、或者資料本身就是一組語言資料(linguistic data)。這些靜態與/或動態情況,我們若以傳統的模式建構與分析方法,配適出一數學模式,以解釋時間數列資料與走勢,可能會產生模式過度配適的危險。

將模糊邏輯應用於時間數列分析過程時,第一步考慮就是要如何結合語言變數的分析方法,以解決資料的模糊性問題。語言方面提出了具有學習能力的方法去修正模糊模式。還有其他方法像以嘗試錯誤的過程(trial-and-error procedure)選擇適當的加權因子,但此方法相當麻煩。若是由模糊方程式著手,事實上,模糊關係方程式是較決策表或決策法則容易理解,及更進一步的分析及應用。所以大部分學者,常採用模糊關係方程式求解來分析。本章將詳細的探討這些類型的模糊時間數列,並以模糊關係方程式建構模糊時間數列模式。最後,將我們的方法,應用在臺灣的景氣對策信號與臺灣地區加權股票指數資料分析與預測上。

在討論應用模糊時間數列來進行預測時,首先,要給定幾個有關模糊時間數列的定義:

定義 10.1   模糊時間數列

令 $\{X(t) \in R, t =,1, 2, ..., n\}$ 為一個時間數列,U 為其論域。給定 U 的一個次序分割集合(ordered partition set),$\{P_i; i = 1, 2, ..., r, \overset{r}{\underset{i=1}{\bigcup}} P_i = U \}$ 其相對於語言

變數為 $\{L_i, i = 1, 2, ..., r\}$。若在 $\{L_i, i = 1, 2, ..., r\}$ 上相對於 $X(t)$ 的模糊集合 $F(t)$ 有隸屬度函數為 $\{\mu_1(X(t)), \mu_2(X(t)), \cdots, \mu_r(X(t))\}$，$0 \leq \mu_i(X(t)) \leq 1$，$i = 1, ..., r$，則我們稱 $\{F(t)\}$，$F(t)$ 的集合，為布於 $X(t)$ 上的一個模糊時間數列。並且記為：

$$F(t) = \frac{\mu_1(X_t)}{L_1} + \frac{\mu_2(X_t)}{L_2} + \cdots + \frac{\mu_r(X_t)}{L_r} \qquad (10.1)$$

其中，「+」表示連結符號，$\mu_i : R \longrightarrow [0,1]$，且 $\sum_{i=1}^{r} \mu_i(X(t)) = 1$，對所有 $t = 1, 2, \cdots, n$。

為了方便起見，我們將 $\frac{\mu_1(X_t)}{L_1} + \frac{\mu_2(X_t)}{L_2} + \cdots + \frac{\mu_r(X_t)}{L_r}$ 簡寫為 $F(t)$。

在計算模糊隸屬度時，我們考慮以三角形隸屬度函數，進行時間數列轉換為模糊時間數列的程序，其方法如下：

令 $\{X_t \in R, t =,1, 2, ..., n\}$ 為一個時間數列，$\{P_i; i = 1, 2, ..., r, \bigcup_{i=1}^{r} P_i = U \}$

為論域 U 的一個次序分割集合。設 m_i 為其分割集合的中間值，$i = 1, 2, \cdots, r$，且其相對於語言變數為 $\{L_i, i = 1, 2, \cdots, r\}$。則對任意 t，若 X_t 介於 m_i 與 m_{i+1} 之間，則其屬於語言變數 L_i 的隸屬度為 $\frac{m_{i+1} - X_t}{m_{i+1} - m_i}$，屬於語言變數 L_{i+1} 的隸屬度為 $\frac{X_t - m_i}{m_{i+1} - m_i}$，屬於其他語言變數 $\{L_i, i = 1, \cdots, i+1, I, i+2, \cdots, r\}$ 的隸屬度皆為 0。

例 10.1

令 $\{X(t)\} = \{0.8, 1.7, 2.9, 4.1, 3.5, 3.2, 4.3, 3.6\}$，選擇 $U = \{[0,1], [1,2], [2,3], [3,4], [4,5]\}$，且其語言變數為：很低 = $L_1 \propto [0,1]$，低 = $L_2 \propto [1,2]$，中等 = $L_3 \propto [2,3]$，高 = $L_4 \propto [3,4]$，很高 = $L_5 \propto [4,5]$，其中「$\propto$」表示「相對於」。並且，我們取區間的平均數為典型值。所以，各語言變數相對應的典型值分別為，0.5、1.5、2.5、3.5、4.5，其隸屬度函數以圖 10.1 表示。

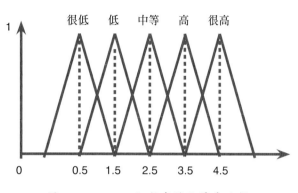

圖 10.1　{F(*t*)} 相對應的隸屬度函數

則我們可得到相對於 {X(*t*)} 的模糊時間數列 {F(*t*)} 為：

	很低	低	中等	高	很高
$F(1)$ = (	0.7	0.3	0	0	0)
$F(2)$ = (	0	0.8	0.2	0	0)
$F(3)$ = (	0	0	0.6	0.4	0)
$F(4)$ = (	0	0	0	0.4	0.6)
$F(5)$ = (	0	0	0	1	0)
$F(6)$ = (	0	0	0.2	0.8	0)
$F(7)$ = (	0	0	0	0.2	0.8)
$F(8)$ = (	0	0	0	0.9	0.1)

　　在時間數列分析與模式建構中，自相關值的決定相當重要，因為它反映了一模糊時間數列過程的自相關趨勢。但是對一組不確定或不完善資料而言，自相關應非一數值可說明。因此，本研究才考慮以模糊關係來分析它們的自相關程度。對模糊時間數列而言，模糊關係及模糊關係矩陣亦是一主要探討重點。我們定義模糊關係及模糊關係矩陣如下：

定義 10.2　模糊關係（fuzzy relation）

設 $\{P_1, P_2, ..., P_r\}$ 為論域 U 的一個次序分割。若在 U 上的模糊集 F 和 G 分別為 $F = (\mu_1, \cdots, \mu_r)$，$G = (\upsilon_1, \cdots, \upsilon_r)$，其中 μ_i 和 υ_r 為布於 U 上的隸屬度。則介於 F 和 G 之間的模糊關係記為：

$$R = F^t \circ G = [R_{ij}]_{m \times m} \tag{10.2}$$

其中，「∘」表示模糊合成運算，在此我們使用最大—最小（max-min），「t」表示轉置，R_{ij} 表介於 F 和 G 之間關係的隸屬度。

評論：

1. 設 $R(t, t-1)$ 是一階的模糊關係矩陣。若對任何時點 t，$R(t, t-1)$ 與 t 無關，亦即對任何 t，$R(t, t-1) = R(t-1, t-2)$，則稱 $F(t)$ 具有非時變的（time-invariant）性質，否則稱為具時變的（time-variant）性質。

2. 設 $F(t)$ 為一 $FAR(1)$ 之非時變模糊時間數列。若對任何時點 t，恆有 $F(t) = F(t-1)$ 且 $F(t)$ 是由有限個 f_{ik}，$k = 1, 2 ..., m$ 所組成，則 $R(t, t-1) = f_{i1}(t-1) \wedge f_{i1}(t) \vee f_{i2}(t-2) \vee f_{j2}(t-2) \vee ... \vee f_{im}(t-m) \wedge f_{jn}(t-m + 1)$。其中 i, j 為對應的語言程度指標（index of linguistic hedge），$m > 0$，$\wedge$ 與 $\vee$ 分別表示最小與最大的運算。

欲了解兩模糊時間數列的關係程度，我們可考慮其相似性。由於相似度與兩時間數列間的距離有關，其大小應與距離成反比。此外，時間數列屬動態資料，兩時間數列間的關係存在的時間落差，具很好之參考價值。

定義 10.3　兩模糊時間數列的距離

設 $\{FX_t = (mx_{t1}, mx_{t2}, \cdots, mx_{tk}), t = 1, ..., w\}$，$\{FY_t = (my_{t1}, my_{t2}, \cdots, my_{tk}), t = 1, ..., w\}$ 為分別由兩時間數列 $\{X_t, t = 1, 2, \cdots, m\}$，$\{Y_t, t = 1, 2, \cdots, m\}$ 各抽取長度為 w 的模糊時間數列子集合。則 $\{FX_t\}$、$\{FY_t\}$ 兩時間數列的距離定義為：

$$d(FX_t, FY_t) = \left| \sum_{j=1}^{k} (mx_{tj} - my_{tj}) \cdot j \right| \tag{10.3}$$

─ 例 10.2 ─

已知兩模糊時間數列 $\{FX_t\}$ 及 $\{FY_t\}$ 值如下表：

表 10.1　模糊時間數列 $\{FX_t\}$ 與 $\{FY_t\}$ 的值

	L_1	L_2	L_3	L_4	L_5		L_1	L_2	L_3	L_4	L_5
FX_1	0	0	1	0	0	FY_1	0.5	0	0.5	0	0
FX_2	0.3	0.7	0	0	0	FY_2	0.4	0.6	0	0.0	0
FX_3	0	0.4	0.6	0	0	FY_3	0	0.8	0.2	0	0
FX_4	0	0	0.9	0.1	0	FY_4	0	0	0.5	0.5	0
FX_5	0	0	0	1	0	FY_5	0	0	0.5	0	0.5

則表 10.2(a) 至 (e) 分別表示模糊時間數列 $\{FX_t\}$ 與 $\{FY_t\}$ 為 $w = 1$ 至 5 期的絕對距離值。

表 10.2 (a)　模糊時間數列 $\{FX_t\}$ 與 $\{FY_t\}$ 為 $w = 1$ 期的距離值

d	FY_1	FY_2	FY_3	FY_4	FY_5
FX_1	1	1.4	0.8	0.5	1
FX_2	0.3	0.1	0.5	1.8	2.3
FX_3	0.6	1	0.4	0.9	1.4
FX_4	1.1	1.5	0.9	0.4	0.9
FX_5	2	2.4	1.8	0.5	0

表 10.2(b)　模糊時間數列 $\{FX_t\}$ 與 $\{FY_t\}$ 為 $w = 2$ 期的距離值

d	FY_1, FY_2	FY_2, FY_3	FY_3, FY_4	FY_4, FY_5
FX_1, FX_2	2.8	2.8	3.6	5.6
FX_2, FX_3	2	2	3.6	6.4
FX_3, FX_4	4.2	3.8	2.6	3.6
FX_4, FX_5	7	6.6	3.6	1.8

表 10.2(c)　模糊時間數列 {FX_t} 與 {FY_t} 為 $w = 3$ 期的距離值

d	FY_1, FY_2, FY_3	FY_2, FY_3, FY_4	FY_3, FY_4, FY_5
FX_1, FX_2, FX_3	6.1	7.4	9.6
FX_2, FX_3, FX_4	6.4	7.5	9.5
FX_3, FX_4, FX_5	11.7	9.8	7.2

表 10.2(d)　模糊時間數列 {FX_t} 與 {FY_t} 為 $w = 4$ 期的距離值

d	FY_1, FY_2, FY_3, FY_4	FY_2, FY_3, FY_4, FY_5
FX_1, FX_2, FX_3, FX_4	9.6	10.2
FX_2, FX_3, FX_4, FX_5	12.6	12.2

表 10.2(e)　模糊時間數列 {FX_t} 與 {FY_t} 為 $w = 5$ 期的距離值

d	$FY_1, FY_2, FY_3, FY_4, FY_5$
$FX_1, FX_2, FX_3, FX_4, FX_5$	25.5

此距離代表的涵義，以表 10.2(a) 為例，$d(FX_5, FY_5)$ 的值最小，代表 FX_5、FY_5 這兩個模糊時間數列值最接近（相似）；而 $d(FX_5, FY_2)$ 的值最大，代表 FX_5、FY_2 這兩個模糊時間數列的值最不接近（不相似）。同樣的在表 10.2(c) 中，我們可發現（FX_1, FX_2, FX_3）與（FY_1, FY_2, FY_3）最相似，（FX_3, FX_4, FX_5）與（FY_1, FY_2, FY_3）最不相似。

10.2　模糊時間數列的統計分析

在進行模糊時間數列模式的建構之前，我們需要了解模糊趨勢、模糊關係的計算方法，及模糊時間數列階次的認定等問題。

模糊趨勢（fuzzy trend）

對於大多數時間數列資料而言，均呈現非穩定的（non-stationary）狀態，所以在我們分析資料之前，需要讓資料達穩定（stationary），以便分析。因此，對

於模糊時間數列而言，為達到更精確的結果，亦需要先使資料達到穩定，然後再進行更進一步的分析。而如何去判斷模糊時間數列是否穩定呢？事實上，並沒有一個固定的方法，而我們提出下列的定義與決策法則來檢定模糊趨勢。

定義 10.4　模糊高於（fuzzy higher）

設 $\{F(t), t = 1, 2, \cdots, n\}$ 是 U 上的模糊時間數列。令 $F(i)$ 及 $F(j)$ 分別有最大隸屬度 $\mu_r(i)$，$\mu_s(j)$ 分別落於次序分割集合 P_r 及 P_s。若 (1) P_r 高於 P_s，或 (2) $P_r = P_s$，且 $\mu_{r+1}(i) > \mu_{s+1}(j)$。則我們說 $F(i)$ 是模糊高於 $F(j)$，記作 $F(i) >_f F(j)$。

若 $P_r = P_s$ 且 $\mu_r(i) = \mu_s(j)$ 則我們說 $F(i)$ 和 $F(j)$ 模糊相等（fuzzy equal），記作 $F(i) =_f F(j)$。

例 10.3

將天氣以模糊集來表示是合理的，因為天氣本身是一種語言變數。因此，天氣的狀況可以模糊時間數列表示。令 $F(1)$、$F(2)$ 及 $F(3)$ 在模糊時間數列上的模糊集是「熱」、「溫暖」及「有點熱」，則 $F(1)$、$F(2)$ 及 $F(3)$ 可表為：

$$F(1) = \frac{0.0}{[20,25)} + \frac{0.2}{[25,30)} + \frac{0.8}{[30,35]} \ ,$$

$$F(2) = \frac{0.0}{[20,25)} + \frac{0.8}{[25,30)} + \frac{0.2}{[30,35]} \ ,$$

$$F(3) = \frac{0.0}{[20,25)} + \frac{0.6}{[25,30)} + \frac{0.4}{[30,35]} \ ,$$

其中，論域 $U = (20, 25] \cup (25, 30] \cup (30, 35]$ 表溫度的範圍。

(1) 因為 $F(1)$ 及 $F(2)$ 分別有最大的隸屬度 0.8 在 (30,35] 及 (25,30)，根據定義 10.4 (1)，所以 $F(1) >_f F(2)$。

(2) 因為 $F(2)$ 及 $F(3)$ 分別有最大的隸屬度都在 (25,30)，又 $F(2)$ 及 $F(3)$ 在 [30,35] 得隸屬度函數值分別為 0.2 及 0.4，根據定義 10.4 (2)，所以 $F(3) >_f F(2)$.

(3) $F(1) >_f F(3)$ 則相當明顯。

在考慮模糊時間數列高低關係時，我們需要用到的模糊時間數列高低關係的機率測度，其觀念如下：令

$$P(F(t) >_f F(t\text{-}1)) = \frac{(F(t) >_f F(t\text{-}1))\text{的個數}}{[n\text{-}1\text{-}(F(t) =_f F(t\text{-}1))\text{的個數}]} \quad （10.4）$$

定義 10.5　模糊趨勢（fuzzy trend）

令 $\{F(t), t = 1, 2, ..., n\}$ 為一模糊時間數列。對任一時點 $t > 1$，若：

$$P(F(t) >_f F(t\text{-}1)) \geq 1 - \lambda ; 0 \leq \lambda < 0.5 \quad （10.5）$$

我們說 $\{F(t)\}$ 有 λ- 顯著水準的模糊向上趨勢（fuzzy upward trend）。另一方面，若：

$$P(F(t\text{-}1) >_f F(t)) \geq 1 - \lambda ; 0 \leq \lambda < 0.5 \quad （10.6）$$

我們說 $\{F(t)\}$ 有 λ- 顯著水準的模糊向下趨勢（fuzzy downward trend）。在（10.5）中，若 $\lambda = 0$ 稱 $\{F(t)\}$ 是絕對向上趨勢（absolutely upward trend），而在（10.6）中稱 $\{F_t\}$ 是絕對向下趨勢（absolutely downward trend）。若 $P(F(t) >_f F(t - 1)) = P(F(t - 1) >_f F(t)) = 0.5$, 則稱 $\{F(t)\}$ 是沒有趨勢。

模糊趨勢檢定法則

1. 建立統計假設檢定

   H_0：沒有模糊向上 / 或向下趨勢。

   H_1：有模糊向上 / 或向下趨勢。

2. 設定顯著水準 λ，及檢定統計量 $P(F(t\text{-}1) >_f F(t))$ / 或 $P(F(t\text{-}1) >_f F(t))$。

3. 應用單尾檢定，在顯著水準 λ 下，若 $P(F(t\text{-}1) >_f F(t)) > 1 - \lambda$, 或 $P(F(t\text{-}1) >_f F(t)) > 1 - \lambda$，則拒絕 H_0。

10.3 模糊自迴歸時間數列（FAR(p)）

首先，假設一個多輸入單一輸出（MISO）的模糊時間數列（p 階）如下：

$$F(t) = F(t\text{-}1) \circ F(t\text{-}2) \circ \cdots \circ F(t\text{-}p)$$
$$\circ I_1(t) \circ I_1(t\text{-}1) \circ \cdots \circ I_1(t\text{-}q_1)$$
$$\circ I_k(t) \circ I_k(t\text{-}1) \circ \cdots \circ I_k(t\text{-}q_k) \circ R, \qquad (10.7)$$

其中 $t = 1, 2, 3, \cdots$ 表示抽樣時點，$F(.)$ 爲模糊時間數列，$I_i(.)$, $i = 1, 2, \cdots, k$ 爲隸屬度輸入值，R 表示 I_i 與 F 的模糊關係矩陣，p 表示模糊時間數列階次（order），$q_1, q_2, \cdots, q_k$ 表示相對此模糊時間數列之模糊隸屬度值。

爲了方便起見，令 $G_1(t) = F(t\text{-}1)$, $\cdots$, $G_p(t) = F(t\text{-}p)$, $G_{p+1}(t) = I_1(t)$, $\cdots$, $G_n(t) = I_k(t\text{-}q_k)$，則（10.7）的模糊時間數列可以改寫爲：

$$F(t) = G_1(t) \circ G_2(t) \circ \cdots. G_n(t) \circ R, \qquad (10.8)$$

其中 $n = p + q_1 + \cdots + q_k$。令 U_i 及 V 分別表示模糊輸入 G_i 及模糊輸出 F 的論域，並且每一個論域有相同個數 r 的分割模糊集，記爲 $M = \{1, 2, \cdots, r\}$。則我們可以將觀測值 $x_i(t) \in U_i$ 及 $y(t) \in V$ 與模糊集 $G_i(t)$ 及 $F(t)$ 結合如下：

$$G_i(t) = \{A^i_j(x_i(t)) \mid j \in M\}, \qquad (10.9)$$
$$F(t) = \{B_j(y(t)) \mid j \in M\}, \qquad (10.10)$$

其中 A^i_j 及 B_j 分別表示模糊集 $G_i(t)$ 及 $F(t)$ 隸屬度函數。這些隸屬度函數，一般定義爲：

$$A^i_j : U_i \to [0, 1] \quad j \in M, \quad i = 1, 2, \cdots, k \qquad (10.11)$$
$$B_j : V \to [0, 1] \quad j \in M \qquad (10.12)$$

爲了方便起見，以後隸屬度函數值 $A^i_j(x_i(t))$ 及 $B_j(y(t))$ 別以 $a^i_j(t)$ 及 $b_j(t)$ 表示。所

以每一資料均為有 r 個元素的隸屬度函數值的集合，且模糊關係矩陣可以表為 $R = I_1 \times I_2 \times \cdots \times I_n \times F$，其中「$\times$」表示笛卡兒積（Cartesians product）。若隸屬度函數 A^i_j 及 B_j 有其語言意義如「大」、「好」……等，則 R 中的每一元素表示為 $R_{j_1, j_2, \cdots j_n, j}$，其相對應的語言規則為：

$$\text{若 } x_1 \text{ 是 } A^i_{j_1}, \cdots, x_n \text{ 是 } A^n_{j_n}, \text{ 則 } y \text{ 是 } B_j \tag{10.13}$$

因此模糊關係方程式可以被視為語言的模糊規則。

在探討模糊時間數列的類型之前，先要將資料轉換為模糊資料，而本章我們使用 Z-type、S-type 及 Λ-type 三種隸屬度函數，將觀察值轉換為模糊集合，如圖 10.2：

圖 10.2　$\{F(t)\}$ 與 $\{G(t)\}$ 相對應的隸屬度函數

所以，觀察值 $x_i(t)$ 及 $y_j(t)$ 分別可以隸屬度函數值 $a^i_j(t)$ 及 $b_j(t)$ 表示如下：

$$x_i(t) = \sum_{j=1}^{r} x^c_{i,j} a^j_i(t) \tag{10.14}$$

$$y_j(t) = \sum_{j=1}^{r} y^c_j b_j(t) \tag{10.15}$$

其中，$x^c_{i,j}$ 表示論域 U_i 的第 j 個分割的典型值，y^c_j 表示論域 V 的第 j 個分割的典型值，A^i_j 表示第 i 組輸入資料的第 j 個隸屬度函數，B_j 表示輸出資料的第 j 個隸

屬度函數。

　　若以上的關係滿足，則可得下列的性質：

性質 10.1　設隸屬度函數是標準隸屬度函數，則觀察值與隸屬度函數值是一對一且映成對應。

證明：因為 $x_i(t) = \sum_{j=1}^{r} x_{i,j}^c$ ，且 $\sum a_j^i(t) = 1$ ，$\forall\, i = 1, 2, \cdots, n$。又 $a_j^i(t)$, $b_j(t)$ 均為隸屬度函數值。故存在 $a_k^i(t)$, $a_{k+1}^i(t)$, $\forall\, t, k \in \{1, 2, \cdots, r-1\}$，使得 $a_k^i(t) + a_{k+1}^i(t) = 1$ 且 $a_j^i(t) = 0$，$\forall\, j \neq k, k+1$。故：

$$
\begin{aligned}
x_i(t) &= x_{i,k}^c a_k^i(t) + x_{i,k+1}^c a_{k+1}^i(t) \\
&= x_{i,k}^c a_k^i(t) + x_{i,k+1}^c (1 - a_k^i(t)) \\
&= (x_{i,k}^c - x_{i,k+1}^c) a_k^i(t) + x_{i,k+1}^c
\end{aligned}
$$

因此，$x_i(t)$ 與 $a_k^i(t)$ 為一對一且映成函數。 同理，$y(t)$ 與 $b_k(t)$ 亦為一對一且映成函數。

　　有了以上的說明，我們便可分析模糊時間數列模型。在此只有探討單變數自迴歸模糊時間數列，底下為常見的一些模糊時間數列模式：

一階自迴歸模糊時間數列 *FAR*(1)：

$$F(t) = F(t\text{-}1) \circ R \tag{10.16}$$

我們稱階次為 1 的模糊自迴歸模式（first order of fuzzy auto-regressive model），記為 *FAR*(1)，$\{F(t), t = 1, \cdots, n\}$，為資料 $\{X(t), t = 1, \cdots, n\}$ 所對應語言變數的隸屬度集合，R 為 $F(t)$ 與 $F(t\text{-}1)$ 之間的模糊關係矩陣。

***p* 階自迴歸模糊時間數列 *FAR*(p)：**

$$F(t) = F(t\text{-}1) \circ F(t\text{-}2) \circ \cdots \circ F(t\text{-}p) \circ R \tag{10.17}$$

我們稱其階次為 p 的模糊自迴歸模式（p-th order of fuzzy auto-regressive model），R 為 $F(t)$ 與 $F(t\text{-}1), F(t\text{-}2), \ldots, F(t\text{-}p)$ 之間的模糊關係矩陣。

對於季節性資料，可以考慮以下模式：

一階季節性自迴歸模糊時間數列 $FSAR(1)_s$：

$$F(t) = F(t\text{-}s) \circ R \qquad\qquad （10.18）$$

其中 s 表示季節週期，$\{F(t), t = 1, \cdots, n\}$，為資料 $\{X(t), t = 1, \cdots, n\}$ 所對應語言變數的隸屬度集合，R 為 $F(t)$ 與 $F(t\text{-}s)$ 之間的模糊關係矩陣。

p 階季節性自迴歸模糊時間數列 $FSAR(p)_s$：

$$F(t) = F(t\text{-}s) \circ F(t\text{-}2s) \circ \cdots \circ F(t\text{-}ps) \circ R \qquad\qquad （10.19）$$

10.4　模糊時間數列模式建構

在模糊時間數列模式的建構過程中，有許多的情況需要注意的，分別敘述如下。

由於所蒐集的資料，其型態可能為數值的、也可能是屬性的資料、又有可能是語言值（linguistic values）的資料（例如透過品嚐所獲得的資料等等）。對於這些資料，很難只使用傳統的時間數列方法來分析，若能使用模糊集合的方法，則不受資料型態的影響，且更能建立適合的模式。

而在架構模糊論域集合時，其分割的集合數到底要多少個，目前尚無定論。一般來說，分割集合數越多，則其準確度越高，而相對的複雜度也增加。所以，準確度與複雜度的取捨就要視個人的需要而定。

在資料的模糊化方面，我們是使用標準的隸屬度函數來將它模糊化。而在此過程中，其典型值的取得尚未有固定方法，我們認為可以用每個集合中元素的中位數、平均數及分類的群落中心為其典型值。但是，若以群落中心為其典型值，則易造成一集合中有多個典型值，此時該集合為 P-type 隸屬度函數，將會使得過程較為複雜，若使用平均數或中位數為典型值，則每一個集合只有一個典

型值，所以此時集合為一 *L*-type 隸屬度函數，問題將會較為簡單。

　　有關模糊趨勢的觀念，是由吳等（1994）首先提出。一般而言，若遇到的資料為數值資料轉換為模糊資料，而此時資料具有模糊趨勢，其處理的方法是將原始資料差分，使之達到穩定，然後再繼續前述的步驟，來進行模式的建構。但是對於原本即為模糊資料，若檢查出具有模糊趨勢，則目前尚未有方法來解決，此為可繼續探討的問題。

　　階次的認定在模糊時間數列的分析上，占有相當重要的地位。若我們能找出正確的階次，則才能知道真正影響的因子，對於模式的建構才能真正的掌握。而在以往的文獻中，如 Pedrycz (1984)、Song and Chissom (1993a)、Chen (1996)，均是強迫給定其階次，沒有一固定的法則，以致在模式的建構上，並不能得到一個正確的模式，因此預測的結果當然不理想。或是嘗試各種階次的組合，如 Xu (1989)、Lee (1994)，這將增加計算上的負擔。而本章以模擬的方法，利用模糊自相似度的觀念，來決定其階次的選取。

模糊時間數列階次的認定

　　對於模糊時間數列階次的認定，到目前為止，尚未有一個有效的方法。在以往的文獻中都是直接給定的。如 Pedrycz (1984)、Song and Chissom (1993)、Lee (1994) 等等。但是這方法太過於主觀，理論基礎亦薄弱。所以預測結果並不理想。而本研究則嘗試以模糊自相似度（fuzzy auto-similarity, 簡寫為 FAS）的方法，來認定模糊時間數列的階次。

　　在探討模糊自相似度之前，首先必須要了解模糊相似度（fuzzy similarity, 簡寫為 FS）的觀念。然後才能將它推廣到模糊時間數列的認定。對於模糊相似度的測度方法，我們分別敘述如下：

值域均分法

1. 已知兩時間數列 $\{X(t)\}$、$\{Y(t)\}$, $t = 1, 2, \cdots, n$。

    令 $R_X = Max(X(t)) - Min(X(t))$, $R_Y = Max(Y(t)) - Min(Y(t))$。

2. 將兩時間數列各分為 k 類，令：

$$R_{X_i} = [Min(X(t)) + \frac{i-1}{k} R_X , Min(X(t) + \frac{i}{k} R_X], \ i = 1,2,...,k-1,$$

$$R_{X_k} = [Min(X(t)) + \frac{k-1}{k} R_X , Max(X(t))] ,$$

$$R_{Y_j} = [Min(Y(t)) + \frac{j-1}{k}R_Y, Min(Y(t)) + \frac{j}{k}R_Y)], \quad j = 1,2,...,k-1,$$

$$R_{Y_k} = [Min(Y(t)) + \frac{k-1}{k}R_Y, Max(Y(t))],$$

其中 R_{X_i}、R_{Y_i} 代表 $\{X(t)\}$、$\{Y(t)\}$ 各自將值域 k 等分後所得的 k 個區間的第 i 及 j 個區間，$i, j = 1, 2, 3, \cdots, k$。

3. 以 S 表「$\{X(t)\}$、$\{Y(t)\}$ 兩時間數列相似」的模糊二元關係集合。我們將兩時間數列的配對時點（$X(t)$, $Y(t)$）間的漢明距離，作為（$X(t)$, $Y(t)$）$\in S$ 的隸屬度函數的建構基礎。則我們稱：

$$\mu_S(X(t),Y(t)) = \begin{cases} 1 & , X(t) \in R_{X_i}, Y(t) \in R_{Y_j}, \text{且} i = j \\ \left(\frac{k-2}{k-1}\right)^v & , X(t) \in R_{X_i}, Y(t) \in R_{Y_j}, \text{且} |i-j| = 1 \\ \vdots \quad \vdots \quad \vdots \quad \vdots & \\ \left(\frac{1}{k-1}\right)^v & , X(t) \in R_{X_i}, Y(t) \in R_{Y_j}, \text{且} |i-j| = k-2 \\ 0 & , X(t) \in R_{X_i}, Y(t) \in R_{Y_j}, \text{且} |i-j| = k-1 \end{cases} \quad （10.20）$$

為（$X(t)$, $Y(t)$）屬於 S 的隸屬度函數，其中 $i, j = 1, 2, 3, \cdots, k$，「$v$」為調整因子，一般選擇 $v = 1, 2$。

若時間數列其變異數有所改變時，可考慮以 fuzzy c-means 值域均分法來建構隸屬度函數。

Fuzzy c-means 值域均分法

1. 先以 c-means 法分別找出兩時間數列 $\{X(t)\}$、$\{Y(t)\}$ 的 k 個群落中心

$$C_X = \{C_{X_i} | i = 1,2,\cdots,k \text{ 且} C_{X_1} < C_{X_2} < \cdots < C_{X_k}\},$$

$$C_Y = \{C_{Y_j} | j = 1,2,\cdots,k \text{ 且} C_{Y_1} < C_{Y_2} < \cdots < C_{Y_k}\}。$$

2. 將兩時間數列各分為 k 類，令：

$$R_{X_1} = [Min(X(t)), \frac{C_{X_1} + C_{X_2}}{2}],$$

$$R_{X_i} = (\frac{C_{X_{i-1}} + C_{X_i}}{2}, \frac{C_{X_i} + C_{X_{i+1}}}{2}) , \ i = 2,3,...,k-1 ,$$

$$R_{X_k} = [\frac{C_{X_{k-1}} + C_{X_k}}{2}, Max(X(t)] , \ R_{Y_1} = [Min(Y(t), \frac{C_{Y_1} + C_{Y_2}}{2}] ,$$

$$R_{Y_i} = (\frac{C_{Y_{i-1}} + C_{Y_i}}{2}, \frac{C_{Y_i} + C_{Y_{i+1}}}{2}) , \ i = 2,3,...,k-1 ,$$

$$R_{Y_k} = [\frac{C_{Y_{k-1}} + C_{Y_k}}{2}, Max(Y(t))] ,$$

其中 R_{X_i}、R_{Y_i} 代表 $\{X(t)\}$、$\{Y(t)\}$ 中，各自將值域 k 等分後所得的 k 個區間。

3. 同值域均分法步驟 3 建構隸屬度函數 $\mu_S(X(t), Y(t))$。

當時間數列資料有離群值或突發值時，為了消除離群值或突發值的干擾，我們可利用次序（rank）轉換法將原始資料轉換為次序，再進行建構隸屬度函數的工作。

次序轉換法

1. 先將兩時間數列 $\{X(t)\}, \{Y(t)\}$ 分別排序可得其次序為：$\{R_{X_i} \mid t = 1, 2, ..., n\}$，$\{R_{Y_i} \mid t = 1, 2, ..., n\}$。

2. 以 S 表「$\{X(t)\}$、$\{Y(t)\}$ 兩時間數列相似」的模糊二元關係集合。我們將兩時間數列的配對時點 $(X(t), Y(t))$ 間的漢明距離，作為 $(X(t), Y(t)) \in S$ 的隸屬度函數的建構基礎。則我們稱 $\mu_S(X(t), Y(t)) = (1 - \frac{|R_{X(t)} - R_{Y(t)}|}{n-1})^v$ 為 $(X(t), Y(t)) \in S$ 的隸屬度函數，其中 v 為調整因子。

有了以上的概念，我們定義模糊相似度如下：

定義 10.6　兩個時間數列間的模糊相似度

已知兩時間數列 $\{X(t)\}$、$\{Y(t)\}$, $t = 1, 2, \cdots, n$。若 U, V 分別表示 $X(t)$ 及 $Y(t)$ 的論域，S 表「$\{X(t)\}$、$\{Y(t)\}$ 兩時間數列相似」的模糊二元關係集合，隸屬度函數為 $\mu_S(X(t), Y(t))$，則我們稱：

$$FS_{XY} = \frac{1}{n}\sum_{t=1}^{n}\mu_S(X(t),Y(t))$$（10.21）

為兩時間數列的模糊相似度。若 FS_{XY} 越大者，表示兩時間數列其模糊相似度越高。其中 $0 \le FS_{XY} \le 1$，且 $FS_{XY} = 1$ 表示兩時間數列完全相似，$FS_{XY} = 0$ 表示兩時間數列完全不相似。

定義 10.7　模糊相似性大小

已知三時間數列 $\{X(t)\}$、$\{Y(t)\}$、$\{Z(t)\}$, $t = 1, 2, \cdots, n$。若時間數列 $\{X(t)\}$ 比時間數列 $\{Z(t)\}$ 更相似於時間數列 $\{Y(t)\}$，則稱 FS_{XY} 大於 FS_{ZY}，記作 $FS_{XY} > FS_{ZY}$。

例 10.4　已知三時間數列

　　$\{X(t)\} = \{0.8 , 1.9 , 2.7 , 4.1 , 3.6 , 2.9 , 4.4 , 3.7\}$，
　　$\{Y(t)\} = \{17 , 20 , 22 , 39 , 35 , 28 , 44 , 29\}$，
　　$\{Z(t)\} = \{33 , 45 , 28 , 97 , 22 , 26 , 49 , 53\}$。
　　其走勢圖如圖 10.3 所示。

圖 10.3　$\{X(t)\}$、$\{Y(t)\}$、$\{Z(t)\}$ 的走勢圖

1. 若採值域均分法可得 $\{X(t)\}$、$\{Y(t)\}$ 兩時間數列相似的隸屬度集合為 $\mu_S(X(t), Y(t)) = \{1, 0.75, 0.5, 1, 1, 1, 1, 0.5\}$，兩時間數列的模糊相似度

$FS_{XY} = \dfrac{1}{8}\sum_{t=1}^{8}\mu_{S}(X(t),Y(t)) = 0.84$。而 $\{Y(t)\}$、$\{Z(t)\}$ 相似的隸屬度集合為：

$\mu_{s}(Z(t),\,Y(t)) = \{1,\,0.75,\,1,\,1,\,0.25,\,0.5,\,0.\,5,\,1\}$，兩時間數列的模糊相似度

$FS_{ZY} = \dfrac{1}{8}\sum_{t=1}^{8}\mu_{S}(Z(t),Y(t)) = 0.75$。

2. 同理若採 fuzzy c-means 值域均分法或次序轉換法，亦可得 FS_{XY} 及 FS_{ZY}，我們將此三法所得結果整理如表 10.3。

表 10.3　三種不同方法的模糊相似度評比

	FS_{XY}	FS_{ZY}
值域均分法	0.84	0.75
Fuzzy c-means 法	0.94	0.69
次序轉換法	0.96	0.68

結果發現，不論是採何種方法建構隸屬度函數，其結果均是 $\beta_{XY} > \beta_{ZY}$。即時間數列 $\{X(t)\}$ 比 $\{Z(t)\}$ 更相似於時間數列 $\{Y(t)\}$。

有了模糊相似度，以及模糊相似大小的觀念之後，我們將其推廣到模糊自相似度的觀念，並以此方法來決定模糊時間數列的階次。

定義 10.8　模糊自相似度

設 $\{X(t), t = 1, 2, \cdots, n\}$ 為一時間數列，若 U 分別表示 $X(t)$ 的論域，其相對應的模糊時間數列為 $\{F(t), t = 1, 2, \cdots, n\}$，$S$ 表「$\{F(t)\}$ 落後 1 期自相似」的模糊二元關係集合，隸屬度函數為 $\mu_{s}(F(t), F(t-1))$。則我們稱：

$$FAS_l = \dfrac{1}{n-l}\sum_{t=l+1}^{n}\mu_{S}(F(t),F(t-l)) \qquad (10.22)$$

為模糊時間數列 $\{F(t)\}$ 落後 1 期的模糊自相似度。

為了更契合實際問題的使用，我們給定調整後的模糊自相似度（adjust fuzzy auto-similarity, 簡寫為 AFAS）的定義如下：

定義 10.9　調整後的模糊自相似度

設 FAS_l, $l = 1, 2, \cdots, n\text{-}1$，為 $\{F(t)\}$ 落後 l 期的模糊自相似度，k 為選定的期數。則調整後的模糊自相似度為：

$$AFAS_l = \frac{FAS_l - \min_{1 \le l \le k}\{FAS_l\}}{1 - \min_{1 \le l \le k}\{FAS_l\}} \tag{10.23}$$

定義 10.10

設 $\{X(t), t = 1, 2, \cdots, n\}$ 為一時間數列，其相對應的模糊時間數列為 $\{F(t), t = 1, 2, \cdots, n\}$，$\alpha$ 為顯著水準，若 $AFAS_1, AFAS_2, AFAS_p$ 皆大於顯著水準 λ，則 $\{F(t)\}$ 與 $\{F(t\text{-}1)\}$、$\{F(t\text{-}2)\}$、$\cdots\{F(t\text{-}p)\}$ 有顯著相似。我們稱此模糊時間數列為階次 p 的模糊時間數列，記為 $FAR(p)$。

模糊關係矩陣 R 的計算

由 10.2 節中的模糊時間數列模式分析，我們可以看出模糊關係矩陣 R 是模式建構好壞的重要關鍵。若能準確的掌握模糊關係矩陣 R，則模式將會有較佳的配適。模糊關係矩陣 R 的計算有許多不同的方法。但是都是基於不同的論點下進行。以下是針對模糊時間數列做考量。

假設 $F(t)$ 是一模糊時間數列（$t = 1, 2, \cdots, n$），$i, j = \{1, 2, \cdots, r\}$ 表示模糊時間數列分類的指標集合。為了方便起見，我們直接以 $f_i(t)$ 及 $f_i(t\text{-}1)$ 分別表示模糊集合 $f_i(t)$ 及 $f_i(t\text{-}1)$ 之隸屬度函數。以下為不同模糊時間數列的模糊關係矩陣 R 的計算方法。

當選定可能的模糊時間數列的階次之後，利用 10.3 節所定義的計算方法計算模糊關係矩陣。雖然，Lee (1994) 提出利用實際的模糊輸出與估計的模糊輸出可得較小的誤差，但是這種計算方法牽涉到太多的數值運算，過於複雜。因此本文仍採用 Wu (1986) 及 Sugeno and Tanaka (1991) 提出的方法來決定模糊關係矩陣 R。

假設 $F(t)$ 是一模糊時間數列（$t = 1, 2, \cdots, n$），$i, j = \{1, 2, \cdots, r\}$ 表示模糊時間數列分類的指標集合。為了方便起見，我們直接以 $f_j(t)$ 及 $f_i(t-1)$ 分別表示模糊集合 $f_j(t)$ 及 $f_i(t-1)$ 之隸屬度函數。以下為不同模糊時間數列的模糊關係矩陣 R 的計算方法。

FAR (1)

設 $F(t)$ 為一 FAR(1) 之非時變的模糊時間數列。對任意 $f_j \in F(t)$，$j \in J$，存在 $f_i \in F(t-1)$，$i \in I$，及模糊關係矩陣 R，使得 $f_j = f(t-1)$。R_{ij}，且 $R = \bigcup_{i,j} R_j$，因為 $f_j(t) = f(t-1)$。R_{ij} 是等價於若 $f_i(t-1)$ 則 $f_j(t)$ 有 $R_{ij} = f_i(t-1) \otimes f_j(t)$，則：

$$R = \sup_{2 \leq t \leq n} \{ \min_{i,j} (f_i(t-1), f_j(t)) \}$$

（10.24）

FAR (p)

設 $F(t)$ 為一 FAR(p) 之非時變的模糊時間數列。對任意 $f_j \in F(t)$，$j \in J$，存在 $f_{i_k} \in F(t-k)$，$i_k \in I$，及模糊關係矩陣 R，使得：

$$f_j(t) = (f_{i_1}(t-1) \circ \cdots \circ f_{i_p}(t-p) \circ R_{i_1, i_2, \cdots, i_p, j}, \text{ 且 } R = \bigcup_{i_1, i_2, \cdots, i_p, j} R_{i_1, i_2, \cdots, i_p, j}$$

因為 $f_j(t) = (f_{i1}(t-1) \circ f_{i2}(t-2) \circ \cdots \circ f_{ip}(t-p))$，$R_{i1, i2, \cdots, ip, j}$ 是等價於「若 $f_{i1}(t-1)$ or $f_{i2}(t-2)$ or $\cdots$, or $f_{ip}(t-p)$，則 $f_j(t)$」，則有：

$R_{i1, i2, \cdots ip, j} = \min_j (\max_{i_1, i_2, \cdots, i_p} (f_{i_1}(t-1), f_{i_2}(t-2), \cdots, f_{i_p}(t-p)), f_j(t)$，故：

$$R = \sup_{p+1 \leq t \leq n} R_{i_1, i_2, \cdots, i_p, j}$$

（10.25）

在候選模式中，選出誤差最小者即為我們的最佳模式。並利用運算後的模糊時間數列模式來做預測。若模糊集合的結果能滿足需求，則預測模式的建構工作便告完成了。但是，在很多情況下所要求的結果往往是數值資料。所以往往也需要將模糊集合轉換成數值資料，以便利用。在模糊數值轉換的過程中，有下列原則可以遵循：

(1) 若輸出的隸屬度只有一個最大值，則我們選擇輸出最大隸屬度，所在區間的中點為輸出值。

(2) 若輸出的隸屬度有兩個或更多個連續的最大隸屬度，則取最大隸屬度，所在區間的典型值平均為輸出值。

(3) 其他情況則以標準化後的隸屬度為加權數，對各組典型值做平均為其輸出值。亦即：

$$輸出值 = S_1*M_1 + ... + S_r*M_r \qquad (10.26)$$

其中 S_i 為標準化後的隸屬度，M_i 為典型值，$i = 1, 2, ..., r$。

我們給定模糊時間數列模式的演算法則與流程圖如下：

圖 10.4　模糊時間數列的建構流程

模糊時間數列模式建構的演算法則

1. 架構論域的模糊集合,並將資料模糊化。

2. 利用檢定法則,檢定是否具有模糊趨勢。若有則將原始資料差分,再回到步驟 1,否則繼續下一步驟。

3. 決定模糊時間數列的階次。

4. 計算模糊關係矩陣。

5. 選出最佳的模糊時間數列模式。

6. 利用運算後的模糊時間數列模式來做預測。

7. 反模糊化(defuzzify)預測結果。

我們將模糊自迴歸時間數列階次認定演算法則與流程圖進行如下:

圖 10.5　模糊自迴歸時間數列階次判定流程圖

模糊自迴歸時間數列階次判定的演算法則

1. 令階次 $i = 1$ 為候選階次。

2. 選定顯著水準 λ_i。

3. 若 $|AFAS_i - AFAS_{i+1}| \leq \lambda_i$，則階次 $i + 1$ 加入候選階次集合 S，否則到步驟 4。

4. 令 $i = i + 1$，回到步驟 2。

5. 得到候選階次集合 S。

6. 配適候選階次集合 S 所有候選階次，並選擇最佳階次。

10.5　景氣對策信號實例

景氣對策信號是我國經濟政策最重要的參考指標，所以，此信號是政府及民間企業均希望能預知，以便能事先制定重大經濟政策，或企業界作更多的產業投資計畫。景氣對策信號分數的獲得是在民國 57 年，經建會以躉售物價指數變動率等 12 項統計項目，經過評比所得的綜合分數，以 7 個燈號表示。而現在經過 3 次修改，改以貨幣供給 M1B（日平均）等 9 項統計項目，以 5 個燈號表示此綜合分數。但是以這些景氣指標來做評分，往往需要等到這些統計項目每月指標出來之後，才能作綜合分數評判，每次都要等到下月或下下月才能公布當月景氣對策信號分數，亦即會落後 1 到 2 期。而無法預測更多個月的景氣對策信號分數。

因此，我們以模糊時間數列分析過程，利用經建會以往所得的景氣對策信號分數，建構一個模糊時間數列模式，並預測未來更多期的景氣對策信號分數，以利政府或企業能更早掌握社會的經濟情況。現在，就逐步建構模糊時間數列如下：

(1) 由經建會公布的景氣對策信號分數，蒐集民國 81 年到 85 年共 60 筆景氣對策信號分數，來建立模糊時間數列模式，並且以此模式預測未來的景氣對策信號（分數）。由資料先繪其走勢圖為圖 10.6。

圖 10.6 1992 至 1996 年臺灣景氣對策信號分數走勢圖

對於景氣對策信號,是以下列五種燈號來表示其狀況:即

令 $F_5(t)$ =「紅燈」,表示過熱,其景氣對策信號分數落在 38 以上,以 5 分計算,訂為類別 5,以 I_5 = [38, 46] 記之。

令 $F_4(t)$ =「黃紅燈」,表示尚穩,其景氣對策信號分數落在 32 到 38,以 4 分計算,訂為類別 4,以 I_4 = [32, 38] 記之。

令 $F_3(t)$ =「綠燈」,表示穩定,其景氣對策信號分數落在 23 到 32,以 3 分計算,訂為類別 3,以 I_3 = [23, 32] 記之。

令 $F_2(t)$=「黃藍燈」,表示趨衰,其景氣對策信號分數落在 17 到 23,以 2 分計算,訂為類別 2,以 I_2 = [17,23] 記之。

令 $F_1(t)$=「藍燈」,表示衰退,其景氣對策信號分數落在 17 以下,以 1 分計算,訂為類別 1,以 I_1 = [0,17] 記之。

其中每一個模糊集的元素為 I_1, I_2, I_3, I_4, 及 I_5,與其相對應的隸屬度所組成。由此可知,景氣對策信號其實是一組語言的模糊時間數列。因此,使用模糊理論來配適其模式,應比傳統的時間數列方法來的更適當。而在我們的觀察中,景氣對策信號的變化情形,為向上成長、向下衰退或者維持不變。所以,我們可以假設語言變數集合為:

$$F_1(t) = 1/I_1 + 0.5/I_2 + 0/I_3 + 0/I_4 + 0/I_5,$$
$$F_2(t) = 0.5/I_1 + 1/I_2 + 0.5/I_3 + 0/I_4 + 0/I_5,$$
$$F_3(t) = 0/I_1 + 0.5/I_2 + 1/I_3 + 0.5/I_4 + 0/I_5,$$

$$F_4(t) = 0/I_1 + 0/I_2 + 0.5/I_3 + 1/I_4 + 0.5/I_5 ，$$
$$F_5(t) = 0/I_1 + 0/I_2 + 0/I_3 + 0.5/I_4 + 1/I_5 ，$$

其中隸屬度的給定，是典型值所在位置給予 1，兩旁的隸屬度為 0.5。為了方便起見，集合中的元素只使用相對應的隸屬度來表示，如：

$$F_1(t) = (1, 0.5, 0, 0, 0) ，$$
$$F_2(t) = (0.5, 1, 0.5, 0, 0) ，$$
$$F_3(t) = (0, 0.5, 1, 0.5, 0) ，$$
$$F_4(t) = (0, 0, 0.5, 1, 0.5) ，$$
$$F_5(t) = (0, 0, 0, 0.5, 1) ，$$

由上面的設定可知，原始 60 筆景氣對策信號資料其分類區間的走勢圖，如圖 10.7：

圖 10.7　1992 至 1996 年臺灣景氣對策信號最大隸屬度所在類別走勢圖

(2) 現在，我們要檢驗此景氣對策信號是否有顯著的模糊趨勢。根據 10.4 節的模糊趨勢檢定法則。其檢定過程為：

(i) 統計假設檢定 H_0：沒有模糊向下趨勢 v.s H_1：有模糊向下趨勢。

(ii) 設定顯著水準 0.3，及檢定統計量 $P(F(t\text{-}1) >_f F(t)) = 0.5$。

(iii) 應用單尾檢定，在顯著水準為 0.3，$P(F(t\text{-}1) >_f F(t)) < 0.7$。

(iv) 結論：不拒絕 H_0。亦即沒有顯著的模糊向下趨勢。

(3) 因為資料的邊界均已經給定，且分為 5 類，因此我們利用值域均分法的

步驟 3，可得落後 1 至 24 期調整後的模糊自相似度，如圖 10.8：

圖 10.8　調整後的模糊自相似度

　　由圖 10.8 可以看出，模糊時間數列 $\{F_t\}$ 與 $\{F_{t-1}\}$、$\{F_{t-2}\}$ 有顯著的相似。因此，令 $\lambda_1 = 0.05$，$\lambda_2 = 0.0125$，則由階次的判定法則知，階次可能為 1 或 2。

　　(4) 我們利用標準的隸屬度函數，將景氣對策信號分數資料模糊化，亦即在（10.26）的每個集合 $F_i(t)$（i = 1, 2, ..., 5），針對每月的資料，找出對應的隸屬度。其相對應的隸屬度函數如圖 10.9：

圖 10.9　景氣對策信號模糊化的隸屬度函數

　　由圖 10.9 我們利用標準的隸屬度函數，將景氣對策信號分數資料模糊化，可得其相對應的隸屬度集合，其集合的一部分如表 10.3。

表 10.4　每月景氣信號之隸屬度函數

年/月	$F_1(t)$	$F_2(t)$	$F_3(t)$	$F_4(t)$	$F_5(t)$
1992/1	0	0	0.8	0.2	0
1992/2	0	0	0.8	0.2	0
1992/3	0	0	0.93	0.07	0
…	…	…	…	…	…
1996/10	0	0.73	0.27	0	0
1996/11	0	0.2	0.8	0	0
1996/12	0	0	0.93	0.07	0

　　由表 10.4 可以獲得每月景氣信號的歷史經驗。假設每月景氣信號的最大隸屬度是在 $F_i(t)$（$i = 1，2，\cdots，5$），則認為這月的景氣信號為 $F_i(t)$。例如，以 1992 年 3 月為例，最大的隸屬度是在 $F_3(1992/3)$，則可認為 1992 年 3 月的景氣信號為 $F_3(1992/3)$，或稱之為是屬於「景氣信號穩定」的月。

　　透過許多過去的模糊資料，理論上可以找出模糊關係矩陣。由階次的認定告訴我們，當期之資料可能受前一期或前兩期的影響，亦即為「若 $F(t-1)$ 是 A 則 $F(t)$ 是 B」或「若 $F(t-2)$ 是 A_1 或 $F(t-1)$ 是 A_2 則 $F(t)$ 是 B」的觀念。基於此，可以分別就模糊集合中探討連續兩個月或三個月景氣信號的模糊關係。假定「第 $t-1$ 月的景氣信號為 $F_m(t-1)$，則第 t 月的景氣信號為 $F_n(t)$」。他們之間的模糊關係可以「$F_m(t-1) \rightarrow F_n(t)$」表示。或假定「第 $t-2$ 月的景氣信號為 $F_{m1}(t-2)$ 或第 $t-1$ 月的景氣信號為 $F_{m2}(t-1)$，則第 t 月的景氣信號為 $F_n(t)$」。他們之間的模糊關係可以「$F_{m1}(t-2)$ 或 $F_{m2}(t-1) \rightarrow F_n(t)$」表示，其中 $m, n, m1, m2 \in \{1, 2, 3, 4, 5\}$。因此，可以獲得景氣信號的模糊關係分別如下（在此我們將時間的指標省略）：

　　a. 若 $F_m(t-1)$ 是 A，則 $F_n(t)$ 是 B

$F_3 \rightarrow F_3, F_3 \rightarrow F_2, F_2 \rightarrow F_3, F_2 \rightarrow F_2, F_2 \rightarrow F_1, F_1 \rightarrow F_2, F_3 \rightarrow F_4, F_4 \rightarrow F_4,$ $F_4 \rightarrow F_3, F_1 \rightarrow F_1$

　　b. 若 $F_{m1}(t-2)$ 是 A_1 或 $F_{m2}(t-1)$ 是 A_2，則 $F_n(t)$ 是 B

$F_3 \cup F_3 \rightarrow F_3, F_3 \cup F_3 \rightarrow F_2, F_2 \cup F_3 \rightarrow F_2, F_3 \cup F_2 \rightarrow F_3$，

$F_3 \cup F_2 \rightarrow F_2, F_2 \cup F_2 \rightarrow F_2, F_2 \cup F_2 \rightarrow F_3, F_2 \cup F_3 \rightarrow F_3$，

$F_3 \cup F_3 \rightarrow F_4, F_3 \cup F_4 \rightarrow F_4, F_4 \cup F_4 \rightarrow F_4, F_4 \cup F_4 \rightarrow F_3$，

$F_4 \cup F_3 \rightarrow F_3, F_3 \cup F_4 \rightarrow F_3, F_2 \cup F_2 \rightarrow F_1, F_2 \cup F_1 \rightarrow F_1$ ，

$F_1 \cup F_1 \rightarrow F_1, F_1 \cup F_1 \rightarrow F_2, F_1 \cup F_2 \rightarrow F_2, F_2 \cup F_1 \rightarrow F_2$ ，

$F_1 \cup F_2 \rightarrow F_1, F_2 \cup F_2 \rightarrow F_2$ 。

由（10.30），若我們所定義的模式為一非時變的模糊時間數列。

若 $F_m(t\text{-}1)$ 是 A，則 $F_n(t)$ 是 B'，令：

$R_1 = F_3 \times F_3^t, R_2 = F_3 \times F_2^t, R_3 = F_2 \times F_3^t, R_4 = F_2 \times F_2^t$ ，

$R_5 = F_2 \times F_1^t, R_6 = F_1 \times F_2^t, R_7 = F_3 \times F_4^t, R_8 = F_4 \times F_4^t$ ，

$R_9 = F_4 \times F_3^t, R_0 = F_1 \times F_1^t$ ，

若 $F_{m1}(t\text{-}2)$ 是 A_1 或 $F_{m2}(t\text{-}1)$ 是 A_2，則 $F_n(t)$ 是 B'，令：

$R_1 = F_3 \times F_3^t, R_2 = F_3 \times F_2^t, R_3 = F_2 \times F_2^t \cup F_3 \times F_2^t, R_4 = F_3 \times F_3^t \cup F_2 \times F_3^t$ ，

$R_5 = F_2 \times F_2^t, R_6 = F_2 \times F_3^t \cup F_2 \times F_2^t, R_7 = F_3 \times F_4^t, R_8 = F_4 \times F_4^t$ ，

$R_9 = F_4 \times F_3^t, R_{10} = F_4 \times F_3^t \cup F_3 \times F_3^t, R_{11} = F_2 \times F_1^t, R_{12} = F_2 \times F_1^t \cup F_1 \times F_1^t$ ，

$R_{13} = F_1 \times F_1^t, R_{14} = F_1 \times F_2^t, R_{15} = F_1 \times F_2^t \cup F_2 \times F_2^t, R_{16} = F_1 \times F_1^t \cup F_2 \times F_1^t$ ，

$R_{17} = F_2 \times F_2^t$ ，

其中，×：取最小運算，t：轉置。然後，可以得到：

$$R = \sup_{1 \leq i \leq 10} R_i$$

或

$$R = \sup_{1 \leq i \leq 17} R_i$$

利用（10.26），經過計算之後，可得一階模糊關係矩陣 R 為：

$$R = \begin{pmatrix} 1 & 1 & 0.5 & 0.5 & 0 \\ 1 & 1 & 1 & 0.5 & 0.5 \\ 0.5 & 1 & 1 & 1 & 0.5 \\ 0.5 & 0.5 & 1 & 1 & 0.5 \\ 0 & 0.5 & 0.5 & 0.5 & 0.5 \end{pmatrix} ,$$

或二階模糊關係矩陣 R 為：

$$R = \begin{pmatrix} 1 & 1 & 0.5 & 0.5 & 0 \\ 1 & 1 & 1 & 0.5 & 0.5 \\ 0.5 & 1 & 1 & 1 & 0.5 \\ 0.5 & 0.5 & 1 & 1 & 0.5 \\ 0 & 0.5 & 0.5 & 0.5 & 0.5 \end{pmatrix}$$

(5) 預測模式可能為：

$$F(t) = F(t-1) \circ R$$

或 $$F(t) = F(t-1) \circ F(t-2) \circ R$$

其中，$F(t-2), F(t-1), F(t)$ 分別是表示模糊集合中第 t-2, t-1 及 t 月的景氣對策信號。最後，計算出模式輸出的隸屬度，並將隸屬度予以標準化。處理的結果如表 10.5 及表 10.6。

(6) 配適結果：

表 10.5 　FAR(1) 之景氣對策信號預測的標準化隸屬度與配適燈號（值）

年/月	標準化隸屬度	配適燈號（值）
1992/2	0.14,0.24,0.24,0.24,0.14	綠燈（27.5）
1992/3	0.14,0.24,0.24,0.24,0.14	綠燈（27.5）
1992/4	0.13,0.24,0.26,0.24,0.13	綠燈（27.5）
⋮	⋮	⋮
1996/10	0.2,0.2,0.2,0.2,0.2	綠燈（27.5）
1996/11	0.22,0.24,0.22,0.16,0.16	黃藍燈（20.5）
1996/12	0.14,0.24,0.24,0.24,0.14	綠燈（27.5）

景氣信號分數 FAR(1) 模式的配適結果，如圖 10.10。

圖 10.10　景氣信號 *FAR*(1) 配適值與真實值曲線

表 10.6　*FAR*(2) 之景氣訊號預測的標準化隸屬度與配適燈號（值）

年/月	標準化隸屬度	配適燈號（值）
1992/3	0.125,0.25,0.25,0.25,0.125	綠燈（27.5）
1992/4	0.125,0.25,0.25,0.25,0.125	綠燈（27.5）
1992/5	0.22,0.22,0.22,0.19,0.16	黃藍燈（20）
⋮	⋮	⋮
1996/10	0.16,0.2,0.24,0.24,0.16	綠燈（31.25）
1996/11	0.19,0.19,0.23,0.23,0.16	綠燈（31.25）
1996/12	0.19,0.19,0.23,0.23,0.16	綠燈（31.25）

景氣信號分數 *FAR*(2) 模式配適的結果，如圖 10.11。

圖 10.11　景氣信號 *FAR*(2) 配適值與真實值曲線

一般我們以平均誤差平方和（MSE）、平均絕對誤差（MAE）、及平均絕對百分誤差率（MAPE），來做配適比較標準。其公式如下：

$$MSE = \frac{1}{m}\sum_{i=1}^{m}(\hat{x}_i - x_i)^2 \qquad (10.27)$$

$$MAE = \frac{1}{m}\sum_{i=1}^{m}|\hat{x}_i - x_i| \qquad (10.28)$$

$$MAPE = \frac{100\%}{m}\sum_{i=1}^{m}\left|\frac{\hat{x}_i - x_i}{x_i}\right| \qquad (10.29)$$

表 10.7　景氣分數的 $FAR(1)$ 與 $FAR(2)$ 配適誤差比較

	FAR(1)	FAR(2)
MSE	14.7	12.6
MAE	3.15	2.91
MPAE	14.4%	12.8%

由表 10.7 可以得到 $FAR(2)$ 的 $MSE = 12.6$ 及 $MAE = 12.8\%$，均比 $FAR(1)$ 的 $MSE = 10.7$ 及 $MAE = 10.4\%$ 來得小。因此，我們選擇最佳模式爲 $FAR(2)$。

(8) 預測模式（10.33）及（10.34）的輸出結果爲一模糊集合。若模糊集合的結果能滿足需求，則模糊時間數列模式的建構工作便告完成了。但是，在很多情況下所要求的結果往往是數值資料。所以往往也需要將模糊集合轉換成數值資料，以便利用。根據 10.5 節，可以獲得配適的輸出值如表 10.5 及 10.6，又未來一年的景氣分數預測值，如表 10.8。

表 10.8　1997 年景氣對策信號的眞實值與預測值

年/月	真實值	FAR(1)預測值	FAR(2)預測值
1997/1	綠燈（26）	綠燈（27.5）	綠燈（27.5）
1997/2	綠燈（24）	綠燈（27.5）	綠燈（27.5）
1997/3	綠燈（31）	綠燈（27.5）	綠燈（27.5）
1997/4	綠燈（24）	綠燈（27.5）	綠燈（27.5）
1997/5	綠燈（24）	綠燈（27.5）	綠燈（27.5）

年/月	真實值	FAR(1)預測值	FAR(2)預測值
1997/6	綠燈（28）	綠燈（27.5）	綠燈（27.5）
1997/7	綠燈（30）	綠燈（27.5）	綠燈（27.5）
1997/8	綠燈（26）	綠燈（27.5）	綠燈（27.5）
1997/9	綠燈（31）	綠燈（27.5）	綠燈（27.5）
1997/10	綠燈（26）	綠燈（27.5）	綠燈（27.5）
1997/11	綠燈（28）	綠燈（27.5）	綠燈（27.5）
1997/12	綠燈（28）	綠燈（27.5）	綠燈（27.5）

由表 10.7 可以得到，*FAR*(1) 與 *FAR*(2) 的預測值均相同，且都能準確的預測燈號。而其預測值之所以均爲 27.5，是因爲模糊時間數列爲一區間預測。又每一應用有其適合的反模糊化方法，見 Runkler (1997)。若能找出更適合的反模糊化方法，則將能更精確的預測結果。

10.6　二維預測模式

本節我們考慮另一種型態的模糊時間數列之模式建構與預測。即將模糊時間數列分解爲中心點與半徑二維資料，同步進行模式建構與預測。

爲了方便說明模式建構起見，我們以經典的 *AR*(1) 模式或稱馬可夫模式來介紹。我們考慮以下情況：

$$\begin{cases} x_{t+1} = a_1 + \phi x_t + \varepsilon_{t+1} & \varepsilon_{t+1} \sim WN(0, \sigma_\varepsilon^2) \\ l_{t+1} = a_1 + l_t + \delta_{t+1} & \delta_{t+1} \sim WN(0, \sigma_\delta^2) \end{cases} \quad (10.30)$$

其中 x_t 與 l_t 分別表示模糊時間數列的中心點與半徑。

二維時間數列模式預測

設 $\hat{x}_t$ 與 $\hat{l}_t$ 爲（10.30）模式經典（傳統）預測值，i 表示往前第 i 步預測。我們定義 $xf(i)$ 與 $lf(i)$ 如下：

$$\begin{cases} xf(1) = \hat{x}_t(1) + sign(1_t - l_{t-1})\dfrac{l_t}{l_{t-1}} \\[3mm] lf(1 = \hat{l}_t(1) + sign(x_t - x_{t-1})\dfrac{x_t}{x_{t-1}} \end{cases} \tag{10.31}$$

$$\begin{cases} xf(1) = \hat{x}_t(1) + sign(\hat{l}_t(i) - \hat{l}_t(i-1))\dfrac{\hat{l}_t}{\hat{l}_{t-1}} \\[3mm] lf(1 = \hat{l}_t(1) + sign(\hat{x}(i) - \hat{x}_t(i-1))\dfrac{\hat{x}_t}{\hat{x}_{t-1}} \end{cases} \tag{10.32}$$

　　針對於大部分時間數列模式，並非穩定型時間數列，因此我們提出以下整合方法。算則如下：

二維時間數列模式整合建構與預測

步驟 1：使用 k-means 法找出時間數列 x_t 兩群聚中心 c_1 與 c_2，並決定其對的隸屬度函數 μ_{it}，i = 1, 2。

步驟 2：計算模糊熵 $\delta(x_t)$ 與累加模糊熵 $MS\delta(x_t) = \dfrac{1}{t}\sum^t_{i=1}\delta(x_t)$，然後算出 $MS\delta(x_t)$ 之中位數及其相對之。

步驟 3：取合適之門檻值 $\lambda \in (0, 1)$，針對平均累加模糊熵 $\delta(x_t)$ 群聚化 x_t：若 $\delta(x_t)$ 落於 $[0, Median(\delta(x_t))-\lambda)$，則我們以 1 表示；若 $MS\delta(x_t)$ 落於 $[Median(\delta(x_t))-\lambda), Median(\delta(x_t))+\lambda)$，則我們以 2 表示；若 $\delta(x_t)$ 落於 $[Median(\delta(x_t))+\lambda), 1]$，則我們以 2 表示。

步驟 4：選擇合適之決策值 α。若累加樣本連串數大於 $[\alpha N]$，則此群時間數列歸類於同類。若過程出現不同類別，我們便可依此說時間數列有結構性轉變。我們亦可找出轉折區間。

步驟 5：對最後一群聚系統建構二維之 $AR(1)$ 模式，並根據式（10.32）計算預測值步驟。

實證研究

　　我國內政部主計處網頁 http://money.hinet.net/z/z0/z00/z00a.djhtm，蒐集了 2010/01/01 到 2013/07/08 台積電股價日資料，並轉換成將具最大值與最小值之週

資料形式。圖 10.12(a) 為其走勢圖,圖 10.12(b) 為其群落走勢圖。其中很容易看出有轉折區存在。

(a) 最大值與最小值走勢　　　　　　　　　(b) 群落走勢

圖 10.12　台積電股價週資料最大值與最小值走勢

我們針對最後一群模糊時間數列資料建構一個二維模式如下:

$$\begin{cases} x_{t+1} - x_t = 0.2 + 0.15\,(x_t - x_{t+1}) + \varepsilon_{t+1} & \varepsilon_{t+1} \sim WN(0, 2.85^2) \\ l_{t+1} - l_t = 0.035 - 0.56\,(l_t - l_{t-1}) + \delta_{t+1} & \delta_{t+1} \sim WN(0, 2.26^2) \end{cases} \qquad (10.33)$$

圖 10.13 為其預測結果走勢,預測之詳細資料與比較分析則列於表 10.9。仔細觀察可以發現其預測結果相對較優良。更進一步來看,運用相對模糊熵的預測修正結果,更靠近實際值。

圖 10.13　台積電股價週資料最大值與最小值走勢

表 10.9   預測之詳細資料與比較分析

時間／週	實際值	區間預測值	修正區間預測值
102/06/24	[100,111]	[104.3,109.5]; (106.9;5.2)	[102.3,108.5]; (105.4;6.2)
102/07/01	[105.5,110]	[104.8,109.9]; (107.3;5.1)	[106.0,110.2]; (108.1;4.1)
102/07/08	[103.5,110]	[105.0,110.2]; (107.6;5.1)	[103.5,109.7]; (106.6;3.1)
IMSE		6.49 (＝2.242＋0.552＋1.072)	1.04 (＝0.752＋0.422＋0.552)

10.7   結論

在時間數列分析過程中，資料的模糊性和模糊相關性的問題，可說是傳統時間數列建構不易克服的困難。而若結合較穩健性與符合實際狀況的模糊統計分析，應可避免這些隱藏的問題。事實上，在人類思維模式中，計量過程與標準皆充滿著模糊性。一方面這似乎是單純化的結果，另一方面過分單純化，卻阻礙了計量方法與標準的客觀性。

本章許多很好的定義，如定義 10.4 模糊高於及定義 10.5 模糊趨勢，以建立模糊趨勢檢定法則；定義 10.7 至 10.8 明確說明模糊自迴歸時間數列；定義 10.11 提出模糊自相似度的觀念；定義 10.12 調整後模糊自相似度的觀念，以建立模糊階次的認定法則等，均是本章提出的重要結果。而其中最重要的結論是，我們建立了模糊自迴歸時間數列、模糊趨勢型時間數列之建構程序，並且對於模糊趨勢型時間數列提出有效的判斷法則。另外，對於模糊趨勢型時間數列階次的判定，亦確立了良好的演算法則。

對於更進一步探討的方向，仍有很多可以繼續探討的問題，譬如：

1. 當係數有正亦有負的情況，或全為負的情況，其模糊自迴歸階次如何認定？

2. 階次為 2 以上的情況，模糊參數的推導相當繁雜，且其階次如何認定？可發展一較簡便的程序。

3. 對於模糊自迴歸時間數列及模糊季節性時間數列同時存在的階次如何認定？

4. 對於非線性的時間數列，其相對應的模糊時間數列的階次如何認定？

5. 對於多變數的模糊時間數列,其相對應的模糊時間數列的階次如何認定?
模式如何建構?

模糊相關

在統計學上，我們常使用皮爾森相關係數來表達兩變數間線性關係的強度，同時也表達出關係之方向。皮爾森相關係數所處理的資料都是明確的實數值，但是當資料是模糊數時，如何計算廣義模糊相關係數？本研究探討區間模糊樣本資料值求得模糊相關係數，並提出廣義模糊相關係數。我們以影響數學成就評量的因素，作實證研究分析，得出更合理的分析。而此模糊相關區間定義也能應用在兩資料值為實數或其中一筆資料值為實數的情況，可以解釋更多在實務上所發生的相關現象。

11.1　前言

人類思維主要是來自於對自然現象和社會現象的認知意識，而人類的知識語言也會因本身的主觀意識、時間、環境和研判事情的角度不同而具備模糊性，故吳柏林（2005）提出模糊理論的產生即是參考人類思維方式對環境所用的模糊測度與分類原理，給予較穩健的描述方式，以處理多元複雜的曖昧和不確定現象。

如果我們想了解 X 與 Y 兩個現象之間的關係程度，最直接的方法就是先把 (X, Y) 的資料散布圖畫出來。到底 X 與 Y 這兩變數之間呈現何種程度的關係，由資料散布圖我們便可約略看出它們之間的相關性。事實上，任兩個變數之間必定有關係存在，包括正相關、負相關或統計無關。因此測量關係程度的大小，才是我們所感興趣的。

而在統計學上，我們使用皮爾森相關係數（Pearson's Correlation Coefficient）來表達兩變數間線性關係的強度，同時也表達出關係之方向。傳統之相關係數所處理的資料都是明確的實數值，但是當資料是模糊數時，並不適合使用傳統的方法來計算模糊相關係數（fuzzy correlation coefficient）。林原宏（2004）提出模糊相關係數即針對模糊性資料，衡量其類似性（similarity）和相關性（correlation）的係數。而 Ragin (2000) 和 Smithson (1987) 也提出模糊理論近年來應用於社會科學與日俱增，若欲就蒐集而得的資料，計算資料的類似性和相關性，變成為一個重要的課題。類似性是計算兩個模糊數（或模糊集合）的類似程度，相關性係計算一組模糊樣本中，每個模糊樣本點的兩個模糊數之相關

性。模糊相關係數仍有待發展，文獻上也有許多不同的公式。

　　本研究的主要目的為發展模糊相關係數，並針對區間模糊樣本資料值求得模糊相關係數。本研究將依據 Liu 與 Kao (2002) 所提出相關係數方法求得模糊相關係數，並將相關係數作合理的調整，能使所求出相關係數更加精確。而此公式也能應用在兩資料值為實數或其中一筆資料值為實數的情況，藉由本研究所提出的方法，可以提供研究者更多資訊與信心來解釋在實務上所發生的相關現象。

　　在社會科學領域，為了得知研究結果顯著的程度，大多都需要提出效應值（effect size）。而在實務的應用上，有許多效應值得計算和解釋方法已經提出 (Alhija & Levy, 2009; Breaugh, 2003; Durlak, 2009; Ferguson, 2009; Grissom & Kim, 2005; Huberty, 2002; Kline, 2004; Richardson, 1996; Rosenthal, Rosnow, & Rubin,2000; Rosnow & Rosenthal, 2003; Vacha-Haase & Thompson, 2004)。其中，Ferguson (2009) 提出效應值主要可被分為四大類：(1) 兩組平均差異的大小，(2) 兩個樣本關聯強度，(3) 校正值的估計，(4) 相對風險的估計。其中，兩個樣本相關的強度最重要，也是最常用的一項指標，即為皮爾森的相關係數，這個相關係數提供了兩個變數之間線性相關的方向與強度，若是低相關，則代表兩變數相關程度很弱，而若是高相關，則代表兩變數相關程度很強，然而，高相關並不代表兩變數之間具有因果關係的存在。

　　過去有很多文獻在研究皮爾森相關的研究與發展 (Johnson, Kotz, & Balakrishnan, 1995; Stuart & Ord, 1994; Bobko, 2001; Cohen, Cohen, West, & Aiken, 2003; Shieh, 2006, 2008, 2010)，然而，大多的文獻主要侷限在傳統統計理論的框架中。傳統的統計理論假設所有的觀測值需要為實數且按照二維常態分布（bivariate normal distribution），而人類的思維，因來自於對自然現象和社會現象的主觀意識影響，其知識語言也會因本身的主觀意識、時間、環境和研判事情的角度不同而具模糊性，對與錯之間還有不完全對與不完全錯，是非之間還會有些是、有些非的灰色地帶，劉天祥與佟中仁（1990）就認為，要了解模糊的意義須從模糊的相反詞「明確」來做反向思考。

　　然而，傳統的實數相關，可以用皮爾森的相關係數來計算，而當我們所蒐集資料為模糊資料時，則相關係數的分析則相當複雜。以下研究探討目前模糊相關係數的研究發展。

11.2 模糊相關係數

模糊相關係數在社會科學的發展上已逐漸獲得重視，Bustince 與 Burillo (1995)、Yu (1993)、Liu 與 Kao (2002)、Hong 與 Hwang (1995)、Hong (2006) 等學者，均有專文探討計算相關係數的方法。然而，過去所提出的方法在實務應用上，大多存在潛在的問題。例如，Hong 與 Hwang (1995) 定義了模糊集合相關係數的計算方法，然而，他們所定義相關係數的範圍卻是從 0 到 1，這與傳統相關係數介於 −1 到 1 的定義不同。Chaudhuri 與 Bhattacharya (2001) 則提出模糊等級相關，而他們的方法只能受限於計算兩個模糊集合的相關，並不適合用來求出兩個模糊數的相關。

Chiang 與 Lin (1999) 則討論模糊集合的隸屬函數，並將隸屬度作為明確的觀測值來定義模糊相關係數，雖然其相關係數的範圍為 −1 到 1 之間，但所計算出的相關係數為一實數，並非模糊數，所得到的相關係數值已喪失模糊的含義。Liu 與 Kao (2002) 則依據 Zadeh (1978) 所提出的擴展法則（extension principle）進行模糊相關係數的推導，先藉由取得模糊相關係數的 Alpha 截集，而後用不同的 Alpha 值，取得模糊相關係數的歸屬函數，並由歸屬函數了解模糊相關係數的範圍與可能值，然而，由於計算過程繁瑣，需使用數學程式方便運算，因此應用上較為侷限。

過去的研究大多強調在模糊的情境下如何計算相關係數，對於相關係數之顯著性檢定的研究則是少之又少。陳正哲（2005）利用隨機性檢定法來檢定相關係數等於零或是不等於零的假設，他使用採用 Zadeh (1978) 的擴展法則，並依據 Liu 與 Kao (2002) 所建議之模糊集合的 Alpha 截集，來求得模糊樣本相關係數之 Alpha 截集，根據這些截集，即可求得模糊檢定統計量的歸屬函數。然而，其理論推導複雜，且須仰賴非線性軟體 LINGO 來求得歸屬函數，在實務應用上較為困難。

如果我們想了解 X 與 Y 兩個現象之間的關係程度，最直接的方法就是先把 (X, Y) 的資料散布圖畫出來。到底 X 與 Y 這兩變數之間呈現何種程度的關係，由資料散布圖我們便可約略看出它們之間的相關性。事實上，任兩個變數之間必定有關係存在，包括正相關、負相關或統計無關。因此測量關係程度的大小，才是我們所感興趣的。

傳統的線性相關係數，一般以 ρ 表示，代表兩個變數 X 及 Y 的相關程度。它的定義為：

$$相關係數\ \rho = \frac{\sigma_{X,Y}}{\sigma_X \sigma_Y} = \frac{Cov(X,Y)}{\sigma_X \sigma_Y}$$

當 $\rho > 0$ 時，我們稱 X 與 Y 之間為直線正相關；當 $\rho < 0$，則稱 X 與 Y 之間為直線負相關；若是 $\rho = 0$，則稱 X 與 Y 為之間沒有線性相關存在，或說統計相關。不過要求相關係數，必須要得知它們的變異數 σ_X^2、σ_Y^2 和它們之間的共變異數 $Cov(X, Y)$。但是在實務應用上，常常並不容易得到。因此，我們用樣本相關係數 r_{xy} 來估計 ρ，即：

$$r_{xy} = \frac{\sum_{i=1}^{n}(x_i - \overline{x})(y_i - \overline{y})}{\sqrt{\sum_{i=1}^{n}(x_i - \overline{x})^2}\sqrt{\sum_{i=1}^{n}(y_i - \overline{y})^2}}$$

其中 (x_i, y_i) 為第 i 對觀察值，$i = 1, 2, 3\ldots\ldots, n$；$\overline{x}$ 及 $\overline{y}$ 分別為其樣本平均數。

區間模糊數的概念在日常生活中是常見的，因為在某些情況下，現有資訊無法使我們確定真正的值為何，我們考慮區間模糊數如下：

區間型糊模數為一具有均勻 屬度函數的模糊數，以閉區間的符號「[ ]」來表示。若 $a, b \in R$ 且 $a < b$，則 $[a, b]$ 表一區間型模糊數，a 稱為 $[a, b]$ 的下界，b 稱為 $[a, b]$ 的上界；若 $a = b$，則 $[a, b] = [a, a] = [b, b] = a = b$ 表一實數 a（或 b）。

同樣的，一實數 k 亦可表示為 $[k, k]$。若 $[a, b]$ 為一區間型模糊數，設 $c_0 = \frac{a+b}{2}$，$s_0 = \frac{b-a}{2}$ 分別表示其中心及半徑，我們也可將一區間型模糊數表示成：$[c_0, s_0] \Rightarrow [c_0 - s_0, c_0 + s_0] = [a, b]$。而 $\ell = b - a$，代表該區間的長度。

區間型模糊數常見於日常生活中，例如，每年六、七月研究生畢業，都會有一波求職潮。而每位畢業生對薪資期望都有所不同，例如某畢業生對於薪資期望大約在 3 萬元，但是若價錢再低一點也可接受，所以要求薪資不是確切數字，而是一個範圍，此畢業生希望薪資在 $[2.6, 3.5]$ 區間內，考慮 $[2.6, 3.5]$ 這個區間，會比考慮某一價錢更加明確，更可以提供急需求才的公司主管們參考。除薪資之

外，許多新鮮人也會想知道每天的上班時數，老闆可能也無法明確告知一個確切的數字，而是依據工作份量的需求需要彈性加班，老闆可能會告知申請工作的畢業生，期盼員工上班的時數爲 [8, 10] 的區間內，而這個區間也可以提供申請工作者對於工時一個較爲明確指標。

然而，薪資 [2.6, 3.5] 爲一個區間型模糊數，工時 [8,10] 也是一個區間型模糊數，若是研究者想要知道薪資的高低和工作時數的相關係數，應該要如何計算呢？這類的區間型模糊數，無法使用傳統的皮爾森相關係數公式來進行分析，而本研究的主要目的，則針對區間型模糊數，提出一個通用的公式。

首先，考慮 (x_i, y_i) 爲第 i 對樣本值，$i = 1, 2, \cdots, n$；x_i 與 y_i 均爲區間模糊數；$\bar{x}$ 及 $\bar{y}$ 分別爲其模糊樣本平均數。當處理的兩變數均爲模糊數時，分別對兩變數取得模糊區間 Ix_λ 與 Iy_λ，如圖 11.1。

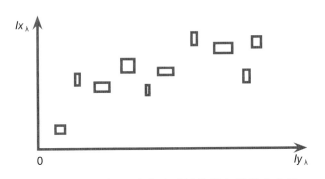

圖 11.1　x_i 與 y_i 均爲區間模糊數之資料分布圖

將區間型模糊數（區間內均勻分配），分別對兩變數 X, Y 取各樣本區間中心點 x_i, y_i 爲代表值。當模糊數爲區間型模糊數，分別對兩變數 X, Y 取各樣本，得模糊數的重心值 x_i, y_i 當作代表值，得到相關係數值 r_{xy} 後，再考慮連續區間模糊數長度不一樣，或區間隸屬度不同，因此必須考慮區間之相關效應。但是若將兩種相關係數等重相加，所得結果之相關係數可能會有一邊出現大於 1 或小於 −1 情況。而且區間長度相關效應也不應該重於中心點相關效應。因此爲了修正更合理的相關區間，本研究利用 δ 來進行調整，此修正的基礎乃考慮以中心點相關（位置相關）爲主下，以長度相關爲增加或減少效果，產生一個相關區間。由 δ 的範圍之界定可看出其長度相關效果最多影響整體模糊相關的 0.3，相對而言，中心相關還是最主要影響模糊相關大小的因素。

為得到更具合理性模糊相關係數（區間）。我們考慮取以自然對數 e 為底的對數函數 log 進行轉換（一般則書寫為 ln）。令連續區間樣本 x_i 的長度 l_{x_i}，連續區間樣本 y_i 的長度 l_{y_i}，修正長度相關係數為：

$$\delta = 1 - \frac{\ln(1+|r_l|)}{|r_l|} \; ; \; 其中 \; r_L = \frac{\sum_{i=1}^{n}(l_{x_i}-\bar{l}_x)(l_{y_i}-\bar{l}_y)}{\sqrt{\sum_{i=1}^{n}(l_{x_i}-\bar{l}_x)^2}\sqrt{\sum_{i=1}^{n}(l_{y_i}-\bar{l}_y)^2}}$$

因為 $0 < r_l < 1$，而 δ 的範圍為 $0 < \delta < 0.3069$。

定義 11.1　模糊相關區間（取區間中心點與長度的方法）

設 c_{x_i}, c_{y_i} 為來自 X, Y 母體之模糊樣本區間中心點，l_{x_i}, l_{y_i} 為區間長度。r 中心點相關係數，δ 為修正長度相關係數。則相關區間定義為：

(1) $r \geq 0, r_l \geq 0, (r, min(1, r+\delta))$

(2) $r \geq 0, r_l < 0, (r-\delta, r)$

(3) $r < 0, r_l \geq 0, (r, r+\delta)$

(4) $r < 0, r_l < 0, (max(-1, r-\delta), r)$

11.3　實證分析

本節為分析區間模糊數相關係數的實例應用，在例中處理 (1) 兩組變數均為實數，(2) 一組變數為連續型等距尺度區間模糊數，另一組變數為實數，與 (3) 兩組變數皆為連續型等距尺度模糊數的情形，並算出相關係數。

11.3.1　上網時間與數學成就

某校為了解「影響數學成就因素」，調查 10 位高二學生，男生為 6 人、女生為 4 人。在問卷中使用傳統與模糊問卷的方式，來決定各指標的重要性，其中的研究問題為探討學生數學分數和上網時間的關係。

a. 學生數學分數 x_i 爲實數，上網時間 y_i 亦爲實數：

表 11.1　學生的數學平均成績與平均上網時間

學生	數學平均分數x_i	平均上網時間y_i
A	88	1.25
B	83	6.75
C	67	4.5
D	92	2
E	45	16.5
F	72	15.5
G	70	16
H	90	2
I	88	1.5
J	83	5
r = −0.79		

　　根據皮爾森相關係數計算公式，數學平均成績和平均上網時間的相關係數爲 −0.79，也就是學生的平均成績越高，上網時間越少。

　　b. 學生數學分數 x_i 爲實數，上網時間 y_i 爲區間模糊數：

　　研究者想要知道數學平均分數，和上網時間模糊區間之間的相關係數。其蒐集到的數據如表 11.2。

表 11.2　學生的數學平均成績與一週上網時間的模糊區間

學生	數學平均分數x_i	上網時間模糊區間
A	88	[1.0,1.5]
B	83	[6.5,7.0]
C	67	[4,5]
D	92	[1.5,2.5]
E	45	[16,17]
F	72	[15,16]

學生	數學平均分數x_i	上網時間模糊區間
G	70	[15,17]
H	90	[1,3]
I	88	[0,3]
J	83	[4.5,5.5]
$r = -0.79$，$r_i = 0$，$\delta = 0$ 模糊相關係數 $= -0.79$		

本實例中，我們調查「學生每週上網時數的模糊區間」，並記錄「數學平均成績」，算出相關係數，因「學生每週上網時數的模糊區間」經過模糊統計，故為一組模糊數，而「數學平均分數」為一組實數，模糊相關係數為 -0.79，由此例可知，當模糊相關係數其中一組為實數時，其相關係數會等於皮爾森相關係數。

c. 學生數學分數 x_i 為區間模糊數，上網時間 y_i 為區間模糊數：

研究者也蒐集到了學生一週之間的數學成績分布，且為了方便起見，以每十分為一區間，則表 11.2 數學平均分數變為表 11.3，由此表可計算出數學分數和上網時間的模糊相關係數：

表 11.3 學生的數學成績與一週上網時間的模糊區間

學生	數學分數x_i	上網時間模糊區間
A	[80,90]	[1.0,1.5]
B	[80,90]	[6.5,7.0]
C	[60,80]	[4,5]
D	[90,100]	[1.5,2.5]
E	[40,70]	[16,17]
F	[70,80]	[15,16]
G	[60,80]	[15,17]
H	[80,100]	[1,3]
I	[80,90]	[0,3]
J	[80,90]	[4.5,5.5]
$r = -0.79$，$r_i = 0.10$，$\delta = 0.05$ 區間模糊相關 $= (-0.79, -0.74)$		

由此可知，數學分數和上網時間的區間模糊相關爲 $(-0.79, -0.74)$，此相關係數呈現高度負相關的關係，也就是數學分數越高，上網時數越少，學生每週上網時數會對數學學業成績產生負面影響。

11.3.2 睡眠時間與數學成就

爲了想再了解「影響數學成就因素」，將 10 位學生「每天睡眠時間」做模糊問卷調查，並求的模糊相關係數，將「每天睡眠時間」指標之問卷結果整理如表 11.4。

表 11.4　學生的數學成績與一週睡眠時間的模糊區間相關

學生	數學分數x_i	睡眠時間模糊區間
A	[80,90]	[8,8.5]
B	[80,90]	[7,7.5]
C	[60,80]	[9,10.5]
D	[90,100]	[8,8.5]
E	[40,70]	[6,7.5]
F	[70,80]	[10,11]
G	[60,80]	[7,8]
H	[80,100]	[8,10]
I	[80,90]	[6.5,8]
J	[80,90]	[7.5,8.5]
$r = 0.12$，$r_I = 0.61$，$\delta = 0.22$　區間模糊相關 $= (0.12, 0.34)$		

呈現低度正相關的關係，故學生睡眠時數越多，數學學業成績越好，但睡眠時間的影響不大，只有些許關係。

11.3.3 睡眠時間與上網時間

我們關心「每天學生睡眠時間」和「學生一週上網時間」是否有關，兩組皆爲模糊數，得到下列模糊區間。如表 11.5 所示：

表 11.5　學生睡眠時間模糊區間和上網時間模糊區間

學生	睡眠時間模糊區間	上網時間模糊區間
A	[8,8.5]	[1.0,1.5]
B	[7,7.5]	[6.5,7.0]
C	[9,10.5]	[4,5]
D	[8,8.5]	[1.5,2.5]
E	[6,7.5]	[16,17]
F	[10,11]	[15,16]
G	[7,8]	[15,17]
H	[8,10]	[1,3]
I	[6.5,8]	[0,3]
J	[7.5,8.5]	[4.5,5.5]
r = −0.05，r₁ = 0.60，δ= 0.22　區間模糊相關 =(−0.05, 0.17)		

呈現低度相關的關係，代表學生睡眠時數與上網時間並沒有很直接的關係。

11.3.4　數學成就與國文成就

為了想再了解「影響數學成就因素」，將 10 位學生「國文成績」做模糊問卷調查，並求模糊相關係數，將「國文成績」指標之問卷結果整理如表 11.6。

表 11.6　學生的數學成績與國文成績的模糊區間相關

學生	數學分數x_i	國文分數y_i
A	[80,90]	[70,80]
B	[80,90]	[80,90]
C	[60,80]	[70,80]
D	[90,100]	[80,90]
E	[40,70]	[60,70]
F	[70,80]	[60,80]
G	[60,80]	[70,80]
H	[80,100]	[80,90]
I	[80,90]	[60,70]
J	[80,90]	[70,80]
r = 0.65，r₁ = −0.25，δ = 0.11　區間模糊相關 = (0.54, 0.65)		

呈現低度正相關的關係，數學學業成績越好，國文成績也會比較好，但兩者之間關聯並不大。

小結

本實證主要探討影響數學成績因子，並計算與數學成績與其他因子之間的模糊相關係數，由表 11.8 所整理的表格可知，睡眠時間、上網時間、國文成績與學生數學成績之間的區間相關係數。對於學生數學成績影響較大的為上網時間，學生上網時間越多，成績越差。而睡眠時間則和數學成績呈現低度正相關的情形，代表睡眠時間長，數學成績會越好，但是影響的幅度較小，而國文成績和數學成績也呈現正相關，代表數學成績越高，學生的國文成績也越高。至於國文成績和睡眠時間與上網時間的關係，也可由本文中所提供的公式計算出來。

表 11.7　睡眠時間、上網時間、數學成績與國文成績之間的區間相關

	睡眠時間	上網時間	數學成績	國文成績
睡眠時間	1	(−0.05, 0.17)	(0.12, 0.34)	(0.11, 0.14)
上網時間		1	(−0.79, −0.74)	(−0.48, −0.42)
數學成績			1	(0.54, 0.65)
國文成績				1

11.4　結論與建議

社會科學調查中，人類思維是最常想被了解的。過去科學家習慣以簡馭繁，用簡潔的邏輯處理紊亂多變的世界，所以產生了二元邏輯。但是人類的思維邏輯是模糊的，往昔為便於分析資料，簡化了人類思維的複雜性，必定造成了一定程度的失真。模糊邏輯的誕生，讓人類思維得以更合理且完善地表達出來，故發展適當的分析方法是刻不容緩的。以往的社會科學研究多利用傳統的統計分析方法，漸漸不符合現今多變的環境。而模糊統計是參考人類思維方式而建構出來的，故此領域日漸受到重視。

而在模糊統計的蓬勃發展下，模糊數據在相關係數的處理上卻一直沒有簡

單、易懂且可行的方法。過去的文獻中，曾經提出模糊相關係數的可能計算方式，但均需要深厚的數理統計的背景才能理解。本研究所提出的模糊相關係數的方法，則是植基在傳統皮爾森的相關係數上，除了考量模糊數據中心的相關係數，更把模糊數據的區間長度加以考量，因此，模糊相關係數的關係為兩組模糊數據中心點的相關係數加上區間長度相關，如區間長度相關為正相關，則會加強兩組模糊數據的相關性；相反的，如果區間長度的相關為負相關，則會減弱兩組模糊數據的相關性。

相較於傳統的皮爾森相關係數，模糊數所取得的模糊線性相關係數所傳遞的相關關係更具有解釋能力。本研究所發展的相關係數，不僅為簡單、容易應用，更無須藉由統計軟體。所推導的相關係數亦為模糊數，並符合傳統對相關係數範圍 −1 至 1 的認知。雖然在本研究主要以討論連續型區間型模糊數為主，此模糊相關係數可適用兩組變數均為模糊數情形，若兩組變數都為實數或其中一組為實數時，模糊相關係數則退化成皮爾森相關係數，故本方法能適用於變數在不同情形時的組合。

最後要提出幾點建議，往後的研究可依此方向繼續探討。

1. 本研究主要目的為提出模糊相關係數的算法與公式，並以影響數學學習成就的相關因子進行舉例與說明，未來在經費與人力的許可下，可大量蒐集模糊問卷，並用本研究所舉出的相關係數進行分析。

2. 在計算模糊相關係數時，採用 δ 進行調整兩組模糊數區間的長度，未來研究可依據研究者需求來調整 δ 係數，但研究者建議長度相關的影響，不應大於中心點的相關係數。

3. 目前本研究僅討論連續型模糊區間係數的算法，未來可持續推導與研究離散型模糊區間相關係數的算法與公式。

4. 在本研究提出新的方法來計算模糊相關係數，然而，並沒有論及統計檢定方法，主要是模糊的隨機變數並不符合常態分配的假設，所以無法以傳統皮爾森相關係數的檢定方法，或是以無母數 Spearman 的相關檢定方法來計算。目前在模糊相關檢定方法上尚處於研發階段，未來研究可朝此方向繼續發展。

參考文獻

中文部分

[1] 吳柏林（1995），模糊統計分析：問卷調查研究的新方向，國立政治大學研究通訊，2，65-80。

[2] 吳柏林（1997），社會科學研究中的模糊邏輯與模糊統計分析，國立政治大學研究通訊，7，17-38。

[3] 吳柏林、許毓云（1999），模糊統計分析在臺灣地區失業率應用，中國統計學報，37(1)，37-52。

[4] 吳柏林、曾能芳（1998），模糊迴歸參數估計及在景氣對策信號之分析應用，中國統計學報，36(4)，399-420。

[5] 吳柏林、楊文山（1997），模糊統計在社會調查分析的應用，社會科學計量方法發展與應用，楊文山主編：中央研究院中山人文社會科學研究所，289-316。

[6] 吳柏林、張鈿富、廖敏治（1996），模糊時間數列與臺灣地區中學教師需求人數之預測，國立政治大學學報，73，287-312。

[7] 李允中、王小璠、蘇木春（2003），模糊理論及其應用，全華科技圖書股份有限公司。

[8] 林原宏、鄭舜仁、吳柏林（2003），模糊眾數及其在教育與心理評量分析之應用，中國統計學報，41(1)，39-66。

[9] 胡悅倫、吳柏林（2002），模糊統計在分析樂觀量表之應用，教育與心理研究，25，457-484。

[10] 張鈿富、吳柏林（1996），臺灣地區中小學在學人數結構改變之探討，國立編譯館館刊，25: 2，247-262。

[11] 陳國任、林雅惠、吳柏林、謝邦昌（1998），模糊統計分析及在茶葉品質評定的應用，臺灣茶葉研究彙報，17，19-37。

[12] 黃仁德、吳柏林（1995），臺灣短期貨幣需求函數穩定性的檢定：模糊時間數列方法之應用，臺灣經濟學會年會論文集，169-190。

[13] 葉秋呈、施耀振、吳柏林（2004），應用模糊眾數與模糊期望值於大學生多元學習生活調查分析，智慧科技與應用統計學報 2(1)，109-136。

[14] 陳宇煌（1994），系統模糊決策理論與應用，大連理工大學出版社。

[15] 鄧成梁（1996），運籌學的原理和方法，華中理工大學出版社。

[16] 馮德益，樓世博（1991）模糊數學：方法與應用，科技圖書股份有限公司。

[17] 郭桂蓉（1993），模糊模式識別，國防科技大學出版社。

[18] 胡玉立等（1996），市場預測與管理決策，中國人民出版社。

[19] 李安寧，吳達（1986），模糊數學基礎及其應用，新疆人民出版社。

[20] 李懷祖（1992），決策理論導引。機械工業出版社。

[21] 湯兵勇、王文杰、鄭飛（1999），現代模糊管理數學方法，中國紡織大學出版社，上海。

[22] 吳秉堅（1994），模糊數學及其經濟分析，中國標準出版社。

[23] 吳達，吳柏林（2001），模糊迴歸參數估計方法與應用，系統工程理論實踐（中國科學院，北京），11，61-67

[24] 吳柏林、林玉鈞（2002），模糊時間數列分析與預測：以臺灣地區加權股價指數為例，應用數學學報（中國科學院，北京），25(1)，67-76。

[25] 胡悅倫、吳柏林（2002），模糊統計在分析樂觀量表之應用，教育與心理研究，25，457-484（TSSCI）

[26] 林原宏、鄭舜仁、吳柏林（2003），模糊眾數及其在教育與心理評量分析之應用，中國統計學報，41(1)，39-66。

[27] 葉秋呈、施耀振、吳柏林（2004），應用模糊眾數與模糊期望值於大學生多元學習生活調查分析，智慧科技與應用統計學報 2(1)，109-136。

[28] Yuang, Jin-Yeh, Sun, Ching-Min and Wu, B. (2004), Fuzzy sampling survey and statistical analysis for ESL Teaching Effect Evaluations. 調查研究（中央研究院調查研究中心），16，106-136。

[29] 胡悅倫、陳皎眉、吳柏林（2006），模糊統計於 A 型量表分類之研究，教育與心理研究，29(1)，151-158（TSSCI）。

[30] 何素美、吳柏林（2006），市場調查分析的新方法：模糊特徵與共識擷取之應用，智慧科技與應用統計學報 4(1)，63-84。

[31] 吳志文、吳柏林（2006），組織績效分析新方法之應用：以旅遊業行銷為

例，管理科學與統計決策，3(3)，13-27。

[32] 黃瑞華、吳柏林（2007），以軟計算為基礎的攝影構圖辨認方法，智慧科技與應用統計學報，4(1)，63-84。

[33] 高麗萍、吳柏林（2007），企業資源規劃系統效應之模糊動態評估，資訊管理學報，14(2) 203-224（TSSCI）。

[34] 陳孝煒、吳柏林（2007），區間回歸與模糊樣本分析，管理科學與統計決策，4(1)，54-65。

[35] 林松柏、張鈿富、吳柏林（2007），出生人口下降對幼稚教育供需影響探討，國教學報，19，3-28。

[36] 徐惠莉、吳柏林、江韶珊（2008），區間時間數列預測準確度探討，數量經濟與技術經濟研究（中國社科院，北京），25(1)，133-140。

[37] 江明峰、吳柏林、胡日東（2008），網路抽樣調查與模糊線上統計，智慧科技與應用統計學報，6(1)，55-72。

[38] 洪錦峰、吳柏林（2008），區間時間數列預測及其效率評估，管理科學與統計決策，5(4)，1-13。

[39] 王忠玉、吳柏林（2010），模糊數據均值方法與應用研究，統計信息與論壇，25(10)，13-17。

[40] 朱潤東、吳柏林（2010），CUSTA 與 NAFTA 的貿易增長效應之時空數列分析，數量經濟與技術經濟研究，（中國社科院北京），27(12)，118-132。

[41] 謝名娟、吳柏林（2012），高中學生時間運用與學習表現關聯之研究：模糊相關的應用，教育政策論壇，15:1，157-176（TSSCI）。

[42] 王忠玉、吳柏林（2012），模糊數據調查表的設計及應用，經濟研究導刊，160，14，174-178。

[43] 謝名娟、吳柏林，（2012）模糊統計在試題難度上的應用，教育心理學報 14，(2) 207-228（TSSCI）。

[44] 謝名娟、吳柏林，（2013），理性的判斷與感性的度量——從模糊統計的角度來探討試題難度，教育與心理研究，36(4)，79-102。

英文部分

[1] Abboud, N. J., Sakawa, M. and Inuiguchi, M. (1997). A Fuzzy Programming

Approach to Multiobjective Multidimensional 0-1 Knapsack Problems. *Fuzzy Sets and Systems*, 86, 1-14.

[2] Alberti, N., Perrone, G. (1999). Multipass machining optimization by using fuzzy possibilistic programming and genetic algorithms, *Proceedings of the Institution of Mechanical Engineers*, 213(3), 273.

[3] Aluja, J. (1996). Towards a new paradigm of investment selection in uncertainty. *Fuzzy Sets and Systems*, 84, 187-197.

[4] Amo, A., Montero, J., Biging, G. and Cutello, V. (2004). Fuzzy classification systems, *European Journal of Operational Research*, 156(2), 495.

[5] Bagnoli, C., and Smith, H. C. (1998). The theory of fuzzy logic and its application to real estate valuation, *Journal of Real Estate Research*, 16(2), 169-199.

[6] Baldwin, J., Lawry, J., and Martin, T. (1998). The application of generalized fuzzy rules to machine learning and automated knowledge discovery. *Inter. J. Uncertainty, Fuzziness and Knowledge-Based Systems*, 6(5), 459-487.

[7] Banderner, H. and Nather, W. (1992). *Fuzzy Data Analysis*. Kluwer Academic, Dordrecht.

[8] Baraldi, A. and Blonda, P. (1999). A survey of fuzzy clustering algorithms for pattern recognition. Part I and Part II. *IEEE Trans. Syst., Man, Cybern. Part B: CYBERN*. 29, 6, 778-785 and 786-801.

[9] Boreux, J. J., Henry, C. G., Guiot, J. and Tressier, L. (1998). Radial tree-growth modeling with fuzzy regression, *Canadian Journal of Forest Research*, 28(8), 1249-1260.

[10] Buckley, J. J. (2003). Fuzzy Probabilities: New Approach and Applications, Physics-Verlag, Heidelberg, Germany.

[11] Buckley, J. J. (2004). Fuzzy Statistics, Springer-Verlag, Heidelberg, Germany.

[12] Bufardi, A. (1998). Fuzzy sets in decision analysis, operations research and statistics, Roman Slowinski, editor, Kluwer Academic Publisher, 1998, i-xxiv, 453, *Journal of Multicriteria Decision Analysis*, 8(2), 112.

[13] Carrano A. L., Taylor, J. B., Young, R E., Lemaster R. L. and Saloni, D. E. (2004).

Fuzzy knowledge-based modeling and statistical regression in abrasive wood machining, *Forest Products Journal*, 54(5), 66-72.

[14] Casalino, G., Memola, F. and Minutolo, C. (2004). A model for evaluation of laser welding efficiency and quality using an artificial neural network and fuzzy logic, *Proceedings of the Institution of Mechanical Engineers*, 218(6), 641.

[15] Casals, M. R. and Gil, P. (1994) Bayesian sequential test for fuzzy parametric hypotheses from fuzzy information, *Information Sciences*, 80, 283-298.

[16] Casals, M. R., Gil, M. A. and Gil, P. (1986) The fuzzy decision problem: An approach to the problem of testing statistical hypotheses with fuzzy information, *European Journal of Operational Research*, 27, 371-382.

[17] Chang, P.T. (2002). Fuzzy stage characteristic-preserving product life cycle modeling, *Fuzzy Sets and Systems*, 126 (1), 33-47.

[18] Chen S. R. and Wu, B. (2003). On Optimal Forecasting with Soft Computation for Nonlinear Time Series, *Fuzzy Optimization and Decision Making*, 2(3), 215.

[19] Chen, C, Chern, T. and Wu, B. (2001) On the selection of subset bilinear time series models: a genetic algorithm approach. *Computational Statistics,* 16, 505-517.

[20] Chen, L. H., Kao, C., Kuo, S., Wang, T. Y., and Jang, Y. C. (1996), "Productivity Diagnosis via Fuzzy Clustering and Classification: An Application to Machinery Industry," *Omega, Int. J. Mgmt Sci.*, 24(3), 309-319.

[21] Chen, L. S. and Cheng, C. H. (2005) Selecting IS personnel use fuzzy GDSS based on metric distance method, *European Journal of Operational Research*, 160, 803-820.

[22] Chen, S. and Wu, B. (2003). On optimal forecasting with soft computation for nonlinear time series. *Fuzzy Optimization and Decision Making*. 3, 215-228.

[23] Chen, S. M. (1996). Forecasting enrollments based on fuzzy time series. *Fuzzy Sets and Systems*, 81, 311-319.

[24] Cheng, C. H. (1998). A new approach for ranking fuzzy numbers by distance method, *Fuzzy Sets and Systems*, 95, 307-317.

[25] Cheng, T. W., Goldgof D. B. and Hall L. O. (1998). Fast Fuzzy Clustering. *Fuzzy*

Sets and Systems 93, 49-56.

[26] Cheng, T., Molenaar M. and Lin H.(2001). Formalizing fuzzy objects from uncertain classification results, *International Journal of Geographical Information Science*, 15 (1), 27-42.

[27] Chiang, D. A., Chow, L. R., and Wang, Y. F. (2000). Mining time series data by a fuzzy linguistic summary system, *Fuzzy Sets and Systems*, 112, 419-432.

[28] Chiang, W. Y., Liang, G. S., and Yahalom, S. Z. (2003). The fuzzy clustering method: Applications in the air transport market in Taiwan, *Journal of Database Marketing & Customer Strategy Management*, 11(2), 149.

[29] Clymer, J., P. Corey, and J. Gardner (1992) Discrete Event Fuzzy Airport Control. *IEEE Transactions on Systems, Man, and Cybernetics*, 22(2), 343-351.

[30] Custem, B. V. and Gath I. (1993). Detection of outliers and robust estimation using fuzzy clustering. *Computational Statistics and Data Analysis,* 15, 47-61.

[31] D.J.-F. Jeng, J. Watada, B. Wu and J. Wu, (2006), Fuzzy forecasting with DNA computing, *Lecture Notes in Computer Science*, 4287 (DNA12), 324-336.

[32] Diamond, P. and Kloden, P.(1994). *Metric Spaces of Fuzzy Sets.* World Scientific, Singapore.

[33] Dong, H., and Park, D. (1997). An Efficient Algorithm For Fuzzy Weighted Average. *Fuzzy Sets And Systems*, 87, 39-45.

[34] Dorsey, D. W., and Coovert, M. D. (2003).Mathematical modeling of decision making: A soft and fuzzy approach to capturing hard decisions, *Human Factors*, 45(1), 117.

[35] Driankov, D., Hellendoorn, H. and Reinfrank, M. (1996). *An Introduction to Fuzzy Control.* Springer-Verlag, New York.

[36] Dubois, D. and Prade, H (1991) Fuzzy sets in approximate reasoning, Part 1: Inference with possibility distributions, *Fuzzy Sets and Systems*, 40, 143-202.

[37] Esogbue, A. O., Song, Q. (2003). On Optimal Defuzzification and Learning Algorithms: Theory and Applications, *Fuzzy Optimization and Decision Making*, 2(4), 283.

[38] Galvo, T., and Mesiar, R. (2001). Generalized Medians, *Fuzzy Sets and Systems*,

124, 59-64.

[39] Gehrke, M., Walker, C. and Walker, E. (1997). A mathematical setting for fuzzy logic. *Int. J. Uncertainty, Fuzziness and Knowledge-Based systems*. 5(3). 223-228.

[40] Gertner, G. Z. and Zhu, H. (1996) Bayesian estimation in forest surveys when samples or prior information are fuzzy, *Fuzzy Sets and Systems*, 77, 277-290.

[41] Gil, M. A., Corral, N. and Gil P. (1988). The minimum inaccuracy estimates in χ^2 tests for goodness of fit with fuzzy observations, *Journal of Statistical Planning and Inference*, 19, 95-115.

[42] Gorsevski, P. V., Gessler, P. E., and Jankowsk, P. (2003). Integrating a fuzzy k-means classification and a Bayesian approach for spatial prediction of landslide hazard, *Journal of Geographical Systems*, 5(3), 223.

[43] Guariso, G., Rizzoli, A. and Werthner, H. (1992) Identification of model structure via qualitive simulation. *IEEE Trans. on Systems, Man, and cybernetics*. 22(5), 1075-1086.

[44] Gvishiani, A. D., Agayan, S. M., Bogoutdinov, S. R., and Ledenev, A. V. (2003). Mathematical Methods of Geoinformatics. II. Fuzzy-Logic Algorithms in the Problems of Abnormality Separation in Time Series, *Cybernetics and Systems Analysis*, 39(4), 555.

[45] Haggstrom, O. (1999). Positive Correlations in the Fuzzy Potts Model, *Annals of Applied Probability*, 9(4), 1149-1159.

[46] Han, J. S., Bang, W. C., and Bien, Z. Z. (2002). Feature Set Extraction Algorithm based on Soft Computing Techniques and Its Application to EMG Pattern Classification, *Fuzzy Optimization and Decision Making*, 1(3), 269.

[47] Harris, T., Stoddard, S. and Bezdek, J. (1993). Application of fuzzy-set clustering for regional typologies. *Growth and Change*. 24, 155-165.

[48] Hathaway, R. J. and Bezdek, J. C. (1993). Switching Regression Models and Fuzzy Clustering. *IEEE Transactions of Fuzzy Systems*, 1, 195-204.

[49] Hohle, U. and Klement, P. (1995). *Non-Classical Logics And Their Applications To Fuzzy Subsets:* A Handbook of The Mathemetical Foundations of Fuzzy Set

Theory. Boston: Kluwr Academic.

[50] Hong, T. and Lee, C. (1996). Induction of fuzzy rules and membership functions from training examples. *Fuzzy Sets and Systems*, 84, 33-47.

[51] Höppner, F., Klawonn, F., Kruse, R. and Runkler, T. (1999). *Fuzzy Cluster Analysis*. John Wiley & Son, LTD. NY.

[52] Horia F., and Sarbu, C. (1996). A new fuzzy regression algorithm, *Analytical Chemistry*, 68(5), 771.

[53] Hsu, H. and Wu, B. (2008). Evaluating forecasting performance for interval data. *Computers and Mathematics with Applications*. 56(9), 2155-2163.

[54] Hsu, H. and Wu, B. (2010). An innovative approach on fuzzy correlation coefficient with interval data. *International Journal of Innovative Computing, Information and Control*. 6(3A), 1049-1058.

[55] Hsu, Y., Liu, H. and Wu, B. (2010). On the optimization methods for fully fuzzy regression models. *International Journal of Intelligent Technologies and Applied Statistics*. 3(1), 45-56.

[56] Hsuan-Ku Liu, Tien-Tsai Chang and Berlin Wu (2010). Numerical methods for solving fuzzy system of linear equations, *Innovative Computing, Information and Control-Express Letters*. (4)1, 25-30.

[57] Hu, Y. C., Chen, R. S., and Tzeng, G. H. (2002). Mining fuzzy association rules for classification problems, *Computers & Industrial Engineering*, 43(4), 735.

[58] Huang, C., Liou, W. and Wu, B. (2008) A Decision Support System for Stock Investment of Listed Companies in Taiwan. Biomedical Soft Computing and Human Sciences, 13(1), 31-36.

[59] Huarng K. (2001). Effective lengths of intervals to improve forecasting in fuzzy time series, *Fuzzy Sets and Systems*, 123, 387-394.

[60] Huarng K. (2001). Heuristic models of fuzzy time series for forecasting, *Fuzzy Sets and Systems*, 123, 369-386.

[61] Hung, W. L. and Wu, J. W., (2001). A note on the correlation of fuzzy numbers by expected interval, *International Journal of Uncertainty, Fuzziness and Knowledge-Based Systems*, 9, 517-523.

[62] Hung, W. L. and Wu, J. W., (2002). Correlation of fuzzy numbers by α-cut method, *International Journal of Uncertainty, Fuzziness and Knowledge-Based Systems*, 10, 725-735.

[63] Hwang, C.M. and Yao, J.S. (1996). Independent Fuzzy Random Variables and their Application. *Fuzzy Sets and Systems*, Vol. 82, 335-350.

[64] Hwang, J. R., Chen, S. M., and Lee, C. H. (1998). Handling forecasting Problems using fuzzy time series, *Fuzzy Sets and Systems*, Vol. 100, 217-228.

[65] Iancu, I. (1997). Reasoning system with fuzzy uncertainty. *Fuzzy Sets and Systems*, 9, 251-59.

[66] Ippolito, L., Loia, V., and Siano, P. (2003). Extended Fuzzy C-Means and Genetic Algorithms to Optimize Power Flow Management in Hybrid Electric Vehicles, *Fuzzy Optimization and Decision Making*, 2(4), 359.

[67] Ishibuchi H., and Yamamoto, T., (2004). Comparison of Heuristic Criteria for Fuzzy Rule Selection in Classification Problems, *Fuzzy Optimization and Decision Making*, 3(2), 119.

[68] Jang, J-S, Sun, C. T. and Mizutani, E. (1997). *Neuro-Fuzzy and Soft-computing*. NY: Pretice-Hall International, Inc.

[69] Jaulent M.C., Joyaux C., and Colombet I. et al. (2001). Modeling uncertainty in computerized guidelines using fuzzy logic, *Journal of the American Medical Informatics Association*, 284-288.

[70] Jeng D.. Watada, J. and B. Wu, (2009), Biologically Inspired Fuzzy Forecasting: A New Forecasting Methodology, *International Journal of Innovative Computing, Information and Control*, 5, 12(B), 4835-4844.

[71] Joo, Y., Hwang, H., Kim, K. and Woo, K. (1997). Fuzzy system modeling by fuzzy partition and GA hybrid schemes. *Fuzzy Sets and Syst.* 86, 279-288.

[72] Jorquera, H., Palma, W., and Tapia, J. (2002). A ground-level ozone forecasting model for Santiago, Chile, *Journal of Forecasting*, 21(6), 451.

[73] Kao, C., and Chyu, C. L. (2003). Least-squares estimates in fuzzy regression analysis, *European Journal of Operational Research*, 148(2), 426.

[74] Kao, L. and Wu, B. (2007). The Dynamic Assessment of information Technology

Investment *International Journal of Innovative Computing, Information and Control.* 3(1), 9-15.

[75] Kim K.J., Moskowitz H., Dhingra A., and Evans G. (2000). Fuzzy multicriteria models for quality function deployment, *European Journal of Operational Research*, 121 (3), 504-518.

[76] Kleyle, R., Korvin, A. de, and McLaughlin, T.(1996). Decision making on the basis of expected cost variance: A fuzzy set approach, *Managerial Finance*, 22(11), 18-29.

[77] Klir, G. and Yuan, (1995). *Fuzzy Sets and Fuzzy Logic-Theory and Applications.* Prentice-Hall, Upper Saddle River, NJ.

[78] Korner, R. (1997). On the Variance of Fuzzy Random Variables. *Fuzzy Sets and Systems*, Vol. 92, 83-93.

[79] Korner, R. (1997). On the Variance of Fuzzy Random Variables. *Fuzzy Sets and Systems*, Vol. 92, 83-93.

[80] Kosko, B. (1993). *Fuzzy thinking: the new science of fuzzy logic.* Hyperion, New York.

[81] Kreinovich, V. Nguyen, H. and Wu, B. (1999). Justification of heuristic methods in data processing using fuzzy theory, with applications to detection of business cycles from fuzzy data. *East-West Journal of Mathematics.* 1(2), 147-157.

[82] Kreinovich, V. Nguyen, H. and Wu, B. (1999). Justification of heuristic methods in data processing using fuzzy theory, with applications to detection of business cycles from fuzzy data. *East-West Journal of Mathematics.* 1(2), 147-157.

[83] Kreinovich, V., Nguyen, H. and Wu, B. (2007). On-line algorithms for computing mean and variance of interval data and their use in intelligent systems. *Journal of Information Science.* 177, 3228-3238.

[84] Kreinovich, V., Nguyen, H. and Wu, B. (2013). Towards a Localized Version of Pearson's Correlation Coefficient *International Journal of Intelligent Technologies and Applied Statistics.* 6(3) 215-224.

[85] Kumar, K. and Wu, B. (2001). Detection of change points in time series analysis with fuzzy statistics. *International Journal of Systems Science.* 32(9), 1185-

1192.

[86] Kuo, C. F., Shih, C. Y., and Lee, J. Y. (2004). Automatic Recognition of Fabric Weave Patterns by a Fuzzy C-Means Clustering Method, *Textile Research Journal*, 74(2), 107.

[87] Kuo, R. J. (2001). A sales forecasting system based on fuzzy neural network with initial weights generated by genetic algorithm, *European Journal of Operational Research*, 129(3), 496.

[88] Kuo, R. J., and Xue, K. C. (1998). A decision support system for system sales forecasting through fuzzy neural networks with asymmetric fuzzy weights, *Decision Support Systems*, 24(2), 105-126.

[89] Kyung Sam Park, and Soung Hie Kim (1996). A note on the fuzzy weighted additive rule. *Fuzzy Sets and Systems*, 77, 315-320.

[90] Lai, W.-T. & Wu, B.(2013). Fuzzy Decision Support System of Admission Examination Policy of K-12 Years' Education in Taiwan. *International Journal of Innovative Management, Information & Production*, 4(2), 108-118.

[91] Lee, T. S., Chiu, C. C., and Lin, F. C. (2001). Prediction of the unemployment rate using fuzzy time series with Box-Jenkins Methodology, *International Journal of Fuzzy Systems,* 3(4), 577-585.

[92] Lee, Y. C., Hwnag C., and Shih Y. P. (1994). A combined approach to fuzzy model identification. *IEEE Transactions on Systems, Man, and Cybernetics*, Vol. 24, No.5, 736-743.

[93] Lee,Yu-Lan, Chang, Dian-Fu and Wu, B (2012). Evaluating Management Performance and Marking Strategies in Community Colleges, *International Journal of Innovative Computing, Information and Control.* 8(10B). 7405-7415.

[94] Lee,Yu-Lan, Dian-Fu Chang and Wu, B. (2011). Fuzzy Evaluating Goal Oriented and Marketing Strategy in Community Colleges, *International Journal of Innovative Management, Information & Production*, 2(3). 13-24.

[95] Lin C. C., and Chen, A. P.(2004). Fuzzy discriminant analysis with outlier detection by genetic algorithm, *Computers & Operations Research*, 31(6), 877.

[96] Lin, P., Watada, J. and Wu, B. (2009). Fuzzy Synthesis Evaluation on Market

Survey with Pop Music Awards. *Journal of Management Science and Statistical Decision*, 6(4), *92-96*.

[97] Lin, P-C, Junzo Watada and Wu, B. (2011). Database of Fuzzy Probability Distribution Function and Its Application. *International Journal of Innovative Management, Information & Production*, 2(2), 1-7.

[98] Lin, P-C, Junzo Watada and Wu, B. (2012). Portfolio Selection Model with Interval Values Based on Probability Distribution Functions. *International Journal of Innovative Computing, Information and Control*, 8(8), 5935-5944.

[99] Lin, P-C., J. Watada and B. Wu, (2014). A Parametric Assessment Approach to Solving Facility Location Problems with Fuzzy Demands, *IEEJ Transactions on Electronics, Information and Systems*, 9 (5), 484-493.

[100] Lin, Pei-Chun, Junzo Watada and Wu, B. (2013). Risk assessment of a portfolio selection model based on a fuzzy statistical test. *IEICE Transactions on Information and Systems*, 96, 3, 579-588.

[101] Lin, Y., Yil M. & Wu, B. (2006). Fuzzy classification analysis of rules usage on probability reasoning test with multiple raw rule score. *Educational Technologies*, 2, 54-59.

[102] Lin,Y. H., Yil M., & Wu, B.(2007). The investigation of developmental trends for probabilistic reasoning with fuzzy clustering on rules usage. *Wseas Transactions on Information Science and Applications*, 4(1), 165-170.

[103] Lingras, P., and West, C. (2004). Interval Set Clustering of Web Users with Rough K-Means, *Journal of Intelligent Information Systems*, 23(1), 5.

[104] Liu, H., Wu, B. and Liu, M.(2008). Investors' preference order of fuzzy numbers. *Computers and Mathematics with Applications*, 55, 2623-2630.

[105] Liu, S. T. and Kao, C. (2002). Fuzzy measures for correlation coefficient of fuzzy numbers. *Fuzzy Sets and Systems*, 128, 267-275.

[106] Liu, W. Y., and Song, N.(2001). The fuzzy association degree in semantic data models, *Fuzzy Sets and Systems*, 117, 203-208.

[107] Liu, Y. K., and Liu, B. (2003). Fuzzy Random Variables: A Scalar Expected Value Operator, *Fuzzy Optimization and Decision Making*, 2(2), 143.

[108] Lowen, R. (1990). A fuzzy language interpolation theorem. *Fuzzy Sets and Systems*, 34, 33-38.

[109] Lu, H and Wu, B. (2005). Kernel density estimation for interdeparture time of GI/G/1 queues. *Journal of Mathematics and Statistics*, 1(1), 35-39.

[110] Lucieer A., and Kraak M.J. (2004). Interactive and visual fuzzy classification of remotely sensed imagery for exploration of uncertainty, *International Journal of Geographical Information Science*, 18 (5), 491-512.

[111] Manton, K. Woodbury, K. and Tolley, H. (1993). *Statistical Applications – Using Fuzzy Set*. John Willy & Sons, Inc., New York.

[112] Meyerowitz, A., Richman, F. and Walker, E. A. (1994). Calculating maximum entropy densities for belief functions. *Intern. J. Uncertainty, Fuzziness and Knowledge-Based Systems*, 2(4), 377-389.

[113] Milan Mares (1994). *Computation over Fuzzy Quantities*. Boca Raton, Fla: CRC.

[114] Mmton, K. G., Woodbuy, M. A. and Tolley, H. D. (1994). *Statistical Applications Using Fuzzy Sets*, J. Wiley, New York.

[115] Narazaki, H. and Ralescu, A. (1994). Iterative induction of a category membership function. *International Journal of Uncertainty, Fuzziness and Knowledge-Based Systems*, 2(1), 91-100.

[116] Nguyen, H and Wu, B. (2000) *Fuzzy Mathematics and Statistical Applications*. Hua-Tai Book Company, Taipei.

[117] Nguyen, H, Wang, T. and Wu, B. (2004). On probabilistic methods in Fuzzy Theory. *International Journal of Intelligent Systems*, 19, 99-109.

[118] Nguyen, H. (1997). Fuzzy sets and probability. *Fuzzy Sets and Systems*, 90, 129-132.

[119] Nguyen, H. and Sugeno, M. (1998). *Fuzzy Modeling and Control*. CRC Press.

[120] Nguyen, H. and V. Kreinovich (1997). *Applications of Continuous Mathematics to Computer Science*. Kluwer Academic.

[121] Nguyen, H. and Wu, B. (1999). Fuzzy/Probability ~ Fractal/Smooth. *International Journal of Uncertainty, Fuzziness and Knowledge-Based Systems*, 7(4), 363-370.

[122] Nguyen, H. and Wu, B. (2006). Random and fuzzy sets in coarse data analysis. *Computational Statistics and Data Analysis*, 51, 70-85.

[123] Nguyen, H. T. and Prasad, R. (1999). *Fuzzy Modeling and Control-Selected Works of M. Sugeno*. CRC Press, Boca Raton, Florida.

[124] Nguyen, H. T. and Walker E. A. (1999). *A First Course in Fuzzy Logic* (Second Edition) Chapman and Hall/CRC. Boca Raton, Florida.

[125] Nguyen, H. T., Kreinovich, V. and Kosheleva, A. (1996). Is the success of fuzzy logic really paradoxical? *Inter. J. Intelligent systems* (5), 295-326.

[126] Nguyen, H., Kreinovich, V., Wu, Berlin and Gang Xiang (2011). *Computing Statistics under Interval and Fuzzy Uncertainty*, Springer-Verlag: Heidelberg.

[127] Nguyen, H., Wu, B. and Kreinovich, V. (2000). On combining statistical and fuzzy techniques: Detection of Business cycles from uncertain data. in *Trends in Information Technology*, 1, 69-74.

[128] Nguyen, Hao Thi and Wu, B. (2012). Much Ado about Many Things: Principle Functions Analysis and Evaluation of Primary Principals' Instructional Leadership in Vietnam, *International Journal of Innovative Management, Information & Production*, 3(2), 61-73.

[129] Nie, J. (1997). Nonlinear time series forecasting: a fuzzy-neural approach. *Neurocompting*, 16, 63-76.

[130] Orlowski, S. A. (1994). *Calculus of Decomposable Properties, Fuzzy Sets and Decisions*. Allerdon Press.

[131] Ozelkan E. C., Duckstein L. (2000). Multi-objective fuzzy regression: A general framework, *Computers & Operations Research*, 27(7,8), 635.

[132] P.-C. Lin, J. Watada and B. Wu, (2013). Identifying the Distribution Difference between Two Populations of Fuzzy Data Based on a Nonparametric Statistical Method, *IEEJ Transactions on Electronics, Information and Systems*, 8(6), 591-598.

[133] Pal, N. and Bezdek, J. (1995). On cluster validity for the fuzzy c-means model, *IEEE Trans. Fuzzy Systems*, 3(3), 370-379.

[134] Paliwal R., Geevarghese G.A., and Babu P.R. et al. (1999). Valuation of landmass

degradation using fuzzy hedonic method: A case study of National Capital Region, *Environmental & Resource Economics*, 14 (4), 519-543.

[135] Palm, R., Ddm1kov, D. and Hellendoorn, H. (1997). *Model-Based Fuzzy Control*. Springer-Verlag, Berlin.

[136] Park, K. and Kim, S. (1996). A note on the fuzzy weighted additive rule. *Fuzzy Sets and Systems*, 77, 315-320.

[137] Park, Y. M., Moon U. C., and Lee K. Y. (1995). A self-organizing fuzzy logic controller for dynamic systems using fuzzy auto-regressive moving average(FARMA) model. *IEEE Transactions on Fuzzy Systems*, Vol.3, No.1, 75-82.

[138] Pei-Chun Lin, Wu, B. and Junzo Watada (2012). Goodness-of-Fit Test for Membership Functions with Fuzzy Data. *International Journal of Innovative Computing, Information and Control*, 8(10B), 7437-7450.

[139] Peters, G. (2001). A linear forecasting model and its application to economic data, *Journal of Forecasting*, 20(5), 315.

[140] Rayward-Smith, V. J. (2000). Fuzzy Cluster Analysis: Methods for Classification, Data Analysis and Image Recognition, *The Journal of the Operational Research Society*, 51(6), 769.

[141] Roberge, P. (1995). A knowledge-based framework for planning non-destructive evaluation. *Expert Systems*, 12, 2, 107-112.

[142] Romer, C. and Kandel, A. and Backer, E. (1995). Fuzzy partitions of the sample space and fuzzy parameter hypotheses. *IEEE Transs. Systems, Man and Cybernet.*, 25(9), 1314-1321.

[143] Ronald R. Yager (1996). Constrained OWA aggregation.*Fuzzy Sets and Systems*, 81, 89-101.

[144] Ronald, C. and Blair, J. (1996). *Designing Surveys-A Guide To Decisions And Procedures*. Thousand Oaks, Calif.: Pine Forge.

[145] Ross,T. (1995). *Fuzzy Logic with Engineering Applications*. McGraw-Hill, Inc..

[146] Ruan, D. (1995). *Fuzzy Set Theory and Advanced Mathematical Application*. Kluwer Academic.

[147] Runkler, T. A. (1997). Selection of Appropriate Defuzzification Methods Using Application Specific Properties. *IEEE Transactions on Fuzzy Systems*, Vol.5, No.1, 72-79.

[148] Ruspini, E. (1991) Approximate Reasoning: past, present, future. *Information Sciences*, 57, 297-317.

[149] Sanchez J.D, and Gomez A.T. (2004). Estimating a fuzzy term structure of interest rates using fuzzy regression techniques, *European Journal of Operational Research*, 154 (3), 804-818.

[150] Sanchez J.D., and Gomez A.T. (2003). Applications of fuzzy regression in actuarial analysis, *Journal of Risk and Insurance*, 70 (4), 665-699.

[151] Sanchez J.D., and Gomez A.T. (2003). Estimating a term structure of interest rates for fuzzy financial pricing by using fuzzy regression methods, *Fuzzy Sets and Systems*, 139 (2), 313-331.

[152] Sato, M. and Sato, Y. (1994). On a multicriteria fuzzy clustering method for 3-way data. *International Journal of Uncertainty, Fuzziness and Knowledge-Based Systems*, 2, 127-142.

[153] Song, Q. and B. S. Chissom (1993a). Forecasting enrollments with fuzzy time series—Part I. *Fuzzy Sets and Systems*, 54, 1-9.

[154] Song, Q. and B. S. Chissom (1993b). Fuzzy time series and its models. *Fuzzy Sets and Systems*, 54, 269-277.

[155] Song, Q. and B. S. Chissom (1994). Forecasting enrollments with fuzzy time series—Part II. *Fuzzy Sets and Systems*, 62, 1-8.

[156] Song, Q., and R. P. Leland. (1996). Adaptive learning defuzzification techniques and application, *Fuzzy Sets and Systems,* 81, 321-329.

[157] Song, Q., R. P. Leland, and B. S. Chissom (1997). Fuzzy stochastic fuzzy time series and its models. *Fuzzy Sets and Systems,* 88, 333-341.

[158] Squire, W. and Trapp, G. (1998). Using complex variables to estimate derivatives of real functions. *SIAM Reviews* 40(1), 110-112.

[159] Stojakovic, M. (1992). Fuzzy Conditional Expectation. *Fuzzy Sets and Systems*, Vol. 52, 53-60.

[160] Stojakovic, M. (1994). Fuzzy Random Variables, Expectation, and Martingales. *Journal of Mathematical Analysis and Applications*, Vol. 184, 594-606.

[161] Su, Chunti and B. Wu (2012). A Fuzzy Evaluation Model for Monitoring the English Human Capital. *International Journal of Innovative Management, Information & Production*, 3(1), 64-75.

[162] Sullivan, J., and Woodall, W. H. (1994). Comparison of fuzzy forecasting and Markov modeling, *Fuzzy Sets and Systems*, 64, 279-293.

[163] Sun, Ching Min and Wu, B. (2007). New statistical approaches for fuzzy data. *International Journal of Uncertainty, Fuzziness and Knowledge-based Systems*, 15(2), 89-106.

[164] Swapan, R., and Ray, K. (1997). Reasoning with vague default. *Fuzzy Sets and Systems*, 91, 327-338.

[165] Syau Y. R., Hsieh, H. T., and Lee, E. S. (2001). Fuzzy Numbers in the Credit Rating of Enterprise Financial Condition, *Review of Quantitative Finance and Accounting*, 17(4), 351.

[166] Tanaka, H., and Ishibuchi, H. (1993). An architecture of neural networks with interval weights and its application to fuzzy regression analysis. *Fuzzy Sets and Systems*, 57, 27-39.

[167] Tseng F.M., Tzeng G.H., and Yu H.C. (1999). Fuzzy seasonal time series for forecasting the production value of the mechanical industry in Taiwan. *Technological Forecasting and Social Change*, 60 (3), 263-273.

[168] Tseng F.M., Tzeng G.H., Yu H.C., and Yuan, J. C. (2001). Fuzzy ARIMA model for for forecasting the foreign exchange market, *Fuzzy Sets and Systems*, 118, 9-19.

[169] Tseng, F., G. Tzeng, H.Yu, and B. Yuan (2001). Fuzzy ARIMA model for forecasting the foreign exchange market. *Fuzzy Sets and Systems*, 118, 9-19.

[170] Tseng, Neng Fang and Wu, B. (2011). Building the three-Group Causal Path in the VAR Model, *International Journal of Innovative Computing, Information and Control*. Vol.7, No.5(B), 2561-2577.

[171] Tseng, T. and Klein, C. (1992). A new Algorithm for fuzzy multicriteria decision

making. *International Journal of Approximate Reasoning*, 6, 45-66.

[172] Tsybokov, A. B. (1997). On nonparametric estimation of density level sets. *Ann. Statist*, 25(3), 948-969.

[173] Turnquist, M. A., and Nozick, L. K. (2004). A Nonlinear Optimization Model of Time and Resource Allocation Decisions in Projects with Uncertainty, *Engineering Management Journal*, 16(1), 40.

[174] Uhrmacher, A. (1995). Reasoning about changing structure: a modeling concept for ecological systems. *Applied Artificial Intelligence*, 9, 157-180.

[175] Wang H. F., and Tsaur, R. C. (2000). Resolution of fuzzy regression model, *European Journal of Operational Research*, 126(3), 637.

[176] Wang L. H., Wu, S., Shih H. J., and Kuo, H. C. (2000). A fuzzy analysis of systematic risk under price limits: The case of the Taiwan Stock Market, *International Journal of Management*, 17(4), 435.

[177] Wang T. Y., and Chen L. H. (2002). Mean shifts detection and classification in multivariate process: a neural-fuzzy approach, *Journal of Intelligent Manufacturing*, 13(3), 211.

[178] Wang, C.H. (2004). Predicting tourism demand using fuzzy time series and hybrid grey theory. *Tourism Management*, 25(3), 367-374.

[179] Wang, H. and Bell, P. (1996). Fuzzy clustering analysis and multifactorial evaluation for students' imaginative power in physics problem solving. *Fuzzy Sets and Systems*, 78, 95-105.

[180] Wang, S., D. Chang, and Wu, B.. (2010). Does the digital natives technologies really help? A fuzzy statistical analysis and evaluation on students' learning achievement. *International Journal of Innovative Management, Information & Production*, 1(1), 18-30.

[181] Watada, J. Waripan, T. and Wu, B. (2014). Optimal Decision Methods in Two-echelon Logistic Models. *Management Decision* 52, 7, 1273-1287.

[182] Watanabe, N. and Imaizumi, T. (1993). A fuzzy statistical test of fuzzy hypotheses. *Fuzzy Sets and Systems*, 53, 167-178.

[183] Wei C.P., Liu O. R., and Hu J.H. (2002). Fuzzy Statistics Estimation in

Supporting Multidatabase Query Optimization, *Electronic Commerce Research*, 2(3), 287.

[184] Weichselberger, K. (1993). Axiomatic foundations of the theory of interval-probability. *Proceedings of the 2-th Gauss Symposium*, Conference B: Statistical Science. Munich, 47-64.

[185] Wen, F., Chen, L and Wu, B. (2000). Spatial time series analysis in 1997-1998 Eastern Asia financial crisis. *Asia Pacific Management Review*, 5, 331-345.

[186] Wong, Z. and G.J. Klir (1992). *Fuzzy Measure Theory*. New York: Plenum Press.

[187] Wu, B and Ho, Shu-Meei (2008). Evaluating intellectual capital with integrated fuzzy statistical analysis: a case study on the CD POB. *International Journal of Information and Management Sciences*, 19(2), 285-300.

[188] Wu, B. and Chang, S. K. (2007). On testing hypothesis of fuzzy mean. *Journal of Industrial and Applied Mathematics*, 24(2), 171-183.

[189] Wu, B. and Chen, L. (2006). Use of partial cumulative sums to detect trends and change periods for nonlinear time series *Journal of Economics and Management*, 2(2), 123-145.

[190] Wu, B. and Chen, M. (1999). Use fuzzy statistical methods in change periods detection. *Applied Mathematics and Computation*, 99, 241-254.

[191] Wu, B. and Chung, C. (2002). Using genetic algorithms to parameters (d,r) estimation for threshold AR models. *Computational Statistics and Data Analysis*, 38, 315-330.

[192] Wu, B. and Hsu, Y. (2004). The use of kernel set and sample memberships in the identification of nonlinear time series. *Soft Computing Journal*, 8, 207-216.

[193] Wu, B. and Hsu, Yu-Yun. (2004). A New approach of bivariate fuzzy time series: with applications to the stock index forecasting. *International Journal of Uncertainty, Fuzziness and Knowledge-based Systems*, 11(6), 671-690.

[194] Wu, B. and Hsu, Yu-Yun. (2004). The use of kernel set and sample memberships in the identification of nonlinear time series. *Soft Computing Journal*, 8, 207-216.

[195] Wu, B. and Hung, S. (1999). A fuzzy identification procedure for nonlinear time series: with example on ARCH and bilinear models. *Fuzzy Set and System*, 108,

275-287.

[196] Wu, B. and Kao, L. (2007). New fuzzy dynamic evaluation for ERP benefits. *Journal of Applied Business Researches*, 22(4), 89-102. ABI

[197] Wu, B. and Nguyen, H. (2014). New Statistical Analysis on the Marketing Research and Efficiency Evaluation with Fuzzy Data. *Management Decision*, 52, 7, 1330-1342.

[198] Wu, B. and Sun, C. (1996). Fuzzy statistics and computation on the lexical semantics. *Language, Information and Computation (PACLIC 11)*, 337-346, Seoul, Korea.

[199] Wu, B. and Sun, C. (2001). Interval-valued statistics, fuzzy logic, and their use in computational semantics. *Journal of Intelligent and Fuzzy Systems*, 11, 1-7.

[200] Wu, B. and Tseng, N. (2002). A new approach to fuzzy regression models with application to business cycle analysis. *Fuzzy Sets and System*, 130, 33-42.

[201] Wu, B. and Yang, W. (1997). Application of fuzzy statistics in the sampling survey. *Development and Application for the Quantity Methods of Social Science*, 289-316, Academic Sinica, Taiwan.

[202] Wu, B. and Yu-Lan Lee (2013). What's Past is Prologue: Fuzzy Sampling Survey and Median Test on the Investigating Leisure Lifestyle of Aging Society. *International Journal of Intelligent Technologies and Applied Statistics*, 6(3) 293-305.

[203] Wu, B., Lai, W., Wu, CL and Tienliu, T. (2014). Correlation with Fuzzy Data and Its Applications in the 12-Year Compulsory Education in Taiwan. *Communications in Statistics-Simulation and Computation.* (accepted)

[204] Wu, B., Tienliu, T., Wu, CL and Lai,W. (2014). Statistical Analysis with Soft Computation for Fuzzy Answering in Sampling Survey. *Communications in Statistics-Simulation and Computation.* (accepted)

[205] Wu, Berlin, Mei Fen Liu and Zhong Yu Wang (2012). Efficiency Evaluation In Time Management For School Administration With Fuzzy Data. *International Journal of Innovative Computing, Information and Control*, 8(8), 5787-5795.

[206] Wu, H. C. (2003). The fuzzy estimators of fuzzy parameters based on fuzzy

random variables, *European Journal of Operational Research*, 146(1), 101-114.

[207] Wu, H.C. (1999). Probability density functions of Fuzzy Random Variables. *Fuzzy Sets and Systems*, Vol. 105, 139-158.

[208] Wu, H.C. (1999). Probability density functions of Fuzzy Random Variables. *Fuzzy Sets and Systems*, Vol. 105, 139-158.

[209] Wu, H.C. (2000). The Law of Large Numbers for Fuzzy Random Variables. *Fuzzy Sets and Systems*, Vol. 116, 245-262.

[210] Wu, H.C. (2000). The Law of Large Numbers for Fuzzy Random Variables. *Fuzzy Sets and Systems*, Vol. 116, 245-262.

[211] Wu, H.C. (2000). The Law of Large Numbers for Fuzzy Random Variables. *Fuzzy Sets and Systems*, Vol. 116, 245-262.

[212] Xie, J., Wu, B. and Scriboonchita, S. (2010). Fuzzy estimation methods and their application in the real estate evaluation. *International Journal of Intelligent Technologies and Applied Statistics*, 3(2), 187-202.

[213] Xu, B., Dale, D. S., Huang, Y., and Watson, M. D. (2002). Cotton color classification by fuzzy logic, *Textile Research Journal*, 72(6), 504-509.

[214] Xu, Bing and B. Wu. (2007). On nonparametric estimation for the growth of total factor productivity: A study on China and its four east provinces. *International Journal of Innovative Computing, Information and Control*, 3(1), 141-150.

[215] Xu, Z. W., and Khoshgoftaar, T. M. (2001). Software Quality Prediction for High-Assurance Network Telecommunications Systems, *The Computer Journal*, 44(6), 557.

[216] Yager, R. and Filev, D. (1994). Approximate clustering via the mountain method. *IEEE Trans. Syst., Man, Cybern*, 24, 1279-1284.

[217] Yang, Chih Ching, B. Wu and Songsak Sriboonchitta. (2012). A New Approach on Correlation Evaluation with Fuzzy Data and its Applications in Econometrics. *International Journal of Intelligent Technologies and Applied Statistics*, 5(2) 1-12.

[218] Yang, M. (1993). A survey of Fuzzy Clustering. *Math. Compu. Modelling*, 18(11), 1-16.

[219] Yang, M. and Ko, C. (1997). On cluster-wise fuzzy regression analysis. *IEEE Trans. Systems Man Cybernet,* Vol. 27, 1-13.

[220] Yeh, Chiou-Cherng, Shih, Yaio-Zhern Y. and Wu, B. (2007). Fuzzy time series forecasting with belief measure. *Kansei Engineering International*, 7(1), 55-70.

[221] Yeung, D.S., and Tsang E.C.C. (1997) Weighted fuzzy production rules, *Fuzzy Sets and Systems*, 88, 299-313.

[222] Yoshinari, Y., W. Pedrycz and K. Hirota (1993). Construction of Fuzzy Models through Clustering Techniques. *Fuzzy Sets and Systems*, 54, 157-165.

[223] Yu, S., and Wu, B. (2009). Fuzzy item response model: a new approach to generate membership function for psychological measurement. *Quality & Quantity*, 43(3), 381-390.

[224] Yuan Horng Lin, and Wu, B. (2011). Comparisons on rule usage of probability reasoning base on OT and ISM. *International Journal of Innovative Management, Information & Production*, 2(1). 89-102.

[225] Yun, K.K. (2000). The Strong Law of Large Numbers for Fuzzy Random Variables. *Fuzzy Sets and Systems*, Vol. 111, 319-323.

[226] Zadeh, L. A. (1965). Fuzzy Sets. *Information and Control*, 8, 338-353.

[227] Zenovich, S.V. (1994). Integration of classification structures. *Nauchno-Tekhnicheskaya Informatsiya*, Seriya 2, 28(6), 8-12.

[228] Zhang L. J., Liu, C.M., Davis, C. J., and Solomon, D. S. (2004). Fuzzy Classification of Ecological Habitats from FIA Data, *Forest Science*, 50(1), 117-127.

[229] Zimmermann, H. J. (1991). *Fuzzy Set Theory and Its Applications*. Boston: Kluwer Academic.

國家圖書館出版品預行編目資料

模糊統計導論 ： 方法與應用／吳柏林著.
－－二版.－－臺北市：五南，2015.09
　　面；　公分
ISBN 978-957-11-8110-3（平裝）

1.模糊理論　2.數理統計

319.4　　　　　　　　　104007028

1H36

模糊統計導論：方法與應用

作　　　者 — 吳柏林

發 行 人 — 楊榮川

總 編 輯 — 王翠華

主　　編 — 張毓芬

責任編輯 — 侯家嵐

文字校對 — 石曉蓉　許宸瑞

封面設計 — 盧盈良　侯家嵐

出 版 者 — 五南圖書出版股份有限公司

地　　　址：106台北市大安區和平東路二段339號4樓

電　　　話：(02)2705-5066　　傳　　　真：(02)2706-6100

網　　　址：http://www.wunan.com.tw

電子郵件：wunan@wunan.com.tw

劃撥帳號：01068953

戶　　　名：五南圖書出版股份有限公司

法律顧問　林勝安律師事務所　林勝安律師

出版日期　2005年10月初版一刷
　　　　　　2015年 9 月二版一刷

定　　　價　新臺幣550元